高等学校电子信息类系列教材

大学计算机基础

主　编　李　霞

副主编　廉侃超　王彩霞　王琴竹

西安电子科技大学出版社

内 容 简 介

本书是根据"教育部高等学校非计算机专业计算机基础课程教学指导分委员会"提出的大学计算机基础课程教学大纲,结合当前计算机基础教育的形势和任务,以"面向应用、突出实践、着眼能力"为原则编写而成的。

本书共 9 章,主要内容包括计算机基础、操作系统基础、演示文稿制作软件 PowerPoint 2010、文字处理软件 Word 2010、电子表格处理软件 Excel 2010、计算机网络、网站开发实用技术、多媒体技术简介、软件技术基础和数据组织。

本书既可作为普通高等学校非计算机专业大学计算机基础课程的教材,也可供广大计算机爱好者参考使用。

图书在版编目(CIP)数据

大学计算机基础/李霞主编. —西安:西安电子科技大学出版社,2016.12(2020.11 重印)
ISBN 978–7–5606–4360–1

Ⅰ. ① 大… Ⅱ. ① 李… Ⅲ. ① 电子计算机—高等学校—教材 Ⅳ. ① TP3

中国版本图书馆 CIP 数据核字(2016)第 303600 号

策 划	杨丕勇	
责任编辑	滕卫红 杨丕勇	
出版发行	西安电子科技大学出版社(西安市太白南路 2 号)	
电 话	(029)88242885 88201467	邮 编 710071
网 址	www.xduph.com	电子邮箱 xdupfxb001@163.com
经 销	新华书店	
印刷单位	陕西天意印务有限责任公司	
版 次	2016 年 12 月第 1 版 2020 年 11 月第 4 次印刷	
开 本	787 毫米×1092 毫米 1/16 印 张 20.5	
字 数	487 千字	
印 数	15 001～19 500 册	
定 价	39.80 元	

ISBN 978-7-5606-4360-1/TP

XDUP 4652001–4

如有印装问题可调换

前　言

　　21 世纪是科学技术高速发展的时代。随着计算机科学技术、网络技术和多媒体技术的飞速发展，计算机已经渗透到人类社会生活的各个领域，逐渐成为人们提高生活、学习以及工作质量和效率不可缺少的工具。因此，计算机基础知识已成为当代大学生必修的内容之一，掌握计算机基本操作技能，提高计算机应用能力，是对每个大学生提出的基本要求。大学计算机基础处于计算机基础教育"1+X"课程体系的核心地位，目的是提高学生自觉使用计算机解决生活、学习及未来工作中遇到的实际问题的能力，使计算机成为学生获取知识、提高素质的有力工具。

　　本书是根据"教育部高等学校非计算机专业计算机基础课程教学指导分委员会"提出的大学计算机基础课程教学大纲，结合当前计算机基础教育的形势和任务，以"面向应用、突出实践、着眼能力"为原则编写而成的。本书全面系统地介绍了计算机基础、Windows 7 操作系统、Office 2010 办公软件、计算机网络、网站开发实用技术、多媒体技术以及软件技术基础和数据组织等方面的知识。本书体系完善，结构新颖：引入了任务驱动教学法，以真实任务为驱动，激发学生的学习兴趣，促进学生学习能力、探索发现能力、创新应用能力的培养及个性化发展。

　　全书共分为 9 章，具体内容安排如下：

　　第 1 章介绍计算机基础，主要内容包括电子计算机的发展、微型计算机系统、信息在计算机中的表示以及计算思维。

　　第 2 章介绍操作系统基础，主要内容包括操作系统概述和 Windows 7 操作系统。

　　第 3 章介绍演示文稿制作软件 PowerPoint 2010，主要内容包括认识 PowerPoint 2010、制作演示文稿、美化演示文稿、让演示文稿动起来、放映和打印演示文稿以及高级应用。

　　第 4 章介绍文字处理软件 Word 2010，主要内容包括认识 Word 2010、制作文档、文档排版、图文混排、表格、打印文档以及高级应用。

　　第 5 章介绍电子表格处理软件 Excel 2010，主要内容包括认识 Excel 2010、制作工作簿、格式化工作表、公式与函数、图表、数据管理与分析、表格的页面设置与打印以及高级应用。

　　第 6 章介绍计算机网络，主要内容包括计算机网络概述、数据通信基础、网络体系结构与协议、局域网、因特网应用以及网络管理。

　　第 7 章主要介绍网站开发实用技术，主要内容包括网站开发基础知识、认识 HTML、认识 CSS 以及 JavaScript 基础。

　　第 8 章介绍多媒体技术，主要内容包括多媒体技术概述、图像基础知识、音频基础知识、动画基础知识、视频基础知识以及数据压缩技术。

　　第 9 章介绍软件技术基础和数据组织，主要内容包括程序设计基础、软件工程基础、数据结构以及数据库技术基础。

　　本书从实际出发，力求内容新颖、技术实用、通俗易懂。本书配有电子课件和教学素材，适合作为普通高等学校非计算机专业大学计算机基础课程的教材。

参加本书编写的教师均长期从事计算机基础教学和教学改革工作，有丰富的计算机理论和实践教学经验。本书由李霞担任主编，廉侃超、王彩霞、王琴竹担任副主编。李霞提出教材总体框架，并负责统稿和修改定稿，具体编写分工如下：第 1 章由廉侃超编写，第 2 章由王彩霞编写，第 3 章由郝蕊洁编写，第 4 章由李妮编写，第 5 章由王琴竹编写，第 6 章由杨武俊编写，第 7 章由万小红编写，第 8 章由程妮编写，第 9 章由李霞编写。在本书的编写过程中，闫俊辉、赵满旭等老师提出了宝贵的意见，在这里表示感谢。书中部分内容的编写参考了一些相关资料和教材，在此向这些资料和教材的作者表示感谢。

由于计算机学科知识和技术更新快，新技术和新软件不断涌现，加之作者水平有限，书中难免存在不妥之处，恳请专家、教师、读者多提宝贵意见。

欢迎使用本教材，对本教材有任何意见和建议，请与编者李霞联系(lixiajsj@126.com)。

编　者

2016 年 9 月

目　录

第 1 章　计算机基础...................................1

1.1　电子计算机的发展...................................1

　　1.1.1　电子计算机发展史..........................1

　　1.1.2　计算机的分类和特点.....................2

　　1.1.3　计算机的应用和发展趋势.............4

　　1.1.4　认识计算机科学..............................8

1.2　微型计算机系统...................................9

　　1.2.1　微型计算机系统的组成..................9

　　1.2.2　微型计算机的硬件系统..................9

　　1.2.3　微型计算机的软件系统...............20

　　1.2.4　微型计算机基本工作原理...........22

1.3　信息在计算机中的表示.....................23

　　1.3.1　常用进位计数制...........................24

　　1.3.2　常用数制之间的转换..................25

　　1.3.3　非数值信息的编码.......................27

1.4　计算思维..29

　　1.4.1　计算思维与计算科学..................29

　　1.4.2　计算之树——大学计算
　　　　　思维教育空间...........................30

　　1.4.3　计算思维对各学科人才
　　　　　未来的影响...............................34

第 2 章　操作系统基础...............................37

2.1　操作系统概述.......................................37

　　2.1.1　操作系统的基本概念..................37

　　2.1.2　操作系统的功能...........................37

　　2.1.3　操作系统的分类...........................38

　　2.1.4　常用操作系统介绍.......................39

2.2　Windows 7 操作系统...........................41

　　2.2.1　Windows 7 的基本操作..............41

　　2.2.2　Windows 7 的文件管理..............46

　　2.2.3　Windows 7 的系统管理..............52

　　2.2.4　Windows 7 的实用工具..............58

　　2.2.5　使用中文输入法...........................59

第 3 章　演示文稿制作软件
　　　　　PowerPoint 2010...................62

3.1　Office 2010 简介..................................62

3.2　认识 PowerPoint 2010.........................63

　　3.2.1　引言——"我的校园美如画".......63

　　3.2.2　PowerPoint 2010 概述.................63

　　3.2.3　PowerPoint 2010 启动与退出......64

　　3.2.4　PowerPoint 2010 基本要素.........64

　　3.2.5　PowerPoint 2010 的工作界面......64

　　3.2.6　认识 PowerPoint 2010 视图.........67

3.3　制作演示文稿.......................................68

　　3.3.1　演示文稿的基本操作..................68

　　3.3.2　幻灯片的基本操作.......................71

　　3.3.3　向幻灯片中插入对象..................75

　　3.3.4　建立"我的大学"演示文稿........80

3.4　美化演示文稿.......................................84

　　3.4.1　应用幻灯片主题...........................84

　　3.4.2　设置幻灯片背景...........................85

　　3.4.3　应用幻灯片母版...........................86

　　3.4.4　定制"我的大学"视觉效果...........87

3.5　让演示文稿动起来...............................88

　　3.5.1　设置幻灯片切换效果..................88

　　3.5.2　设置对象的动画效果..................89

　　3.5.3　制作交互效果...............................92

　　3.5.4　定制"我的大学"播放效果...........93

3.6　放映和打印演示文稿...........................95

　　3.6.1　放映演示文稿...............................95

　　3.6.2　打印演示文稿...............................98

　　3.6.3　保存为视频.................................100

3.7　高级应用..100

　　3.7.1　准备工作.....................................101

　　3.7.2　高级动画应用.............................101

第 4 章　文字处理软件 Word 2010...........105

4.1　认识 Word 2010..................................105

　　4.1.1　引言——"壁画艺术宝库——
　　　　　永乐宫"...................................105

　　4.1.2　Word 2010 概述..........................105

4.1.3　Word 2010 的工作界面 106

4.1.4　认识 Word 2010 视图 108

4.2　制 作 文 档 108

  4.2.1　新建文档 109

  4.2.2　输入文档内容 109

  4.2.3　编辑文档 109

  4.2.4　保存文档 111

  4.2.5　保护文档 112

  4.2.6　制作"永乐宫简介"文档 112

4.3　文档排版 114

  4.3.1　字符格式 114

  4.3.2　段落格式 114

  4.3.3　页面格式 119

  4.3.4　其他格式 122

  4.3.5　美化"永乐宫简介"文档 122

4.4　图文混排 123

  4.4.1　插入图片 123

  4.4.2　插入图形对象 125

  4.4.3　制作"古庙会活动海报" 126

4.5　表格 127

  4.5.1　插入表格 127

  4.5.2　编辑表格 128

  4.5.3　美化表格 129

  4.5.4　表格的计算和排序 130

  4.5.5　制作"来宾登记表" 132

4.6　打印文档 133

4.7　高级应用 134

  4.7.1　样式 134

  4.7.2　目录 135

  4.7.3　制作永乐宫综述 136

  4.7.4　邮件合并 138

  4.7.5　批量制作邀请函 139

  4.7.6　题注和交叉引用 142

  4.7.7　在永乐宫综述中插入题注和

       交叉引用 142

**第 5 章　电子表格处理软件
　　　　Excel 2010** 145

5.1　认识 Excel 2010 145

  5.1.1　引言——"学生信息管理" 145

5.1.2　Excel 2010 概述 145

5.1.3　Excel 2010 的工作界面 146

5.2　制作工作簿 147

  5.2.1　工作表的基本操作 147

  5.2.2　工作表的建立 149

  5.2.3　工作表的编辑 151

  5.2.4　创建"学生信息管理"工作簿 153

5.3　格式化工作表 154

  5.3.1　设置单元格格式 154

  5.3.2　设置条件格式 156

  5.3.3　调整工作表的行高和列宽 156

  5.3.4　设置自动套用格式 157

  5.3.5　美化"计算机成绩表" 158

5.4　公式与函数 160

  5.4.1　单元格引用 160

  5.4.2　公式 161

  5.4.3　函数 163

  5.4.4　计算"计算机成绩表" 164

5.5　图表 168

  5.5.1　图表类型 168

  5.5.2　创建图表 168

  5.5.3　编辑和格式化图表 168

  5.5.4　形象化"计算机成绩表" 169

5.6　数据管理与分析 171

  5.6.1　数据清单 171

  5.6.2　数据排序 171

  5.6.3　数据筛选 172

  5.6.4　数据分类汇总 173

  5.6.5　分析"学生成绩表" 174

5.7　表格的页面设置与打印 177

  5.7.1　页面设置 177

  5.7.2　设置打印区域 178

5.8　高级应用 178

  5.8.1　跨表引用——在"学生成绩表"

       中统计信息 178

  5.8.2　常用函数 179

  5.8.3　完善"学生档案表" 181

  5.8.4　在"学生档案表"中

       查询学生信息 181

5.8.5 数据透视表 182

第6章 计算机网络 184

6.1 计算机网络概述 184
  6.1.1 计算机网络的定义 184
  6.1.2 计算机网络的发展历程 184
  6.1.3 计算机网络的组成 186
  6.1.4 计算机网络的功能 187
  6.1.5 计算机网络的分类 189
  6.1.6 计算机网络的拓扑结构 190
6.2 数据通信基础 192
  6.2.1 数据通信的基本概念 192
  6.2.2 数据的传输形式 192
  6.2.3 数据的传输介质 194
6.3 网络体系结构与协议 197
  6.3.1 计算机网络体系结构 197
  6.3.2 OSI 体系结构 198
  6.3.3 TCP/IP 体系结构 199
6.4 局域网 200
  6.4.1 局域网概述 200
  6.4.2 局域网的组成元素 200
  6.4.3 组建局域网 201
  6.4.4 网络互联的设备 204
6.5 因特网应用 208
  6.5.1 IP 地址和子网掩码 208
  6.5.2 域名系统 211
  6.5.3 超文本传输协议 HTTP 213
  6.5.4 FTP 协议 213
  6.5.5 电子邮件协议 214
  6.5.6 Telnet 协议 214
  6.5.7 网络多媒体 215
  6.5.8 浏览器的使用 216
6.6 网络管理 217
  6.6.1 网络操作系统 217
  6.6.2 配置 DNS 服务器 219
  6.6.3 配置 FTP 服务器 220
  6.6.4 网络信息安全 223

第7章 网站开发实用技术 224

7.1 网站开发基础知识 224
  7.1.1 网站开发的基本概念 224

7.1.2 网站的类型 226
  7.1.3 网站的设计 227
7.2 认识 HTML 229
  7.2.1 HTML 简介 229
  7.2.2 HTML 文件结构 229
  7.2.3 HTML 基本结构标签介绍 230
  7.2.4 文字格式与页面布局 231
7.3 认识 CSS 245
  7.3.1 CSS 简介 245
  7.3.2 CSS 样式表的基本结构 246
  7.3.3 CSS 样式表的声明方法 247
  7.3.4 常用 CSS 选择符 249
  7.3.5 CSS 样式的常用属性 252
7.4 JavaScript 基础 255
  7.4.1 JavaScript 嵌入 HTML 的方法 255
  7.4.2 JavaScript 的事件 256
  7.4.3 JavaScript 的对象 258

第8章 多媒体技术简介 260

8.1 多媒体技术概述 260
  8.1.1 多媒体的基本概念 260
  8.1.2 多媒体技术的应用 262
8.2 图像基础知识 263
  8.2.1 位图与矢量图 263
  8.2.2 图像文件的属性 264
  8.2.3 色彩的基本知识 265
  8.2.4 图像文件格式 265
  8.2.5 常用的图像处理软件 266
  8.2.6 Photoshop 图像处理软件 268
8.3 音频基础知识 273
  8.3.1 声音的基本特性 273
  8.3.2 音频文件格式 275
  8.3.3 常用的音频播放器和
    音频处理软件 276
8.4 动画基础知识 276
  8.4.1 动画的类型 276
  8.4.2 动画文件格式 277
  8.4.3 常用的动画制作软件 277
  8.4.4 Flash 动画制作软件 279
8.5 视频基础知识 281

8.5.1　视频的基本概念 281
8.5.2　视频信号的数字化 282
8.5.3　视频文件格式 282
8.5.4　常用的视频播放器和视频
　　　　处理软件 284
8.6　数据压缩技术 284
8.6.1　数据压缩的基本概念 284
8.6.2　数据为什么能被压缩 285
8.6.3　数据压缩技术 285
8.6.4　数据压缩的国际标准 286

第9章　软件技术基础和数据组织 289
9.1　程序设计基础 289
9.1.1　算法 289
9.1.2　程序设计语言 295
9.1.3　程序设计方法 297
9.2　软件工程基础 299

9.2.1　软件工程的基本概念 299
9.2.2　结构化方法 301
9.2.3　软件测试与程序调试 303
9.3　数据结构 304
9.3.1　数据结构的基本概念 304
9.3.2　线性表 306
9.3.3　栈 307
9.3.4　队列 307
9.3.5　树与二叉树 308
9.4　数据库技术基础 311
9.4.1　数据库技术的发展 311
9.4.2　数据库的基本概念 312
9.4.3　数据模型 314
9.4.4　关系代数 316
9.4.5　数据库设计 318

参考文献 320

第1章 计算机基础

计算机是 20 世纪人类最伟大的发明之一，计算机技术也是发展最快的技术。尤其是微型计算机的出现和计算机网络的发展，使得计算机技术应用到社会生活的各个领域，掌握和使用计算机已成为人们必不可少的技能。本章主要介绍计算机基础知识的概况，使读者对计算机技术有一个总体了解。

1.1 电子计算机的发展

自 20 世纪电子计算机诞生以来，计算机获得突飞猛进的发展。在人类科技史上还没有哪一种学科可以与电子计算机的发展相提并论。人们根据计算机的性能和当时的硬件技术状况，将计算机的发展分成几个阶段，每一阶段在技术上都是一次新的突破，在性能上都是一次质的飞跃。

1.1.1 电子计算机发展史

ABC(Atanasoff-Berry Computer，阿塔纳索夫-贝瑞计算机)是公认的世界上第一台电子计算机，由美国爱荷华州立大学的约翰·文森特·阿塔纳索夫(John Vincent Atanasoff)和他的研究生克利福特·贝瑞(Clifford Berry)在 1937 年至 1941 年间开发。

ENIAC(Electronic Numerical Integrator And Calculator，电子数字积分计算机)是世界上第一台通用计算机，也是继 ABC 之后的第二台电子计算机。1946 年 2 月 ENIAC 在美国宾西法尼亚大学研制成功，如图 1-1 所示。它每秒能进行 5000 次加减运算，被公认为具有划时代的意义。

图 1-1 电子数字积分计算机(ENIAC)

根据电子计算机所采用的电子元器件的不同，一般将电子计算机的发展划分为以下几个阶段。

1. 第一阶段：电子管计算机(1946—1957 年)

电子管计算机的主要特点：采用电子管作为基本逻辑部件，体积大、耗电量大、寿命短、可靠性低、成本高；采用电子射线管作为存储部件，容量很小，后来外存储器使用了磁鼓存储信息，扩充了容量；输入/输出装置落后，主要使用穿孔卡片，速度慢，使用十分不便；没有系统软件，只能用机器语言和汇编语言编程；主要应用于科学计算。

2. 第二阶段：晶体管计算机(1958—1964 年)

晶体管计算机的主要特点：采用晶体管制作基本逻辑部件，体积减小，重量减轻，能耗降低，成本下降，计算机的可靠性和运算速度均得到提高；普遍采用磁芯作为存储器，采用磁盘/磁鼓作为外存储器；开始有了系统软件(监控程序)，提出了操作系统概念，出现了高级语言；应用扩展到了数据处理和过程控制。

3. 第三阶段：集成电路计算机(1965—1970 年)

集成电路计算机的主要特点：采用中、小规模集成电路制作各种逻辑部件，从而使计算机体积更小，重量更轻，耗电更省，寿命更长，成本更低，运算速度有了更大的提高；采用半导体存储器作为主存，取代了原来的磁芯存储器，使存储器容量和存取速度有了大幅度提高，增加了系统的处理能力；系统软件有了很大发展，出现了分时操作系统，多用户可以共享计算机软硬件资源；在程序设计方面采用了结构化程序设计，为研制更加复杂的软件提供了技术保证；出现了向大型化和小型化两极发展的趋势。

4. 第四阶段：大规模、超大规模集成电路计算机(1971 年至今)

此阶段计算机的主要特点：基本逻辑部件采用大规模、超大规模集成电路，使计算机体积、重量和成本均大幅度降低，出现了微型机；作为主存的半导体存储器，其集成度越来越高，容量越来越大，外存储器除广泛使用软盘和硬盘外，还引进了光盘；各种使用方便的输入/输出设备相继出现；软件产业高度发达，各种应用软件层出不穷，极大地方便了用户；计算机技术与通信技术相结合形成计算机网络，把世界紧密地联系在一起；多媒体技术崛起，在信息处理领域掀起了一场革命。

1.1.2　计算机的分类和特点

1. 计算机的分类

计算机可以从不同角度进行分类。

1) 按信息的表示方式分类

按信息的表示方式，计算机可分为模拟计算机、数字计算机和数模混合计算机。

(1) 模拟计算机用连续变化的模拟量来表示信息，其基本运算部件由运算放大器构成的微分器、积分器和通用函数运算器等运算电路组成。使用模拟计算机的主要目的，不在于获得数学问题的精确解，而在于提供一个可进行实验研究的电子模型。

(2) 数字计算机用不连续的数字量，即"0"和"1"来表示信息，其基本运算部件是数字逻辑电路。数字计算机的精度高、存储量大、通用性强，能进行科学计算、信息处理、实时控制和智能模拟等方面的工作。人们通常所说的计算机就是指数字计算机。

(3) 数模混合计算机是综合了数字和模拟两种计算机的长处设计出来的，它既能处理数字量，又能处理模拟量。

2) 按应用范围分类

计算机按应用范围可分为专用计算机和通用计算机。

(1) 专用计算机是为解决一个或一类特定问题而设计的计算机。它的硬件和软件的配置依据解决特定问题的需要而定，并不求全。专用机功能单一，配有解决特定问题的固定程序，能高速、可靠地解决特定问题，一般在过程控制中使用此类计算机。

(2) 通用计算机是为解决各种问题而设计的计算机，具有较强的通用性。它具有一定的运算速度，有一定的存储容量，带有通用的外部设备，配备各种系统软件和应用软件。一般的数字计算机多属此类。

3) 按规模和处理能力分类

按规模和处理能力，计算机可分为巨型机、大型机、小型机、微型机、工作站和服务器。

(1) 巨型机。巨型机是一种超大型电子计算机，具有很强的计算和处理数据能力，主要特点表现为高速度和大容量，配有多种外部设备和丰富的、高功能的软件系统。巨型计算机实际上是一个巨大的计算机系统，主要用来承担重大的科学研究、国防尖端技术和国民经济领域的大型计算课题及数据处理任务，如大范围天气预报、处理卫星照片、原子核物的探索、研究洲际导弹和宇宙飞船等。我国研制的银河系列机属于巨型机。

(2) 大型机。大型机使用专用的处理器指令集、操作系统和应用软件，通用性能好、外部设备负载能力强、处理速度快，多个用户可同时使用。大型机主要用于科学计算、数据处理和网络服务器等。

(3) 小型机。小型机的特点是规模较小、结构简单、成本较低、操作简单、易于维护和外部设备连接容易，许多工业生产自动化控制和事务处理都采用小型机，一般为中小型企事业单位或某一部门所用。

(4) 微型机。微型机也称个人计算机(Personal Computer，PC)或电脑，以运算器和控制器为核心，体积小、价格低廉。目前，微型计算机已广泛应用于办公、学习、娱乐等社会生活的方方面面，是发展最快、应用最为普及的计算机。今天微型机的性能已超过了早期的大型机。

(5) 工作站。工作站是一种高档的微型计算机，通常配有高分辨率的大屏幕显示器及容量很大的内存储器和外部存储器，主要面向专业应用领域，具备强大的数据运算与图形、图像处理能力。它主要用于图像处理、计算机辅助设计(CAD)等领域。

(6) 服务器。服务器是指在网络环境下为网上多个用户提供共享信息资源和各种服务的一种高性能计算机。服务器一般具有大容量的存储设备和丰富的外部设备。在服务器上需要安装网络操作系统、网络协议和各种网络服务软件。服务器主要为网络用户提供文件、数据库、应用及通信方面的服务。

2．计算机的特点

计算机具有许多优秀的特点，如运算速度快、计算精度高、存储能力强、具备逻辑判断能力和自动化程度高等。

(1) 运算速度快。计算机的运算速度(也称处理速度)是计算机的一个重要性能指标,通常用每秒钟执行定点加法的次数或平均每秒钟执行的百万条指令数来衡量。由于计算机采用高速电子器件,因此计算机能以极高的速度工作。目前普通计算机的运算速度大概在几十亿至几千亿之间,如此高的运算速度极大地提高了人们的工作效率,使许多复杂的工程计算能在很短的时间内完成。

(2) 计算精度高。科学技术的发展特别是尖端科学技术的发展,需要高度精确的计算。计算机控制的导弹之所以能准确地击中预定的目标,是与计算机的精确计算分不开的。一般计算机可以有十几位甚至几十位(二进制)有效数字,计算精度可由千分之几到百万分之几,是任何计算工具望尘莫及的。

(3) 存储能力强。计算机具有许多存储记忆载体,可以将运行的数据、指令程序和运算的结果存储起来,供计算机本身或用户使用,还可即时输出。如果一个大型图书馆使用人工查阅,则犹如大海捞针,现在普遍采用计算机管理,所有的图书目录及索引都存储在计算机中,运用计算机的自动查询功能,查找一本图书只需要几秒钟。

(4) 具备逻辑判断能力。计算机不仅具有基本的算术能力,还具备数据分析和逻辑判断能力,能对信息进行比较和判断,高级计算机还具有推理、诊断和联想等模拟人类思维的能力,因而计算机俗称为电脑。这使计算机能进行诸如资料分类、情报检索等具有逻辑加工性质的工作。

(5) 自动化程度高。计算机把处理信息的过程表示为由许多指令按一定次序组成的程序。计算机具备预先存储程序并按存储的程序自动执行而不需要人工干预的能力,因而自动化程度高。计算机自动化控制的产品在我们周围比比皆是,我们的家用电器基本上都是计算机(单片微型计算机)控制的,常用的手机、彩电、冰箱及各种各样的电器都离不开计算机,正因为计算机所具备的自动化功能,使我们能从繁重的体力和脑力劳动中解脱出来。

1.1.3　计算机的应用和发展趋势

1. 计算机的应用

计算机应用研究的是计算机应用于各个领域的理论、方法、技术和系统等,是计算机学科与其他学科相结合的边缘学科。计算机应用分为数值计算和非数值应用两大领域。非数值应用又包括数据处理和知识处理等,例如信息系统、工厂自动化、办公自动化、家庭自动化、专家系统、模式识别、机器翻译等领域。

1) 科学计算

早期的计算机主要用于科学计算。现在,科学计算仍然是计算机应用的一个重要领域,如应用于高能物理、工程设计、地震预测、气象预报、航天技术等。由于计算机具有高运算速度和精度以及逻辑判断能力,因此出现了计算力学、计算物理、计算化学、生物控制论等新型学科。

2) 过程检控

利用计算机对工业生产过程中的某些信号自动进行检测,并把检测到的数据存入计算机,再根据需要对这些数据进行处理,这样的系统称为计算机检测系统。过程控制也称为实时控制，用计算机及时采集检测数据，并迅速按最佳值对控制对象进行自动控制和调节。

3) 信息管理

信息管理也称数据处理，是目前计算机应用最广泛的一个领域。可以利用计算机来加工、管理与操作任何形式的数据资料，如企业管理、物资管理、报表统计、账目计算和信息情报检索等。信息管理是系统工程和自动控制的基本环节，贯穿于社会生产和社会生活的各个领域。信息管理技术的发展及其应用的广度和深度，极大地影响着人类社会发展的进程。目前，信息管理已广泛地应用于各行各业，如办公自动化、企事业计算机辅助管理与决策、信息情报检索、图书管理、电影电视动画设计、会计电算化、测绘制图管理、仓库管理和交通运输管理等。

4) 计算机辅助系统

计算机辅助系统包括计算机辅助设计、计算机辅助制造、计算机辅助教学及计算机辅助测试。

(1) 计算机辅助设计(Computer Aided Design，CAD)。CAD 是指利用计算机来帮助设计人员进行工程设计，以提高设计工作的自动化程度，节省人力和物力。目前，此技术已经在电路、机械、土木建筑和服装等设计中得到了广泛应用。

(2) 计算机辅助制造(Computer Aided Manufacturing，CAM)。CAM 是指在机械制造业中，利用电子数字计算机通过各种数值控制机床和设备，自动完成离散产品的加工、装配、检测和包装等制造过程。CAM 提高了产品质量，降低了生产成本，缩短了生产周期，并且大大改善了制造人员的工作条件。

(3) 计算机辅助教学(Computer Aided Instruction，CAI)。CAI 是指用计算机帮助或代替教师执行部分教学任务，向学生传授知识和提供技能训练的教学方式。CAI 能够为学生提供一个良好的个人化学习环境，综合应用多媒体、超文本、人工智能、网络通信和知识库等计算机技术，克服了传统教学情景方式单一、片面的缺点，它的使用能有效缩短学习时间，提高教学质量和教学效率，实现最优化的教学目标。

(4) 计算机辅助测试(Computer Aided Test，CAT)。CAT 是指利用计算机协助进行测试的一种方法。计算机辅助测试可以用于不同的领域：在教学领域，可以使用计算机对学生的学习效果和学习能力进行测试，一般分为脱机测试和联机测试两种方法；在软件测试领域，可以使用计算机来进行软件测试，提高测试效率。

5) 人工智能(Artificial Intelligence，AI)

AI 是指开发一些具有人类某些智能的应用系统，用计算机来模拟人类的智能活动，诸如感知、判断、理解、学习、问题求解和图像识别等，使计算机具有自学习适应和逻辑推理的功能，如计算机推理、智能学习系统、专家系统、机器人等，帮助人们学习和完成某些推理工作。人工智能的研究已取得不少成果，有些已开始走向实用阶段，例如能模拟高水平医学专家进行疾病诊疗的专家系统，具有一定思维能力的智能机器人等。

6) 计算机通信——网络应用

计算机技术与现代通信技术的结合构成了计算机网络。计算机网络技术的发展将处在不同地域的计算机用通信线路连接起来，配以相应的软件，达到资源共享的目的。

2. 计算机的发展趋势

1) 电子计算机的发展趋势

在第一台计算机产生至今的半个多世纪里，计算机的应用得到不断拓展，计算机的类型不断分化，这就决定了计算机的发展在朝不同的方向延伸。当今计算机正朝着巨型化、微型化、网络化和智能化方向发展。

(1) 巨型化。巨型化指计算机具有极高的运算速度、大容量的存储空间、更加强大和完善的功能，主要用于航空航天、军事、气象、人工智能、生物工程等学科领域。

(2) 微型化。微型化是大规模及超大规模集成电路发展的必然结果。从第一块微处理器芯片问世以来，计算机芯片的发展速度与日俱增，集成度每 18 个月翻一番，而价格则减一半，这就是信息技术发展功能与价格比的摩尔定律。计算机芯片集成度越来越高，所完成的功能越来越强，使计算机微型化的进程和普及率越来越快。从笔记本电脑到掌上型电脑，再到嵌入到各种家电中的电脑控制芯片，进而到植入人体内部，甚至能嵌入到人脑中的微电脑，都体现出了计算机微型化的进程。

(3) 网络化。随着 Internet 的飞速发展，计算机网络已广泛应用于政府、学校、企业、科研和家庭等领域，越来越多的人接触并了解到计算机网络的功能。计算机网络将不同地理位置上具有独立功能的不同计算机通过通信设备和传输介质互连起来，在通信软件的支持下，实现了网络中的计算机之间共享资源、交换信息、协同工作。计算机网络的发展水平已成为衡量国家现代化程度的重要指标，在社会经济发展中发挥着极其重要的作用。

(4) 智能化。智能化是指让计算机能够模拟人类的智力活动，如学习、感知、理解、判断和推理等，具备理解自然语言、声音、文字和图像的能力，具有说话的能力，使人机能够用自然语言直接对话。它可以利用已有的和不断学习到的知识进行思维、联想、推理，并得出结论，能解决复杂的问题，具有汇集记忆、检索有关知识的能力。智能化计算机的发展，将会使计算机科学和计算机的应用达到一个崭新的水平。

2) 未来计算机的新技术

从电子计算机的产生及发展可以看到，目前计算机技术的发展是以电子技术的发展为基础的，集成电路芯片是计算机的核心部件。随着高新技术的研究和发展，计算机技术也将拓展到其他新兴的技术领域，计算机新技术的开发和利用必将成为未来计算机发展的新趋势。从目前计算机的研究情况可以看到，未来计算机将有可能在生物计算机、光子计算机、量子计算机、神经网络计算机、超导计算机和纳米计算机等研究领域取得重大突破。

(1) 生物计算机。生物计算机也称仿生计算机，其主要原材料是生物工程技术产生的蛋白质分子，并以此作为生物芯片来替代半导体硅片。生物计算机利用有机化合物存储数据，信息以波的形式传播，当波沿着蛋白质分子链传播时，会引起蛋白质分子链中单键、双键结构顺序的变化。其运算速度要比当今最新一代计算机快 10 万倍；它具有很强的抗电磁干扰能力，并能彻底消除电路间的干扰；能量消耗仅相当于普通计算机的十亿分之一，且具有巨大的存储能力。生物计算机具有生物体的一些特点，如能发挥生物本身的调节机能，自动修复芯片上发生的故障，还能模仿人脑的机制等。

(2) 光子计算机。光子计算机是一种由光信号进行数字运算、逻辑操作、信息存储和处理的新型计算机。它由激光器、光学反射镜、透镜和滤波器等光学元件和设备构成，激光束进入反射镜和透镜组成的阵列进行信息处理，以光子代替电子，光运算代替电运算。光的并行性和高速性决定了光子计算机的并行处理能力很强，具有超高运算速度。光子计算机还具有与人脑相似的容错性，当系统中某一元件损坏或出错时，并不影响最终的计算结果。光子在光介质中传输所造成的信息畸变和失真极小，光传输、转换时能量消耗和散发热量极低，对环境条件的要求比电子计算机低得多。随着现代光学与计算机技术、微电子技术相结合，在不久的将来，光子计算机将成为人类普遍使用的工具。

(3) 量子计算机。量子计算机早先由理查德·费曼提出，是从物理现象的模拟而来。他发现当模拟量子现象时，庞大的希尔伯特空间使资料量也变得庞大，一个完好的模拟所需的运算时间变得相当可观，甚至是不切实际的天文数字。理查德·费曼当时就想到，如果用量子系统构成的计算机来模拟量子现象，则运算时间可大幅度减少，量子计算机的概念从此诞生。量子计算机是一类遵循量子力学规律进行高速数学和逻辑运算、存储及处理量子信息的物理装置，当某个装置处理和计算的是量子信息，运行的是量子算法时，它就是量子计算机。迄今为止，世界上还没有真正意义上的量子计算机。但是，世界各地的许多实验室正在以巨大的热情来追寻着这个梦想。

(4) 神经网络计算机。具有模仿人的大脑的判断能力和适应能力、可并行处理多种数据功能的神经网络计算机，可以判断对象的性质与状态，并能采取相应的行动，而且可同时并行处理实时变化的大量数据，并引出结论。神经网络计算机除有许多处理器外，还有类似神经的节点，每个节点与许多点相连。若把每一步运算分配给每台微处理器，它们同时运算，其信息处理速度和智能会大大提高。神经网络计算机的信息不是存在存储器中，而是存储在神经元之间的联络网中。若有节点断裂，计算机仍有重建资料的能力。神经网络计算机还具有联想记忆、视觉和声音识别等能力。

(5) 超导计算机。超导是在 1911 年被荷兰物理学家昂内斯发现的一种自然现象。有一些材料，当它们冷却到接近零下 273.15℃时，会失去电阻，流入它们中的电流会畅通无阻，不会白白消耗掉。这种情况，好比一群人拥入广场，如果大家不听招呼，各行其是，就会造成相互碰撞，使得行进受阻；但如果有人喊口令，大家服从命令听指挥，列队前进，就能顺利进入广场，超导体的情况就是如此。

超导计算机是利用超导技术生产的计算机及其部件，其性能是目前电子计算机无法相比的。超导计算机的运算速度比现在的电子计算机快 100 倍，而电能消耗仅是电子计算机的千分之一。如果目前一台大中型计算机每小时耗电 10 kW，那么，同样一台超导计算机只需一节干电池就可以工作了。

(6) 纳米计算机。纳米技术是从 20 世纪 80 年代初迅速发展起来的新科研领域，最终目标是人类按照自己的意志直接操纵单个原子，制造出具有特定功能的产品。纳米计算机指将纳米技术运用于计算机领域所研制出的一种新型计算机。采用纳米技术生产芯片的成本十分低廉，因为它既不需要建设超洁净生产车间，也不需要昂贵的实验设备和庞大的生产队伍，只要在实验室里将设计好的分子合在一起，就可以造出芯片，这大大降低了生产成本。

1.1.4　认识计算机科学

1．计算机科学简介

计算机科学(Computer Science，CS)是指研究计算机及其周围各种现象和规律的科学，亦即研究计算机系统结构、程序系统(即软件)、人工智能以及计算本身的性质和问题的学科。计算机科学是一门包含各种与计算和信息处理相关主题的系统学科，从抽象的算法分析、形式化语法等，到更具体的主题如编程语言、程序设计、软件和硬件等。

计算机科学是系统性研究信息与计算的理论基础，以及它们在计算机系统中如何实现与应用的实用技术的学科，它通常被形容为对那些创造、描述以及转换信息的算法处理的系统研究。计算机科学包含很多分支领域：有些强调特定结果的计算，比如计算机图形学；而有些是探讨计算问题的性质，比如计算复杂性理论；还有一些领域专注于怎样实现计算，比如编程语言理论是研究描述计算的方法，而程序设计是应用特定的编程语言解决特定的计算问题，人机交互则是专注于怎样使计算机和计算变得有用、好用，以及随时随地为人所用。

2．计算机科学的研究领域

计算机是一种进行算术和逻辑运算的机器，而且对于由若干台计算机连成的系统而言，还存在通信问题，并且处理的对象都是信息，因而也可以说，计算机科学是研究信息处理的科学。计算机科学分为理论计算机科学和实验计算机科学两个部分。在数学文献中所说的计算机科学，一般是指理论计算机科学。

计算机科学的大部分研究基于"冯·诺依曼计算机"和"图灵机"，它们是绝大多数实际机器的计算模型。从这个意义上来讲，计算机只是一种计算的工具。著名的计算机科学家 Dijkstra 有一句名言："计算机科学之关注于计算机并不甚于天文学之关注于望远镜。"

3．计算机科学中的数据、信息与信息处理

1) 数据

数据(Data)是事实或观察的结果，是对客观事物的逻辑归纳，是用于表示客观事物的未经加工的原始素材。

数据是信息的表现形式和载体，可以是符号、文字、数字、语音、图像、视频等。数据和信息是不可分离的，数据是信息的表达，信息是数据的内涵。数据本身没有意义，数据只有对实体行为产生影响时才成为信息。

数据可以是连续的值，比如声音、图像等，称为模拟数据，也可以是离散的，如符号、文字等，称为数字数据。

在计算机系统中，数据以二进制信息单元 0、1 的形式表示。

2) 信息

信息是对客观世界中各种事物的运动状态和变化的反映，是客观事物之间相互联系和相互作用的表征，表现的是客观事物运动状态和变化的实质内容，是数据加工的结果，是有用的数据。具体而言，信息是人们在从事工业、农业、军事、商业、管理、文化教育、医学卫生和科学研究等活动中涉及的数字、符号、文字、语言、图形和图像等的总称。

3) 信息处理(数据处理)

信息处理就是对信息的接收、存储、转化、传送和发布等。随着计算机的日益普及，通过计算机数据处理进行信息管理已成为主要的应用。计算机信息处理的过程实际上与人类信息处理的过程一致。人们对信息的处理也是先通过感觉器官获得的，再通过大脑和神经系统对信息进行传递与存储，最后通过言行或其他形式发布信息。

1.2　微型计算机系统

微处理器的迅速发展使得以微处理器为核心的微型计算机成为人们工作学习不可缺少的重要工具。

1.2.1　微型计算机系统的组成

微型计算机系统包括硬件系统和软件系统两大部分。硬件和软件相辅相成，不可分割。硬件指构成计算机系统的各种物理设备，软件指计算机中的各类程序和文档。没有安装任何软件的计算机称为"裸机"。

微型计算机系统的组成如图 1-2 所示。

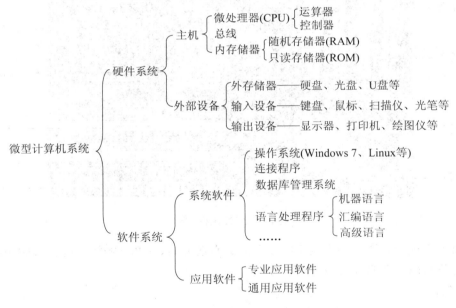

图 1-2　微型计算机系统的组成

1.2.2　微型计算机的硬件系统

计算机硬件系统主要由五大部分组成：运算器、控制器、存储器、输入设备和输出设备。其中，运算器和控制器合在一起称为中央处理器(Central Processing Unit，CPU)。

微型计算机中的中央处理器集成在一个芯片上，称为微处理器(Micro Processor Unit，MPU)。微型计算机硬件系统主要由微处理器、存储器、I/O 设备组成，各部分之间通过用于传送各类信息的"总线"连接在一起。

1. 主板(Mother Board)

主板又叫主机板(Mainboard)、系统板(Systemboard)或母板(Motherboard)，它安装在机箱内，是计算机中最大的一块集成电路板。主板在整个微机系统中扮演着举足轻重的角色，其类型和档次决定着整个微机系统的类型和档次，其性能影响着整个微机系统的性能。

主板结构是根据主板上各元器件的布局排列方式、尺寸大小、形状和所使用的电源规格等制定出的通用标准，所有主板厂商都必须遵循。主板结构分为 ATX、MicroATX、LPX、NLX、Flex ATX、EATX、WATX 以及 BTX 等。其中，LPX、NLX、Flex ATX 是 ATX 的变种，多见于国外的品牌机，国内尚不多见；EATX 和 WATX 多用于服务器/工作站主板；ATX 是市场上最常见的主板结构，其扩展插槽较多，PCI 插槽数量一般是 4～6 个，大多数主板都采用此结构。ATX 主板结构如图 1-3 所示。

图 1-3　ATX 主板结构

主板上不仅装有主要的电路系统，还集成有芯片组、CPU 插槽、内存条插槽、BIOS 芯片和一些其他部件的接口等。

1) 芯片组

芯片组(Chipset)是构成主板电路的核心。它分为"南桥"和"北桥"。北桥芯片提供对 CPU 类型和主频、系统高速缓存、主板的系统总线频率、内存管理(内存类型、容量和性能)和显卡插槽规格等的支持；南桥芯片提供了对 I/O 以及 KBC(键盘控制器)、RTC(实时时钟控制器)、USB(通用串行总线)和 ACPI(高级能源管理)等的支持，并决定了扩展接口和插槽的种类与数量。

芯片组是主板的灵魂，芯片组性能的优劣，决定了主板性能的好坏与级别的高低。CPU 的型号与种类繁多、功能特点不一，如果芯片组不能与 CPU 良好地协同工作，将严重地影响计算机的整体性能，甚至不能正常工作。

2) CPU 插槽

CPU 插槽就是主板上用于安装 CPU 的插座，主要分为 Socket 和 Slot 两种。目前 CPU 的接口都是针脚式接口，对应到主板上就有相应的插槽类型。CPU 接口类型不同，则插孔数、体积、形状都有变化，因此不能互相接插。

3) 内存插槽

内存插槽是指主板上用来插内存条的插槽。主板所支持的内存种类和容量都由内存插槽来决定。内存插槽通常最少有两个，多的为 4 个、6 个或者 8 个。内存双通道要求必须插相同类型的内存，否则不能正常开启内存双通道功能。

4) BIOS 芯片

BIOS(Basic Input Output System，基本输入输出系统)用于计算机开机过程中各种硬件设备的初始化和检测。BIOS 程序存放在主板的一个只读存储器中，不需要供电就可保持数据不丢失。BIOS 设置的结果，存放于南桥芯片内集成的存储器中，需要不间断供电才能保持其数据不丢失。

5) PCI 插槽和 PCI-E 插槽

PCI 插槽是主板的主要扩展插槽，可插接显卡、声卡、网卡、IDE 接口卡、RAID 卡、电视卡、视频采集卡以及其他种类繁多的扩展卡。

PCI-E 接口是目前的主流显卡插槽，逐渐代替了以前的 AGP 插槽，一般都会用其他颜色来和 PCI 接口进行区分，其长度明显要比 PCI 接口长。

6) SATA 接口

SATA(Serial ATA，串行 ATA)是一种电脑总线，主要功能是用作主板和大容量存储设备(如硬盘)之间的数据传输，是一种完全不同于串行 PATA 的新型硬盘接口类型，采用串行方式传输数据。

7) 扩展接口

扩展接口是主板上用于连接各种外部设备的接口。通过这些扩展接口，可以把打印机、扫描仪、闪存盘、移动硬盘和写字板等外部设备连接到电脑上。而且，通过扩展接口还能实现电脑间的互连。

2. 中央处理器

中央处理器是一块超大规模的集成电路，是一台计算机的运算核心和控制核心。它的功能主要是解释计算机指令以及处理计算机软件中的数据。计算机的所有操作都受 CPU 控制，它直接影响着整个计算机系统的性能。

1) CPU 的组成

CPU 包括控制器、运算器以及用来暂时寄存数据的寄存器和高速缓冲存储器(Cache)等。控制器是对计算机发布命令的"决策机构"，用来协调和指挥整个计算机系统的工作，它本身不具备运算功能，而是通过读取各种命令并对其进行翻译、分析之后对各部件做出相应控制的。运算器是执行各种算术和逻辑运算操作的部件。运算器的基本操作包括加、减、乘、除四则运算，与、或、非、异或等逻辑操作以及移位、比较和传送等操作。

目前，中央处理器的供应商主要是 Intel 和 AMD 两大巨头。常用的微处理器有 Intel 公司的 i3、i5、i7 系列和 AMD 公司的 FX、A10 系列等。Intel 公司的 CPU——酷睿 i7 5960X 如图 1-4 所示。随着我国自主研发的"龙芯"系列中央处理器的出现，有可能打破这种局面，尽管"龙芯"还未达到世界先进水平，但发展迅速，前景光明。

图 1-4　Intel 公司的 CPU——酷睿 i7 5960X 正面和背面

2) CPU 主要性能指标

　　(1) 主频。主频指 CPU 内核工作的时钟频率(Clock Speed)，即 CPU 的工作频率，也是 CPU 内核电路的实际运行频率。一般来说，一个时钟周期完成的指令数是固定的，所以主频越高，CPU 的速度越快。例如，某计算机采用的处理器是 Intel Core i7 5960x 3.0 GHz，表示 CPU 型号为 Intel 的酷睿 i7 5960x，主频是 3.0 GHz，即 CPU 采用的时钟频率为 3.0×10^9 个脉冲/秒。

　　(2) 字长。字长指计算机在同一时间内处理的二进制数的位数。字长与计算机的功能和用途有很大的关系，是计算机的一个重要技术指标。字长直接反映了一台计算机的计算精度。在其他指标相同时，字长越长，计算机处理数据的速度就越快。字长由微处理器对外数据通路的数据总线条数决定。

　　(3) 外频和倍频。外频指系统总线的工作频率(系统时钟频率)，是 CPU 与周边设备传输数据的频率，具体是指 CPU 到芯片组之间的总线速度，是 CPU 与主板之间同步运行的速度。倍频是指 CPU 和系统总线之间相差的倍数，用公式表示为：主频 = 外频 × 倍频。

　　当外频不变时，倍频越高，CPU 主频就越高。但实际上，在相同外频的前提下，高倍频的 CPU 本身意义并不大，因为 CPU 与系统之间的数据传输速度有限，一味追求高倍频而得到高主频的 CPU 就会出现明显的"瓶颈"效应——CPU 从系统中得到数据的极限速度不能够满足 CPU 的运算速度。

3. 存储器

　　存储器(Memory)是计算机系统中存放程序和数据的设备。计算机中的所有信息都保存在存储器中。按用途存储器可分为主存储器(内存)和辅助存储器(外存)。内存指主板上的存储部件，用来存放当前正在执行的程序和数据。外存通常是磁性介质或光盘等，能长期保存信息。

存储容量的基本单位是字节(Byte)。此外，常用的存储容量单位还有 KB(千字节)、MB(兆字节)、GB(吉字节)和 TB(太字节)。它们之间的关系如下：

$$1 \text{ B} = 8 \text{ bit}(位，一个二进制数位 0 或 1)$$
$$1 \text{ KB} = 2^{10} \text{ B} = 1024 \text{ B}$$
$$1 \text{ MB} = 2^{10} \text{ KB} = 1024 \text{ KB}$$
$$1 \text{ GB} = 2^{10} \text{ MB} = 1024 \text{ MB}$$
$$1 \text{ TB} = 2^{10} \text{ GB} = 1024 \text{ GB}$$

1) 主存储器

主存储器存放当前正在使用的信息，访问主存有两种方式：读(取数)和写(存数)。一般，主存储器分为随机存储器(Random Access Memory，RAM)和只读存储器(Read Only Memory，ROM)两类。

(1) 随机存储器。随机存储器(RAM)也叫读写存储器，存储当前使用的程序、数据、中间结果和与外存交换的数据。CPU 根据需要可以直接读/写 RAM 中的内容。RAM 有两个主要特点：一是其中的信息随时可以读出或写入；二是一旦断电，RAM 中存储的数据就会丢失。

RAM 可分为静态 RAM(Static RAM，SRAM)和动态 RAM(Dynamic RAM，DRAM)。前者在不断电的情况下可以一直保存数据，并且存取速度快，但是价格比较贵；后者必须定时刷新，速度较慢，但是价格便宜。

微机上的动态随机存储器就是内存条，目前常用的容量有 1 GB、2 GB、4 GB、8 GB 等。内存条的外观如图 1-5 所示。

图 1-5　内存条

(2) 只读存储器。只读存储器(ROM)只能"读"不能"写"，其中的信息是在制造时用专门设备一次写入的。ROM 常用来存放不需修改，且需长时间保存的程序和数据，如汉字库、各种专用设备的控制程序等，最典型的是 ROM BIOS，存放基本输入输出系统(BIOS)，每次启动计算机时由其引导启动系统。ROM 中存储的数据断电不会丢失。此外，也有"能写"的 ROM，如 PROM(可编程只读存储器)、EPROM(可擦除可编程只读存储器)、EEPROM(电可擦除可编程只读存储器)。PROM 一次写入后不能再修改；EPROM 可由特殊的介质或设备写入，如紫外光；EEPROM 加上一定的电压后可以编程。

2) 辅助存储器

外存存放暂时不使用的信息，是计算机不可缺少的外部设备，既可做输入设备又可做输出设备。外存中的数据必须先调入内存才能被 CPU 处理。外存的优点是容量大、价格低，断电后信息不会丢失，可以长期保存，缺点是读写速度比内存慢。

PC 上常见的外存有硬盘存储器、光盘存储器和 USB 闪存存储器等。

(1) 硬盘存储器。硬盘是微型计算机系统不可缺少的存储设备之一，其外观和内部结构如图 1-6 所示。

图 1-6　硬盘及其内部结构

硬盘存取数据是通过一种称为磁盘驱动器的机械装置对磁盘的盘片进行读写而实现的，存储数据叫做写磁盘，读取数据叫做读磁盘。

微机中的绝大部分程序和数据都以文件的形式保存在硬盘上，当需要时调入内存。

硬盘存储容量很大，目前微机的硬盘容量一般都是上百吉字节甚至几太字节。在计算机系统中，硬盘驱动器的符号用一个英文字母表示，如 C 盘、D 盘、E 盘等。

(2) 光盘存储器。光盘是一种利用激光技术存储信息的装置，把聚焦激光形成的高能量光点照射在光盘表面上形成细小的凹坑，用平坦和凹坑两种状态表示"0"和"1"。光盘驱动器利用激光扫描光盘表面来读取"0"和"1"信息。

① 光盘的类型。光盘从性能上可分为只读型光盘、一次写入型光盘和可擦写光盘。

只读型光盘在制造时由厂家用冲压设备把信息写入，信息永久保存在光盘上，只能读取，不能修改和写入。

一次写入型光盘可由用户写入数据，但只能写一次，不能擦除或修改。

可擦写光盘能够重写，操作和硬盘相同，故称磁光盘。磁光盘具有可换性、高容量和随机存取等优点，但速度较慢，一次性投资成本较高。

② 光盘的特点。一是存储容量大，CD 为 700 MB 左右，DVD 可达十几吉字节；二是读取速度快，CD-ROM 光驱的运算速度最初为单倍速率(150 KB/s)，目前主流速度是 50/52 倍速；三是可靠性高，信息保存时间长，可用于文献档案、图书管理和多媒体等方面。

(3) U 盘。U 盘(也称优盘或闪盘)是采用 Flash Memory 存储技术的一种便携式外部存储器，它通过通用串行总线(Universal Serial Bus，USB)与主机相连。U 盘的优点是重量轻，体积小，稳定性好，存取速度快，存储容量越来越大，且价格越来越便宜。

常见的 U 盘容量有 4 GB，8 GB，16 GB，32 GB，64 GB 等。

(4) 移动硬盘。移动硬盘的优点是高速、大容量、轻巧便捷、单位存储成本低和兼容性好。与台式机硬盘相比，移动硬盘具有良好的抗震性能，存储数据安全可靠。

常见的移动硬盘容量有 500 GB、1 TB、2 TB、4 TB 等。

4. 总线

任何一个微处理器都要与一定数量的部件和外围设备连接，但如果将各部件和每一种外围设备都分别用一组线路与 CPU 直接连接，那么连线将会错综复杂，甚至难以实现。为了简化硬件电路设计和系统结构，常用一组线路，配置以适当的接口电路，与各部件和外围设备连接，这组共用的连接线路被称为总线。采用总线结构便于部件和设备的扩充，尤其制定了统一的总线标准后容易使不同设备间实现互连。

总线(Bus)是计算机各种功能部件之间传送信息的公共通信干线，是一种内部结构，它是 CPU、内存、输入、输出设备传递信息的公用通道，外部设备通过相应的接口电路再与总线相连接，从而形成了计算机硬件系统。

微机中总线一般有内部总线、外部总线和系统总线。

1) 内部总线

内部总线也叫片总线，是同一部件内部的连接总线，如 CPU 的控制器、运算器和各寄存器之间的连线。

2) 外部总线

外部总线是微机和外部设备之间的总线，微机作为一种设备，通过该总线和其他设备进行信息与数据交换。外部总线用于设备一级的互连。

3) 系统总线

系统总线又称内总线或板级总线，因为该总线用来连接微机各功能部件而构成一个完整微机系统，所以称之为系统总线。系统总线是微机系统中最重要的总线，人们平常所说的微机总线就是指系统总线，如 PC 总线、AT 总线(ISA 总线)、PCI 总线等。系统总线在微型计算机中的地位如同人的神经中枢系统，CPU 通过系统总线对存储器的内容进行读写，同样通过总线，实现将 CPU 内数据写入外设或由外设读入 CPU。

系统总线按其功能又可分为数据总线、地址总线和控制总线三类，分别用来传送数据、地址和控制信号。

(1) 数据总线(Data Bus，DB)。数据总线用于传输数据，是 CPU 与存储器、CPU 与 I/O 接口之间的双向传输。数据总线的位数和微处理器的位数相一致，是衡量微机运算能力的重要指标。

(2) 地址总线(Address Bus，AB)。地址总线用来指定在 RAM 中存储的数据的地址。CPU 通过地址总线把地址信息送给其他部件，因而地址总线是单向的。地址总线的位数决定了 CPU 的寻址能力，也决定了微机的最大内存容量，例如，16 位地址总线的寻址能力是 $2^{16}=64$ K，32 位地址总线的寻址能力是 4 G。

(3) 控制总线(Control Bus，CB)。控制总线用来将微处理器控制单元(Control Unit)的信号传送到周边设备。控制总线是 CPU 对外围芯片和 I/O 接口的控制，以及这些接口芯片对 CPU 的应答、请求等信号组成的总线。控制总线是最复杂、最灵活、功能最强的一类总线，其方向也因控制信号不同而有差别。

5．输入/输出设备

输入/输出设备又称 I/O 设备，是计算机的外部设备之一，可以和计算机进行交互使用，例如键盘、显示器等。

1) 输入设备

输入设备是向计算机输入数据和信息的设备，用于把原始数据和处理这些数据的程序输入到计算机中，是用户和计算机系统之间进行信息交换的主要装置之一。

计算机能够接收各种各样的数据，既可以是数值型数据，也可以是非数值型数据，如图形、图像、声音等，这些数据都可以通过不同类型的输入设备输入到计算机中，进行存储、处理和输出。计算机的输入设备按功能可分为下列几类：

字符输入设备：键盘。

光学阅读设备：光学标记阅读机、光学字符阅读机。

图形输入设备：鼠标器、操纵杆、光笔。

图像输入设备：摄像机、扫描仪、传真机。

模拟输入设备：语言模数转换识别系统。

(1) 键盘(Keyboard)。键盘是最常用也是最主要的输入设备，通过键盘可以将英文字母、数字、标点符号等输入到计算机中，从而向计算机发出命令、输入数据等。当按下一个键时，就会产生与该键对应的 ASCII 码，并通过接口送入计算机主机进行处理。

键盘分为标准键盘和人体工程学键盘。标准键盘的布局如图 1-7 所示，常见的标准键盘的按键包括 104 键和 107 键等。

图 1-7　标准键盘

人体工程学键盘是在标准键盘上将指法规定的左手键区和右手键区这两大板块左右分开，并形成一定角度，使操作者不必有意识的夹紧双臂，保持一种比较自然的形态，这种设计的键盘被微软公司命名为自然键盘(Natural Keyboard)，对于习惯盲打的用户可以有效地减少左右手键区的误击率。有的人体工程学键盘还有意加大常用键如空格键和回车键的面积，在键盘的下部增加护手托板，给悬空手腕以支持点，减少由于手腕长期悬空导致的疲劳。人体工程学键盘如图 1-8 所示。

图 1-8　人体工程学键盘

键盘通常包括数字键、字母键、符号键、功能键和控制键等，一般分放在四个区：主键盘区、小键盘区、编辑键区和功能键区。

① 主键盘区。主键盘区主要包括字母键、数字键、符号键以及控制键等。以下介绍几种常用键的用法。

Shift 键：换档键(上档键)，用来选择某键的上档字符。操作方法是：先按住 Shift 键不放，再按具有上下档符号的键，输入该键的上档字符。

　　Caps Lock 键：大小写字母转换键。

　　Tab 键：制表键，按下该键时，可使光标移到下一制表位，也可将焦点移到下一个对象上。Tab 键在不同的程序中功能可能不同。

　　Backspace 键：退格键，按一下此键，删除光标前的一个字符。

　　Ctrl 和 Alt 键：功能键，一般和其他键搭配使用。

　　② 小键盘区。小键盘上的 10 个键印有上档符(数码 0、1、2、3、4、5、6、7、8、9 及小数点)和相应的下档符(Ins、End、↓、PgDn、←、→、Home、↑、PgUp、Del)。下档字符用于控制编辑时的光标移动。连续进行数字输入时，可以按下数字锁定键 Num Lock。按下该键后，键盘右上角的 Num Lock 指示灯亮，表示小键盘已处于数字锁定状态，输入 0～9 和小数点"."。再次按一下 Num Lock 键，则 Num Lock 指示灯熄灭，表示小键盘已处于非数字锁定状态，输入为下档光标移动键。

　　③ 编辑键区。编辑键区包含 8 个光标移动键和 2 个编辑操作键(Del 和 Ins)，其功能如表 1-1 所示。

表 1-1　编辑键区按键及功能

按键	功　　能
←	光标左移一个字符
→	光标右移一个字符
↑	光标上移一行
↓	光标下移一行
Home	光标移到当前行首
End	光标移到当前行尾
PageUp	光标移到上一页
PageDown	光标移到下一页
Del	删除键，删除光标后的一个字符或选中的内容
Ins	插入状态和改写状态的切换键

　　④ 功能键区。功能键区包含操作功能键(Esc、F1～F12)和控制键(PrintScreen、ScrollLock、Pause/Break)。在不同的软件中，可以对功能键 F1～F12 进行重新定义。

　　PrtSc 键或 PrintScreen 键：屏幕复制键。按下 PrintScreen 键，复制整个屏幕；按下 Alt + PrintScreen 键，复制当前的活动窗口。

　　ScrLk 键或 ScrollLock 键：屏幕锁定键。该键主要是用在 Excel 表格中的，按下 Scroll Lock 键，在 Word 或 Excel 中按上下键锁定光标同时滚动页面；如果没按这个键，按上下键就只是移动光标而不会滚动页面。

　　Pause/Break 键：暂停键。该键一般用于暂停某项操作，或中断命令、程序的运行(常与 Ctrl 键配合使用)。

(2) 鼠标。"鼠标"也叫"鼠标器"，英文名为"Mouse"。1964 年，美国科学家道格拉斯·恩格尔巴特(Douglas Englebart)在加利福尼亚制作了第一只鼠标。鼠标的使用使计算机的操作更加简便快捷。

鼠标是一种很常用的电脑输入设备，分有线和无线两种，它可以对当前屏幕上的游标进行定位，并通过按键和滚轮装置对游标所经过位置的屏幕元素进行操作，在软件支持下，通过鼠标器上的按钮，向计算机发出输入命令或完成某种特殊的操作。其工作原理是：当移动鼠标时，它把移动距离及方向的信息变成脉冲信号送入计算机，计算机再将脉冲信号转变为光标的坐标数据，从而达到指示位置的目的。

现在常用的鼠标是光电式鼠标，其底部装有两个平行放置的小光源，当鼠标器在反射板上移动时，光源发出的光经反射板反射后，由鼠标器接收，转换为电移动信号送入计算机，使屏幕上的光标随之移动。

鼠标器有两个键的，也有三个键的，最左边的键是拾取键，最右边的键为消除键，中间的键是菜单的选择键。目前常用的鼠标有左右两个键，中间是一个滚轮。一般情况下，鼠标器左键可在屏幕上确定某一位置，该位置在字符输入状态下是当前输入字符的显示点，在图形状态下是绘图的参考点。在菜单选择中，左键(拾取键)可选择菜单项，也可以选择绘图工具和命令，当作出选择后系统会自动执行所选择的命令。

鼠标器能够移动光标，选择各种操作和命令，并可方便地对图形进行编辑和修改，但却不能输入字符和数字。单击鼠标右键一般会弹出对象的快捷菜单。可以通过转动滚轮快速地翻页。

(3) 扫描仪。扫描仪是计算机外部仪器设备，它利用光电技术和数字处理技术，以扫描方式捕获图形或图像信息，并将之转换成计算机可以显示、编辑、存储和输出的数字信息化。扫描仪对照片、文本页面、图纸、美术图画、照相底片、菲林软片，甚至纺织品、标牌面板、印制板样品等三维对象，都可进行扫描，提取和将原始的线条、图形、文字和照片等转换成可以编辑的数字文件。

2) 输出设备

输出设备是计算机硬件系统的终端设备，用于计算机数据的输出、显示和打印等，能将内存中经计算机处理后的信息，以能为人或其他设备所接受的形式输出，即把各种计算结果数据或信息以数字、字符、图像、声音等形式表现出来。常见的输出设备有显示器、打印机、绘图仪、影像输出系统、语音输出系统和磁记录设备等。

(1) 显示器(Display)。显示器又称监视器，是实现人机对话的主要工具。它既可以显示键盘输入的命令或数据，也可以显示计算机数据处理的结果。显示器是属于电脑的 I/O 设备，即输入/输出设备，它是一种将一定的电子文件通过特定的传输设备显示到屏幕上再反射到人眼的显示工具。

根据制造材料的不同，显示器可分为阴极射线管显示器 CRT、等离子显示器 PDP、LCD 和 LED 液晶显示器等。

目前的主流显示器是 LED 液晶显示器。 LED 是一种通过控制半导体发光二极管的显示方式来显示文字、图形、图像、动画、视频和录像信号等各种信息的显示屏幕。

显示器的主要技术参数有如下几个：

① 分辨率(Resolution)。分辨率是指像素点与点之间的距离，像素数越多，其分辨率就越高，因此，分辨率通常是以像素数来计量的，如 1280×1024，其像素数为 1 310 720。

分辨率越高，屏幕可以显示的内容越多，字符或图像也就越清晰细腻。常用的分辨率有 1024×768、1280×720、1366×768 等。

② 点距(Dot Pitch)。点距是显示器的一个非常重要的指标，是指给定颜色的一个发光点与离它最近的相邻同色发光点之间的距离，这种距离不能用软件来更改。在任何相同分辨率下，点距越小，图像就越清晰。

③ 刷新率(Refresh Rate)。刷新率指显示器每秒钟出现新图像的数量，单位为 Hz(赫兹)。刷新率越高，图像的质量就越好，闪烁越不明显，人的感觉就越舒适。目前液晶显示器的刷新率一般设为 60 Hz。

④ 功耗(Power Consumption)。作为计算机耗电最多的外设之一，显示器的功率消耗问题已越来越受到人们的关注。美国环保局(EPA)发起了"能源之星"计划，该计划规定，在微机非使用状态，即待机状态下，耗电低于 30 W 的计算机和外围设备，均可获得 EPA 的能源之星标志，这就是人们常说的"绿色产品"。因此，在购买显示器时，要看它是否有 EPA 标志。

(2) 打印机(Printer)。打印机是计算机的输出设备之一，用于将计算机处理的结果打印在相关介质上。按照打印机的工作原理，将打印机分为击打式和非击打式两大类。按工作方式，将打印机分为针式打印机、喷墨式打印机、激光打印机等，这三种打印机如图 1-9 所示。

图 1-9 针式、喷墨及激光打印机

① 针式打印机。针式打印机在很长一段时间内曾经占有着重要的地位，这与它极低的打印成本、很好的易用性以及单据打印的特殊用途是分不开的。当然，很低的打印质量和很大的工作噪声，也是它无法适应高质量、高速度的商用打印需要的根结，所以现在只有在银行、超市等用于票单打印的地方才可以看见它的踪迹。

② 喷墨打印机。喷墨打印机是在针式打印机之后发展起来的，它采用非击打的工作方式，比较突出的优点有体积小、操作简单方便和打印噪音低等，且使用专用纸张时可以打出和照片相媲美的图片。喷墨打印机最大的缺点是耗材贵。

③ 激光打印机。激光打印机以速度快、分辨率高和无噪音等优势占领市场，但价格稍高。激光打印机之所以速度快，是因为激光打印机的打印原理是复印，是一个半导体滚筒在感光后，接着刷上墨粉，然后在纸上滚一遍，最后用高温定型，一张纸就印出来了。激光打印机的打印密度非常大，耗材的粉末颗粒越小，印出来的图片分辨率就越大。

现在所谓的激光打印机普遍都是黑白机器，只能打印文本，彩色激光打印机价格较高，耗材昂贵。

6. 微型计算机的主要性能指标

1) 主频

主频是指微型计算机中 CPU 的时钟频率，也就是 CPU 运算时的工作频率。一般来说，主频越高，在一个时钟周期里完成的指令数也越多，当然 CPU 的速度就越快。主频单位是赫兹(Hz)。

2) 字长

计算机在同一时间内处理的一组二进制数称为一个计算机的"字"，而这组二进制数的位数就是"字长"。在其他指标相同时，字长越长，计算机处理数据的速度就越快。字长决定了计算机的运算精度，字长越长，计算机的运算精度就越高。其次，字长决定了指令直接寻址的能力。通常，字长总是 8 的整数倍，如 8 位，16 位，32 位，64 位等。

3) 存储容量

存储容量是衡量微型计算机中存储能力的一个指标，它包括内存容量和外存容量。内存容量反映内存存储数据的能力，内存容量越大，运算速度越快，微型计算机处理信息的能力越强。外存储器容量通常是指硬盘容量(包括内置硬盘和移动硬盘)。外存储器容量越大，可存储的信息就越多，可安装的应用软件就越丰富。

4) 运算速度

运算速度是衡量计算机性能的一项重要指标。通常所说的计算机的运算速度，指计算机每秒钟所能执行的指令条数，一般用"百万条指令/秒"(Million Instruction Per Second, MIPS)来描述。影响计算机运算速度的因素很多，除 CPU 的主频外，还与字长、内存、主板等有关。

除了上述这些主要性能指标外，微型计算机还有其他一些指标，例如所配置外围设备的性能指标以及所配置系统软件的情况等。另外，各项指标之间也不是彼此孤立的，在实际应用时，应该综合考虑，而且还要遵循"性能价格比高"的原则。

1.2.3　微型计算机的软件系统

计算机软件是指用计算机语言编写的程序、运行程序所需的数据以及文档的完整集合。

软件是用户与硬件之间的接口，用户主要通过软件与计算机进行交流。随着计算机应用的不断发展，计算机软件在不断积累和完善的过程中，形成了极为宝贵的资源。它在用户和计算机之间架起了桥梁，给用户的操作带来极大的方便。

计算机软件是计算机系统的灵魂，软件系统由系统软件和应用软件组成。

1. 系统软件

系统软件指控制和协调计算机及外部设备，支持应用软件开发和运行的系统，是无需用户干预的各种程序的集合，主要功能是调度、监控和维护计算机系统，负责管理计算机系统中各种独立的硬件，使得它们可以协调工作。系统软件使得计算机使用者和其他软件将计算机当作一个整体，而不需要顾及底层每个硬件是如何工作的。

系统软件处于硬件与应用软件之间，任何用户都要用到系统软件，其他程序都要在系统软件的支持下运行。

系统软件包括操作系统、语言处理程序、数据库管理系统、服务程序等。

1）操作系统

操作系统(Operating System，OS)是管理和控制计算机硬件与软件资源的计算机程序，是直接运行在"裸机"上的最基本的系统软件，任何其他软件都必须在操作系统的支持下才能运行。

操作系统是用户和计算机的接口，同时也是计算机硬件和其他软件的接口。操作系统的功能包括管理计算机系统的硬件、软件及数据资源，控制程序运行，改善人机界面，为其他应用软件提供支持，让计算机系统所有资源最大限度地发挥作用，提供各种形式的用户界面，使用户有一个好的工作环境，为其他软件的开发提供必要的服务和相应的接口等。操作系统管理着计算机硬件资源，同时按照应用程序的资源请求分配资源，如划分 CPU 时间、开辟内存空间和调用打印机等。

目前，微机上常见的操作系统有 Windows 系列、UNIX、Linux 等。

2）语言处理程序

语言处理程序一般由汇编程序、编译程序、解释程序和相应的操作程序等组成，它是为用户设计的编程服务软件，其作用是将高级语言源程序翻译成计算机能识别的目标程序，以便计算机能够运行。

3）数据库管理系统

数据库管理系统(Database Management System，DBMS)是一种操纵和管理数据库的大型软件，用于建立、使用和维护数据库。它对数据库进行统一的管理和控制，以保证数据库的安全性和完整性。用户通过 DBMS 访问数据库中的数据，数据库管理员也通过 DBMS 进行数据库的维护工作。它可使多个应用程序和用户用不同的方法在同时或不同时刻去建立、修改和询问数据库。

数据库管理系统是数据库系统的核心。数据库管理系统主要用于档案管理、财务管理、图书资料管理、仓库管理、人事管理等。有了数据库管理系统，用户就可以在抽象意义下处理数据，而不必顾及这些数据在计算机中的布局和物理位置。

目前，常用的数据库管理系统有 ACCESS、MySQL、Sybase、Oracle、DB2、SQLServer 等。

4）服务程序

服务程序是一类辅助性程序，它提供运行所需的各种服务。例如用于程序的装入、链接、编辑和调试的程序，以及故障诊断程序、纠错程序等。

2．应用软件

应用软件是为满足用户不同领域、不同问题的应用需求而提供的软件。由于计算机的通用性和应用的广泛性，应用软件比系统软件更丰富多样、五花八门。它可以是一个特定的程序，比如一个图像浏览器，也可以是一组功能联系紧密、互相协作的程序的集合，比如微软的 Office 软件。大多数用户都需要使用应用软件为自己的工作和生活服务。

按照应用软件的开发方式和适用范围，应用软件可分成通用应用软件和定制应用软件两大类。

1）通用应用软件

生活在现代社会，不论是学习还是工作，不论从事何种职业、处于什么岗位，人们都需要阅读、书写、通信、娱乐和查找信息，有时可能还要做演讲、发消息等。所有这些活动都可以利用相应的软件来完成。由于这些软件几乎人人都需要使用，所以把它们称为通用应用软件。

通用应用软件分若干类，例如文字处理软件、信息检索软件、游戏软件、媒体播放软件、网络通信软件、个人信息管理软件、演示软件、绘图软件和电子表格软件等。这些软件设计得很精巧，易学易用，多数用户几乎不经培训就能使用，在普及计算机应用的进程中，它们起到了很大的作用。

2) 定制应用软件

定制应用软件是按照不同领域用户的特定应用要求而专门设计开发的软件，如超市的销售管理和市场预测系统、汽车制造厂的集成制造系统、大学教务管理系统、医院挂号计费系统和酒店客房管理系统等。这类软件专用性强，设计和开发成本相对较高，价格比通用应用软件贵得多。

必须指出，所有得到广泛使用的应用软件，一般都具有如下共同特点：

(1) 它们能替代现实世界已有的其他工具，而且使用起来比已有工具更方便、更有效。

(2) 它们能完成已有工具很难完成，甚至完全不可能完成的事，扩展了人们的能力。

由于应用软件是在系统软件的基础上开发和运行的，而系统软件又有多种，如果每种应用软件都要提供能在不同系统上运行的版本，将导致开发成本大大增加。目前有一类称为"中间件"(middleware)的软件，它们作为应用软件与各种系统软件之间使用的标准化编程接口和协议，可以起到承上启下的作用，使应用软件的开发相对独立于计算机硬件和操作系统，并能在不同的系统上运行，实现相同的应用功能。

1.2.4　微型计算机基本工作原理

虽然现在的计算机系统从性能指标、运算速度、工作方式、应用领域和价格等方面与最初时的计算机有很大的差别，但基本体系结构没有变，都属于冯·诺依曼计算机。

1. 冯·诺依曼理论

冯·诺依曼理论的主要思想如下：

(1) 采用二进制表示数据和指令。计算机是"数字化"的，最早提出计算机应采用数字化的就是冯·诺依曼，而计算机中的数字化一般就是指在计算机内部，各种信息都采用二进制编码进行传送、存储和处理。

(2) 计算机的结构由运算器、控制器、存储器、输入设备和输出设备五大部件组成。

(3) 计算机采用"存储程序"和"程序控制"的方式工作。向计算机提供有关的控制命令信息，指挥计算机工作的命令称为指令，程序是为了解决某一问题而设计的操作指令的有序集合。而程序是要用某种语言来编制的，编制程序的过程称为程序设计。这些用以编制程序的计算机语言也就是程序设计语言。存储程序就是把解决问题的程序和需要加工处理的原始数据存入存储器中。

计算机工作时，控制器从存储器中按程序设计的顺序逐条读出指令，并发出与各条指令相对应的控制信号，指挥和控制计算机的各个部分协调工作，使整个信息处理过程在程序控制下自动实现。

2．冯•诺依曼结构图

按冯•诺依曼描述的工作原理，计算机由运算器、控制器、存储器、输入设备和输出设备五大部件组成，它们之间是按冯•诺依曼结构图所示的关系进行配合来工作的。冯•诺依曼结构图如图 1-10 所示。

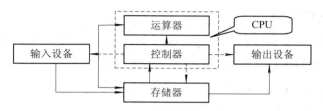

图 1-10　冯•诺依曼结构图

在图中实线为数据流，虚线为控制流，通过这个结构图可以更好地理解"存储程序"和"程序控制"。　输入设备在控制器控制下输入解题程序和原始数据，控制器从存储器中依次读出程序的一条条指令，经过译码分析，发出一系列操作信号以指挥运算器、存储器等部件完成所规定的操作功能，最后由控制器命令输出设备以适当方式输出最后结果。这一切工作都是由控制器控制的，而控制器控制的主要依据则是存放于存储器中的程序。人们常说，现代计算机采用"存储程序"和"程序控制"方式工作，就是这个意思。

如果要让计算机工作，就得先把程序编出来，然后通过输入设备送到存储器保存起来，即存储程序。根据冯•诺依曼的设计，计算机应能自动执行程序，执行程序完成后，用户从输出设备上得到处理的结果，这样就完成了整个工作过程。

简单来说，程序执行需经过下面五步：

(1) 编辑程序：通过输入设备送到存储器保存。

(2) 取出指令：从存储器某个地址中取出要执行的指令送到CPU内部的指令寄存器中暂存。

(3) 分析指令：把保存在指令寄存器中的指令送到指令译码器，译出该指令对应的微操作。

(4) 执行指令：根据指令译码，向各个部件发出相应的控制信号，完成指令规定的各种操作。

(5) 为执行下一条指令做好准备，即取出下一条指令地址。

1.3　信息在计算机中的表示

信息化是当今时代发展的大趋势。信息是多样化的，有数值、文字、声音、图形、图像、音频和视频等，但计算机中的各种数据，通常都是用二进制形式来表示、存储、处理和传输的。计算机采用二进制的原因有以下几点：

(1) 0 和 1 正好可对应电子逻辑部件(即电路)的两种状态(导通与阻塞、饱和与截止、高电位与低电位)，可以利用电路进行计数，技术实现简单。

(2) 二进制运算规则简单。

(3) 二进制的两个数码可对应逻辑代数中的"真"和"假"，便于实现逻辑运算。

(4) 因只有两种数码，当信号受到一定程度的干扰时，能较可靠地进行分辨，从而具有较强的抗干扰能力。

各种信息必须转换成二进制数，才能被计算机接收和处理。将复杂多变的信息用数字表示，称为信息的数字化编码。编码通常选用少量的基本符号，按一定的组合规则表示出多样的信息。

1.3.1 常用进位计数制

进位计数制有两个重要概念：基数和位权。基数指表示某种进位数的符号个数；位权指进位数不同数位的权值。几种常用的进位计数制介绍如下。

1. 二进制(Binary notation)

表示方法：$(P)_2$ 或 PB。

数码：0、1。

基数：2。

进位规则：逢二进一。

按权展开式：一个 n 位整数和 m 位小数的二进制数 P，可按权展开为

$$(P)_2 = a_{n-1} \times 2^{n-1} + \cdots + a_1 \times 2^1 + a_0 \times 2^0 + a_{-1} \times 2^{-1} + \cdots + a_{-m} \times 2^{-m}$$

其中，$a_i(i = n-1, \cdots, 1, 0, -1, \cdots, -m)$ 为 0 或 1。

例如，二进制数 $(101.11)_2$ 的按权展开式为

$$1 \times 2^2 + 0 \times 2^1 + 1 \times 2^0 + 1 \times 2^{-1} + 1 \times 2^{-2}$$

2. 十进制(Decimal notation)

表示方法：$(P)_{10}$ 或 PD 或 P。

数码：0、1、2、3、4、5、6、7、8、9。

基数：10。

进位规则：逢十进一。

按权展开式：一个 n 位整数和 m 位小数的十进制数 P，可按权展开为

$$(P)_{10} = a_{n-1} \times 10^{n-1} + \cdots + a_1 \times 10^1 + a_0 \times 10^0 + a_{-1} \times 10^{-1} + \cdots + a_{-m} \times 10^{-m}$$

其中，$a_i(i = n-1, \cdots, 1, 0, -1, \cdots, -m)$ 为 0~9 中的任意一个数码。

例如，十进制数 74.47 的按权展开式为

$$7 \times 10^1 + 4 \times 10^0 + 4 \times 10^{-1} + 7 \times 10^{-2}$$

3. 八进制(Octal notation)

表示方法：$(P)_8$ 或 PO。

数码：0、1、2、3、4、5、6、7。

基数：8。

进位规则：逢八进一。

按权展开式：一个 n 位整数和 m 位小数的八进制数 P，可按权展开为

$$(P)_8 = a_{n-1} \times 8^{n-1} + \cdots + a_1 \times 8^1 + a_0 \times 8^0 + a_{-1} \times 8^{-1} + \cdots + a_{-m} \times 8^{-m}$$

其中，$a_i(i = n-1, \cdots, 1, 0, -1, \cdots, -m)$ 为 0~7 中的任意一个数码。

例如，八进制数 $(67)_8$ 的按权展开式为

$$6 \times 8^1 + 7 \times 8^0$$

4．十六进制(Hexadecimal notation)

表示方法：$(P)_{16}$ 或 PH。

数码：0、1、2、3、4、5、6、7、8、9、A、B、C、D、E、F。

其中，A、B、C、D、E、F 的数值大小分别相当于十进制的 10、11、12、13、14、15。

基数：16。

进位规则：逢十六进一。

按权展开式：一个 n 位整数和 m 位小数的十六进制数 P，可按权展开为

$$(P)_{16} = a_{n-1} \times 16^{n-1} + \cdots + a_1 \times 16^1 + a_0 \times 16^0 + a_{-1} \times 16^{-1} + \cdots + a_{-m} \times 16^{-m}$$

其中，$a_i(i = n-1, \cdots, 1, 0, -1, \cdots, -m)$为 0～9、A～E 中的任意一个数码。

例如，十六进制数$(6B9)_{16}$的按权展开式为

$$6 \times 16^2 + B \times 16^1 + 9 \times 16^0$$

1.3.2 常用数制之间的转换

1．非十进制数转换为十进制数

将非十进制数的按权展开式按十进制的运算规则进行计算，最终所得的和便是对应的十进制数。

【例 1-1】 将二进制数 11.1 转换成十进制数：
$$11.1B = 1 \times 2^1 + 1 \times 2^0 + 1 \times 2^{-1} = 3.5D$$

【例 1-2】 将八进制数 11.1 转换成十进制数：
$$11.1O = 1 \times 8^1 + 1 \times 8^0 + 1 \times 8^{-1} = 9.125D$$

【例 1-3】 将十六进制数 11.1 转换成十进制数：
$$11.1H = 1 \times 16^1 + 1 \times 16^0 + 1 \times 16^{-1} = 17.0625D$$

2．十进制数转换为非十进制数

1) 十进制数转换为二进制数

转换规则：

整数部分：除以 2 逆序取余。

小数部分：乘以 2 顺序取整。

【例 1-4】 将十进制数 29.625 转换为二进制数。

整数部分转换如图 1-11 所示。

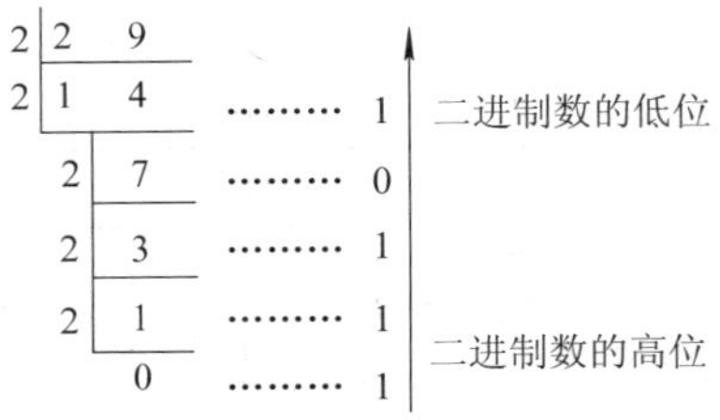

图 1-11 整数部分转换

小数部分转换如下：

$$0.625 \times 2 = 1.250 \cdots\cdots 1$$

$$0.250 \times 2 = 0.500\cdots\cdots 0$$
$$0.500 \times 2 = 1.000\cdots\cdots 1$$

当乘积的小数永远不为零时，根据精度要求决定位数。

所以，

$$29.625D = 11101.101B$$

2）十进制数转换为八进制数

转换规则：

整数部分：除以 8 逆序取余。

小数部分：乘以 8 顺序取整。

【例 1-5】 将十进制数 29.625 转换为八进制数。

整数部分转换如图 1-12 所示。

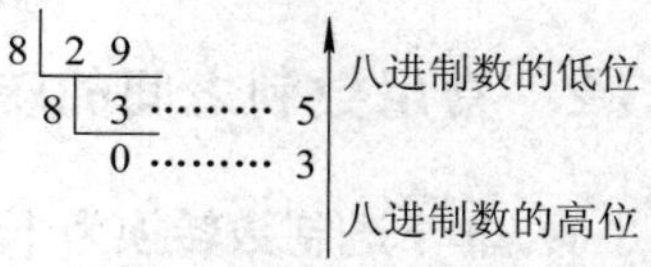

小数部分转换如下：

$$0.625 \times 8 = 5.000\cdots\cdots 5$$

所以，

$$29.625D = 35.5O$$

图 1-12 整数部分转换

3）十进制数转换为十六进制数

转换规则：

整数部分：除以 16 逆序取余。

小数部分：乘以 16 顺序取整。

【例 1-6】 将十进制数 29.625 转换为十六进制数。

整数部分转换如图 1-13 所示。

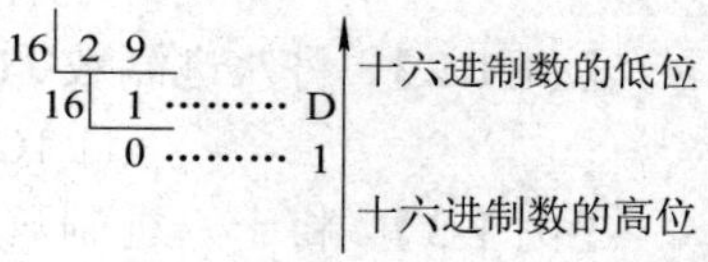

小数部分转换如下：

$$0.625 \times 16 = 10.000\cdots\cdots A$$

所以，

图 1-13 整数部分转换

$$29.625D = 1D.AH$$

3．二进制数与八进制数、十六进制数之间的转换

二、八、十六进制数之间的对应关系如表 1-2 所示。

表 1-2　二、八、十六进制数对应表

二进制	八进制	十六进制	二进制	八进制	十六进制
0000	0	0	1000	10	8
0001	1	1	1001	11	9
0010	2	2	1010	12	A
0011	3	3	1011	13	B
0100	4	4	1100	14	C
0101	5	5	1101	15	D
0110	6	6	1110	16	E
0111	7	7	1111	17	F

1）二进制数转换为八进制数

转换规则：

(1) 分组：将二进制数整数部分从右往左取三位一组，不足三位用 0 补充；小数部分从左往右取三位一组，不足三位用 0 补充。

(2) 替换：按表 1-2 将每组的三位二进制数转换成对应的八进制数，小数点位置不变。

【例 1-7】　将二进制数 1111010.0011B 转换为八进制数。

分组：001　　111　　010.001　　100

替换：1　　　7　　　2.　1　　　4

所以：

$$1111010.0011B = 172.14O$$

2）二进制数转换为十六进制数

转换规则：

(1) 分组：将二进制数整数部分从右往左取四位一组，不足四位用 0 补充；小数部分从左往右取四位一组，不足四位用 0 补充。

(2) 替换：按表 1-2 将每组的四位二进制数转换成对应的十六进制数，小数点位置不变。

【例 1-8】　将二进制数 1111010.0011B 转换为十六进制数。

分组：0111　　1010.　　0011

替换：　7　　　A.　　　3

所以：

$$1111010.0011B = 7A.3H$$

3）八进制数、十六进制数转换为二进制数

转换规则：按表 1-2 将一位八进制数转换成对应的三位二进制数，将一位十六进制数转换成对应的四位二进制数。

【例 1-9】　将八进制数 236.4O 转换为二进制数。

$$236.4O = 010011110.100B = 10011110.1B$$

4．八进制数与十六进制数之间的转换

八进制数与十六进制数之间的转换可借助二进制或十进制完成：先将八(十六)进制转换为二(十)进制，再将二(十)进制转换为十六(八)进制即可。

1.3.3　非数值信息的编码

除了数值数据，计算机还需要处理大量的字符、图形、音频和视频等非数值数据，字符数据在其中占较大的比例。字符数据也需要转换为二进制编码才能在计算机中处理。字符数据包括英文字符和汉字字符，因形式不同，两者采用不同的编码。

1．英文字符的 ASCII 编码

目前，使用最广泛的英文字符编码是美国标准信息交换码(American Standard Code for Information Interchange，ASCII)，如表 1-3 所示。

表 1-3　ASCII 编码表

$D_3D_2D_1D_0$ ＼ $D_6D_5D_4$	000	001	010	011	100	101	110	111
0000	NUL	DLE	SP	0	@	P	、	P
0001	SOH	DC1	!	1	A	Q	a	q
0010	STX	DC2	"	2	B	R	b	r
0011	EXT	DC3	#	3	C	S	c	s
0100	EOT	DC4	$	4	D	T	d	t
0101	ENQ	NAK	%	5	E	U	e	u
0110	ACK	SYN	&	6	F	V	f	v
0111	BEL	ETB	,	7	G	W	g	w
1000	BS	CAN	(	8	H	X	h	x
1001	HT	EM	)	9	I	Y	i	y
1010	LF	SUB	*	:	J	Z	j	z
1011	VT	ESC	+	;	K	[	k	{
1100	FF	FS	,	<	L	\	l	⊥
1101	CR	GS	-	=	M	]	m	}
1110	SO	RS	.	>	N	∧	n	~
1111	SI	US	/	?	O	_	o	DEL

ASCII 编码采用 7 位二进制数表示一个字符，共有 128 个字符。一个 ASCII 编码在计算机中存储时采用 8 位二进制数，最高位为 "0"。

ASCII 字符包含图形字符和控制字符两类。除首尾的 2 个字符 SP 和 DEL(空格字符和删除字符)外，第 010 列到第 111 列(共 6 列)共有 94 个字符称为图形字符，这些字符有确定的结构形状，可打印或显示，可在键盘上找到，其余的为控制字符，在传输、打印或显示输出时起控制作用。

2．中文字符的编码

因汉字较复杂，汉字的编码方案一般要解决四种编码问题。

1) 汉字输入码

汉字输入码使用户能直接使用西文键盘输入汉字。常用的汉字输入码有：

(1) 数字码：根据汉字的排列顺序进行编码，如区位码、国标码、电报码等。

(2) 音码：根据汉字的拼音进行编码，如全拼码、双拼码、简拼码、搜狗拼音输入法等。

(3) 形码：根据汉字的字形进行编码，如王码、郑码、大众码、五笔字型码等。

(4) 音形码：根据汉字的拼音和字形进行编码，如表形码、智能 ABC 等。

2) 汉字交换码

1981 年我国颁布了《信息交换用汉字编码字符集——基本集》GB 2312—80，简称国标码。该编码标准规定：一个汉字用两个字节表示，每个字节编码位为低 7 位，最高位为 0。

3) 汉字机内码

汉字机内码又称内码或汉字存储码，是在计算机内部处理汉字时使用的编码。

为方便与 ASCII 码区分，机内码把国标码每个字节的最高位由 0 改为 1，其余位不变，即：汉字机内码＝汉字国标码＋8080H。

4) 汉字字形码

字形码是按汉字的字形设计的点阵图，可使汉字在显示器或打印机上输出。

常用的字形码有 16×16、24×24 或 48×48 等点阵。

根据汉字的点阵大小，可以计算出存储一个汉字字形所需占用的字节空间。

例如，16×16 点阵表示一个汉字用 16×16 个点表示，一个点需要 1 位二进制代码，所以这种点阵的一个汉字字形需要 16×16 位/8＝32 字节的存储空间。

3．多媒体数据的编码

计算机中，数值数据和字符数据需要转换成二进制进行存储和处理，多媒体数据(如图形图像、音频和视频等)也要转换成二进制才能被计算机存储和处理。不同类型多媒体数据的编码方式是不同的，其编码表示、存储和处理方法将在后面的多媒体技术章节中进行介绍。

1.4 计 算 思 维

当前，计算思维被看做是与理论思维和实验思维并存的科学研究的第三大思维。理论思维是指以数学学科为代表，以推理和演绎为特征的"逻辑思维"，即用假设、预言、推理和证明等手段研究社会/自然现象及规律。实验思维是指以化学学科为代表，以观察和总结为特征的"实证思维"，即用实验、观察、归纳等手段研究社会/自然现象及规律。计算思维则是以计算机学科为代表，以设计和构造为特征的"计算思维"，即用构造计算算法、构造计算系统进行大规模数据的自动计算来研究社会/自然现象及规律。

1.4.1 计算思维与计算科学

计算思维，顾名思义，是指计算机、软件及计算相关学科中的科学家和工程技术人员的思维模式。2006 年，美国 CMU 大学周以真教授明确地提出了"计算思维"(Computational Thinking)的概念，将其提升到一个新的高度，即"计算思维是运用计算科学的基础概念进行问题求解、系统设计以及人类行为理解等涵盖计算机科学之广度的一系列思维活动"，"其本质是抽象和自动化，即在不同层面进行抽象，以及将这些抽象机器化"。其目的是希望所有人都能像计算机科学家一样思考，将计算技术与各学科理论、技术与艺术进行融合，实现新的创新。

技术进步已经使得现实世界的各种事物都可感知、可度量，进而形成数量庞大的数据或数据群，使得基于庞大数据形成仿真系统成为可能，因此，依靠计算手段发现和预测规律成为不同学科的科学家进行研究的重要手段。例如，生物学家利用计算手段研究生命体的特性，化学家利用计算手段研究化学反应的机理，建筑学家利用计算手段来研究建筑结构的抗震性，经济学家、社会学家利用计算手段研究社会群体网络的各种特性等。计算手段与各学科结合形成了所谓的计算科学，如计算物理学、计算化学、计算生物学、计算经济学等。或者说，计算科学是将计算机科学与各学科结合所形成的以各学科计算问题研究为对象的科学。

各学科人员在利用计算手段进行创新研究的同时，也在不断研究新型的计算手段。这种结合不同专业的新型计算手段的研究需要专业知识与计算思维的结合。1998 年 John Pople 便因成功研究出量子化学综合软件包 Gaussian 而获得诺贝尔奖，Gaussian 已成为研究化学领域许多课题的重要计算手段。另一个典型的计算手段如求解应力或疲劳等结构力学、多物理场耦合的有限元分析手段。以电影《阿凡达》为代表的影视创作平台也在不断利用先进的计算手段(如捕捉虚拟合成扣像手段)创造意想不到的视觉效果。

同样，从学科的角度，计算与社会/自然环境的融合，促使早期仅仅关注狭义"计算机"的计算机科学，发展为更广泛的面向社会/自然问题的计算技术的计算科学，体现了计算科学是由计算机学科与其他学科相互融合所形成的具有更广泛研究对象的学科。

计算机：着重在计算机器(含系统软件等)的设计、建造、开发和应用研究。

计算机科学：着重在计算机、可计算问题和可计算系统的研究，着重在计算手段的发现、发展与实现。

计算科学：着重面向社会各个领域、面向各个学科融合的计算手段的研究及应用，着重基于数据、基于内容的社会/自然规律的发现与实现。

1.4.2　计算之树——大学计算思维教育空间

计算(机)学科存在着哪些核心的计算思维？哪些计算思维对人类的未来会产生影响和借鉴呢？自 20 世纪出现电子计算机以来，计算技术与计算系统的发展好比一棵枝繁叶茂的大树，不断地成长与发展。本书引入战德臣教授的研究成果，将计算技术与计算系统的发展绘制成一棵树，并称其为"计算之树"，如图 1-14 所示。

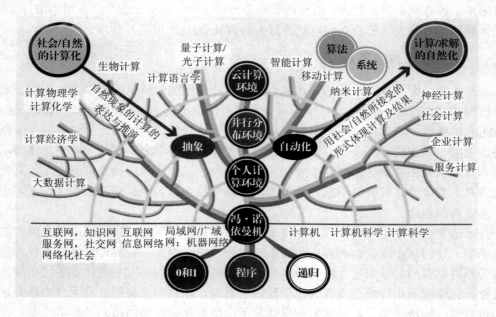

图 1-14　"计算之树"——大学计算思维教育空间

1. "计算之树"的树根——计算技术与计算系统的奠基性思维

"计算之树"的树根体现的是计算技术与计算系统的最基础、最核心的或者说奠基性的技术或思想，这些思想对于今天乃至未来研究各种计算手段仍有着重要的影响。在这些思想中，"0 和 1"、"程序"、"递归"三大思维最重要。

1）"0 和 1"的思维

计算机本质上是以 0 和 1 为基础来实现的，现实世界的各种信息都可被转换成 0 和 1，进行各种处理和变换，然后将 0 和 1 转换成满足人们视、听、触等各种感觉的信息。0 和 1 可将各种运算转换成逻辑运算来实现，逻辑运算又可由晶体管等元器件实现，进而组成逻辑门电路并构造复杂的电路，由硬件实现计算机的复杂功能，这种由软件到硬件的纽带是 0 和 1。"0 和 1"的思维体现了"语义符号化→符号计算化→计算 0 和 1 化→0 和 1 自动化→分层构造化→构造集成化"的思维，体现了软件与硬件之间最基本的连接纽带，体现了如何将"社会/自然"问题转变为"计算"问题，进一步再将"计算"问题转变成"自动计算"问题的基本思维模式，是最基本的抽象与自动化机制，是最重要的一种计算思维。

2）"程序"的思维

一个复杂系统可被认为是由容易实现的基本动作以及基本动作的各种组合所构成的。因此实现一个系统仅需实现这些基本动作以及实现一个控制基本动作组合与执行次序的机构。对基本动作的控制就是指令，指令的各种组合及其次序就是程序。系统可以通过"程序"控制"基本动作"的执行以实现复杂的功能。指令与程序的思维体现了基本的抽象、构造性表达与自动执行思维，计算机或者计算机系统就是能够执行各种程序的机器或系统，也是最重要的一种计算思维。

3）"递归"的思维

递归是可以用自相似方式或者自身调用自身方式不断重复的一种处理机制，是以有限的表达方式来表达无限对象实例的一种方法，是最典型的构造性表达手段与重复执行手段，被广泛地用于构造语言、过程、算法和程序。递归体现了计算技术的典型体征，是实现问题求解的一种重要的计算思维。计算理论认为，递归函数是可计算函数的精确数学描述，图灵机本质上也是递归：图灵可计算函数与递归函数等价，凡可计算的函数都是一般递归函数，即丘奇—图灵命题，说明计算系统是一种可递归计算的系统，由此也可看出递归对计算技术与计算系统的奠基性思维作用。

2. "计算之树"的树干——通用计算环境的进化思维

"计算之树"的树干体现的是通用计算环境暨计算系统的发展和进化。深入理解通用计算系统所体现出的计算思维对于理解和应用计算手段进行各学科对象的研究，尤其是专业化计算手段的研究有重要的意义。这种发展可从以下四方面来分析。

1）冯·诺依曼机

冯·诺依曼计算机体现了存储程序与程序自动执行的基本思维。程序和数据事先存储于存储器中，由控制器从存储器中一条接一条地读取指令、分析指令并依据指令按时钟节拍产生各种电信号予以执行。它体现的是程序如何被存储、如何被 CPU 执行的基本思维，理解冯·诺依曼计算机如何执行程序对于利用算法和程序手段解决问题有重要的意义。

2) 个人计算环境

个人计算环境本质上仍是冯·诺依曼计算机，但扩展了存储资源，由内存、外存等构成了存储体系，随着存储体系的建立，程序被存储在外存中，运行时被装入内存再被 CPU 执行。它引入了操作系统以管理计算资源，它体现的是在存储体系环境下程序如何在操作系统的协助下被硬件执行的基本思维。

3) 并行与分布计算环境

并行分布计算环境通常是由多 CPU(多核处理器)、多磁盘阵列等构成的具有较强并行分布处理能力的复杂服务器环境，这种环境通常应用于局域网/广域网的计算系统的构建，体现了在多核、多处理器的复杂环境下，程序如何在操作系统的协助下被硬件并行、分步执行的基本思维。

4) 云计算环境

云计算环境通常由高性能计算节点(多计算机系统、多核微处理器)和大容量磁盘存储节点所构成，为充分利用计算节点和存储节点，能够按使用者的需求动态配置形成所谓的"虚拟机"、"虚拟磁盘"等，每一个虚拟机、每一个虚拟磁盘都像一台计算机、一个磁盘一样来执行程序或存储数据。它体现的是按需索取、按需提供、按需使用的一种计算资源虚拟化、服务化的基本思维。

图灵奖获得者 Edsger Dijkstra 说过："我们所使用的工具对我们的思维习惯会产生重要影响，进而影响我们的思维能力。"这从一个方面说明，通用计算环境的进化思维是很重要的计算思维，理解了计算环境，不仅对新计算环境的创新有重要影响，而且对基于先进计算环境的跨学科创新也会产生重要的影响。

3. "计算之树"的双色枝干——交替促进与共同进化的问题求解思维

利用计算手段进行面向社会/自然的问题求解思维，主要包含交替促进与共同进化的两个方面：算法和系统。

1) 算法

算法被誉为计算系统之灵魂。算法是一个有穷规则的集合，它用规则规定了解决某一特定类型问题的运算序列，或者规定了任务执行或问题求解的一系列步骤。问题求解的关键是设计算法，设计可实现的算法，设计可在有限时间和空间内执行的算法，设计尽可能快速的算法。算法具有输入输出以及终止性、确定性、平台独立性等特性。构造与设计算法是问题求解的关键，通常强调数学建模，并考虑可计算性与计算复杂性(时空复杂性)。算法研究通常被认为是计算学科的理论研究。

2) 系统

尽管计算系统的灵魂是算法，但仅有算法是不够的。系统是由相互联系、相互作用的若干元素构成且具有特定结构和功能/性能的计算与社会/自然环境融合的统一体，它对社会/自然问题提供了普适的、透明的、优化的综合解决方案。系统具有理论上可无限多次的输入输出，具有非终止性、非确定性、非平台独立性等特性，设计和开发计算系统(如硬件系统、软件系统、网络系统、信息系统、应用系统等)是一项综合的、复杂的工作。如何对系统的复杂性进行控制，化复杂为简单？如何使系统相关人员理解一致，采用各种模型(更多的是用数学化的思维建立起来的非数学的模型)来刻画和理解一个系统？如何优化系统的结构，尤其是整体优化和动态优化，保证可靠性、安全性、实时性等各种特性？解决这些问题都需要系统或系统科学思维。

算法和系统就好比是：系统是龙，而算法是睛，既要画龙，又要点睛。

4. "计算之树"的树枝——计算与社会/自然环境的融合思维

"计算之树"的树枝体现的是计算学科的各个分支研究方向，如智能计算、普适计算、个人计算、社会计算、企业计算、服务计算等，也体现了计算学科与其他学科相互融合产生的新的研究方向，如计算物理学、计算化学、计算生物学、计算语言、计算经济学等。

1) 社会/自然的计算化

由树枝到树干，体现了社会/自然的计算化，即社会/自然现象计算的表达和推演，着重强调利用计算手段来推演发现社会/自然规律。换句话说，将社会/自然现象进行抽象，表达成可以计算的对象，构造对这种对象进行计算的算法和系统，来实现社会/自然的计算，进而通过这种计算发现社会/自然的演化规律。

2) 计算/求解的自然化

由树干到树枝，体现了计算/求解的自然化，着重强调用社会/自然所接受的形式或者说与社会/自然相一致的形式来展现计算及求解的过程与结果。例如，将求解的结果以听觉、视觉化的形式展现(多媒体)，将求解的结果以触觉的形式展现(虚拟现实)，将求解的结果以现实世界可感知的形式展现(自动控制)等。

社会/自然的计算化和计算/求解的自然化，在本质上体现了不同抽象层面计算系统的基本思维，其根本还是"抽象"与"自动化"，这种抽象与自动化可在多个层面予以体现。这些层面可简单划分为如下三个层面：

(1) 机器层面——协议(抽象)和编码器/解码器/转换器等(自动化)，解决机器与机器之间的交互问题，协议是机器之间交互约定的表达，而编/解码器等则是这种表达即协议的自动实现和自动执行。

(2) 人-机层面——语言(抽象)和编译器/执行器(自动化)，解决人与机器之间的交互问题，语言是人与机器之间交互约定的表达，而编译器/执行器则是该种语言的自动解释和自动执行。

(3) 业务层面——模型(抽象)与执行引擎/执行系统(自动化)，解决业务系统与计算系统之间的交互问题。

5. "计算之树"的另外两个维度——网络化思维与数据化思维

由树干到树枝绘制的三个同心半圆可将计算之树划分为三个层次来表征计算之树的另外两个维度：网络化思维纬度与数据化思维纬度。

1) 网络化思维纬度

计算与社会/自然环境的融合促进了网络化社会的形成，从计算机构成的机器网络——局域网、广域网，到由网页/文档构成的信息网络——具有无限广义资源的互联网络，再到物联网、知识与数据网、服务网、社会网等，促进了物物互联、物人互联、人人互联为特征的网络化环境与网络化社会的形成，极大地改变了人们的思维，不断地改变着人们的生活与工作习惯。

2) 数据化思维纬度

计算能力的提高促进了人们对数据的重视，用数据说话、用数据决策、用数据创新已形成社会的一种常态和共识。数据被视为知识的来源，被认为是一种财富。计算系统由早期关注数据的处理，发展为面向事物数据的管理(数据库)——聚集数据，面向分析的数据仓库与数据挖掘——数据利用，再到当前的"大数据"，极大地改变了人们对数据的认识，一些看起来不可能实现的事情，在"大数据"环境下成为可能。

1.4.3　计算思维对各学科人才未来的影响

计算思维对计算机学科、软件工程学科的影响是不言而喻的，应该说，计算思维是学科的灵魂、学科的重要思想。

1．John Pople 因计算机应用于化学领域而获得诺贝尔化学奖

很多非计算机专业人才借助于计算思维取得成功。例如，John Pople 之所以在 1998 年获得诺贝尔化学奖，是因为作为把计算机应用于化学研究的主要科学家，他建立了可用于化学各个分支的一整套量子化学方法，把量子化学发展成一种工具，并已为一般化学家所使用，以便在计算机里模拟分子赋予它们异种特性的方法，研究分子间如何相互发生作用并如何随环境而改变，从而使化学迈向用实验和理论共同研究探索分子体系各种性质的新时代。

这个工具就是 Gaussian 量子化学综合软件包，它可实现如下研究：分子能量和结构、键和反应能量、分子轨道、多重矩、原子电荷和电势、振动频率、红外和拉曼光谱、核磁性质、极化率和超极化率、热力学性质、反应路径计算等。它已成为研究许多化学领域课题的重要工具，如取代基的影响，化学反应机理，势能曲面和激发能、周期体系的能量预测，结构和分子轨道等。

从 John Pople 开发的 Gaussian 软件包可以看出，计算思维对它有很大的影响。例如：

(1) 符号化、计算化、可视化思维的影响：如何将分子及其特性表达为计算机可以处理、可以显示的符号，将分子及其对象转化为"计算对象"。

(2) 算法思维的影响：如何计算分子轨道，如何计算密度，如何计算库仑能，如何计算分子的各种特性，这都需要算法，如初始轨道猜测算法、密度拟合近似算法、库仑能算法等。

(3) 系统思维的影响：如何形成完整的工具与系统，如何通过语言/模型来让研究者表达分子及其特性，表达它所要进行的研究内容，通过编译器/执行引擎，即调用计算机程序来按语言/模型表达的内容进行分析与计算等。

(4) 聚集数据成"库"的思维：将信息聚集成"库"，基于"库"所聚集的大量信息进行分析与研究，可发现规律和性质。

(5) 物理世界与信息世界的转换思维：这是信息处理的一般思维，即协议与编码器/解码器的思维，以采集、转换、存储、显示数据，实现物理世界与信息世界的转换。

……

综上所述，"0 和 1"、"程序"、"递归"、"算法"、"系统"以及通用计算环

境等都对 Gaussian 软件包产生了影响，可以说，任何一个计算手段的研究都离不开一些"核心"的计算思维。

2．各学科专业人才未来对计算能力的需求

John Pople 的成功体现了计算思维对各学科专业人才的影响，这种影响是深远的。又如，携程网、维基百科、淘宝网、脸谱网的成功是计算机的影响还是计算思维的影响呢？通过进一步分析可见，各学科专业学生未来将可能利用计算机或计算技术从事以下两类工作。

1）应用计算手段进行各学科研究和创新

不可否认，研究和应用本学科的理论、技术或艺术等，是各学科专业学生未来的主要工作内容。面对科学、技术或艺术研究的新形势，传统的手段如试验-观察手段、理论-推证手段等将会受到很大的限制，如实验产生的大量数据及结果是很难通过观察手段获得的，此时不可避免地需要利用计算手段来辅助创新，利用计算手段来实现理论与实验的协同创新。

各学科均可应用计算手段进行学科问题的研究和创新。例如，艺术类学科可通过一些计算模型产生大量数据，通过计算、模拟和仿真等获取创新灵感，产生新的艺术品或艺术形态；再如，生物学科利用各种仪器获取大量实验数据，通过计算、模拟和比较分析等，研究细胞、组织、器官等的生理、病理和药理机制，产生疾病治疗的新手段和新药物等。

著名的计算机科学家、1972 年图灵奖得主 Edsger Difkstra 说："我们所使用的工具影响着我们的思维方式和思维习惯，从而也将深刻地影响着我们的思维能力。"

利用计算手段进行相关内容的研究将成为未来各学科人才进行创新的主要手段之一。

2）支持各学科研究创新的新型计算手段

虽然应用已有的计算手段进行学科研究创新很重要，然而如何将通用计算手段与各学科具体研究对象结合起来，形成面向不同学科对象的新型计算手段却更重要。换句话说，利用一条生产线生产汽车很重要，但制造能够生产汽车的新生产线更体现了创新。因此，研究支持各学科研究创新的新型计算手段，如诺贝尔化学奖获得者 Pople 所做的工作，也将是各学科专业学生未来的工作内容之一。

例如，从事音乐创作的人能否将其创作的经验汇集于一个计算手段(软件或硬件)中，使广大群众也能够方便地基于该计算手段进行音乐创造；一个音乐家能否将他对音乐的理解汇集于一个计算手段中，使广大群众可以通过该计算手段训练自己的音乐才能。3D/4D电影中体现出的虚拟人－现实人的互动技术、场景建模、构建及与现实的融合技术等都需要艺术与计算技术的结合。

创新需要复合。这种面向不同学科创新的新型计算手段的研究尤其需要复合型人才，即一方面理解学科专业的研究对象与思维模式，另一方面理解计算思维。

3．计算思维可有效帮助各学科专业人才跨越鸿沟

当前，各学科专业学生可能更关注计算机及其通用计算手段应用知识与应用技能的学习，如能否教会使用 Office，能否教会使用 Matlab，能否教会使用 SQL Server，能否教会使用 Photoshop，等等。这种计算机和具体软件应用方面的学习固然重要，但是如果没有计算思维，那么就只是学会操作这个软件，如果领会了计算思维，这些软件可能无师自通——毕竟软件工作者的目标是让每个人都会使用他的软件而不是必须受过大学教育。即使你学

会了这些软件，未来的变化也可能是很大的，已经学过的软件很可能被淘汰，很可能出现许多更新的软件。

大学教育的目标是通过教育对学生未来的发展有所贡献。仅关注当前具体系统的具体操作层面是难以满足各学科专业学生未来计算能力的需求的，难以跨越由通用计算手段学习到未来专业计算手段应用与研究之间的鸿沟。如果培养的是计算思维，计算思维与其他学科的思维相互融合，便可促进各学科学生创造性思维的形成，可以说，计算学科的普适思维是各学科学生创造性思维培养的重要组成部分。

为什么说计算思维可有效帮助各学科专业人才跨越鸿沟呢？

首先，思维的特性决定了它能给人以启迪，给人创造想象的空间。思维可使人具有联想性、具有扩展性；思维既可概念化，又可具象性，具有普适性；知识和技能具有时间性的局限，而思维则可跨越时间性，随着时间的推移，知识和技能可能被遗忘，思维却可能潜移默化地被融入到未来的创新活动中。

具体而言，思维是由一系列知识所构成的完整解决问题的思路。思维的每个环节可能需要知识的铺垫，基于一定的知识可理解每个环节，通过"贯通"各环节进而理解"解决问题"的整个思维。这种贯通性的思维是"可实现的思维而非实现的细节"，尽管可抽象化、概念化，但能留在人们记忆中的可能是其可视化、形象化的表现。

计算学科中体现了很多这样的思维，这些典型的计算思维对各学科学生的创造性思维培养是非常有用的，尤其对创新能力的培养是有用的，例如：

(1) "0和1"和"程序"有助于学生形成研究和应用自动化手段求解问题的思维模式。

(2) "并行分布计算"和"云计算"有助于学生形成现实空间与虚拟空间、并行分布虚拟解决社会/自然问题的新型思维模式。

(3) "算法"和"系统"有助于学生形成化复杂为简单，以层次化、结构化、对象化求解问题的思维模式。

(4) "数据化"和"网络化"有助于学生形成数据聚集与分析、网络化获取数据与网络化服务的新型思维模式。例如，借鉴通用计算系统的思维，研制支持生物技术研究的计算平台，研制支持材料技术研究的计算平台等。

大学计算机课程就是要挖掘这样的思维，传授这样的思维，让同学们不仅有"思维"，更要能够看见并确立这种"思维"是能够实现的。"知识"随着"思维"的讲解而介绍，"思维"随着"知识"的贯通而形成，"能力"随着"思维"的理解而提高。希望同学们能通过计算思维的学习，对自己的未来有所帮助！

第 2 章　操作系统基础

操作系统是管理和控制计算机硬件与软件资源的计算机程序，是直接运行在"裸机"上的最基本的系统软件，任何其他软件都必须在操作系统的支持下才能运行。为了熟练地使用计算机，我们首先通过了解操作系统的功能来走近计算机。

2.1　操作系统概述

计算机系统由硬件系统和软件系统两部分组成。软件系统可以分为系统软件、应用软件和支撑软件。系统软件由操作系统、实用程序和编译程序等组成。操作系统(Operating System，OS)是直接运行在硬件上的最基本的系统软件，任何其他软件都必须在操作系统的支持下才能运行。

2.1.1　操作系统的基本概念

硬件系统和软件系统组成了一个完整的计算机系统。其中，硬件是计算机的物质基础，软件是计算机的灵魂，没有安装任何软件的计算机称为"裸机(Bare Machine)"。在计算机软件系统中，操作系统是计算机软件的核心和基础，各种实用程序和应用程序都是运行在操作系统之上，以操作系统为支撑环境，向用户提供完成其作业所需的各种服务。

操作系统是对计算机资源(包括硬件和软件等)进行管理和控制的程序，是用户和计算机的接口，是最基本、最重要的系统软件。

图 2-1 给出了操作系统与计算机软硬件以及用户之间的关系。

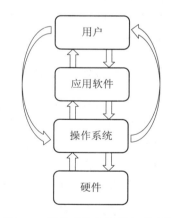

图 2-1　操作系统与计算机软硬件
　　　　以及用户之间的关系

2.1.2　操作系统的功能

操作系统是用户和计算机的接口，同时也是计算机硬件和其他软件的接口。操作系统的主要任务是管理计算机系统的硬件、软件以及数据资源，让计算机系统所有资源最大限度地发挥作用；控制程序运行，改善人机界面，为其他应用软件提供支持。从资源管理的角度看，操作系统主要有五大功能：处理器管理、存储器管理、文件系统管理、设备管理和作业管理。

1．处理器管理

处理器管理又称进程管理，是对处理器进行的控制和管理。CPU 是计算机系统中最宝贵的资源，在多道程序系统里，操作系统会根据一定的策略将处理器交替地分配给系统内等待运行的程序共享，使 CPU 的资源得到充分利用。

2．存储器管理

存储器管理是对存储"空间"的管理，主要指对内存的管理，目的是方便用户使用和提高存储器的利用率。多道程序中，为方便用户和充分利用内存，内存管理的任务是内存空间的分配和回收、内存空间的共享、存储保护、地址映射和内存扩充等。

3．文件系统管理

文件系统管理主要是向用户提供一个文件系统，为用户提供创建文件、撤销文件、读写文件、打开和关闭文件等功能。有了文件系统后，用户可按文件名存取数据而无需知道这些数据存放在哪里。文件系统为用户提供了一个简单、统一访问文件的方法。

4．设备管理

计算机系统中有各种各样的外部设备，设备管理是对硬件设备的管理。设备管理的主要任务包括对输入输出设备的分配、启动、完成和回收，以方便用户使用外部设备，提高 CPU 和设备的利用率。

5．作业管理

在操作系统中，用户请求计算机完成的一项完整的工作任务称为一个作业。作业管理是对用户提交的诸多作业进行管理，包括作业的组织、控制和调度等，尽可能高效地利用整个系统的资源。

2.1.3　操作系统的分类

操作系统是在人们使用计算机的过程中，为了提高计算机系统资源利用率、增强计算机系统性能而逐步形成和发展起来的。随着计算机技术和软件技术的发展，操作系统的功能由弱到强，在计算机系统中的地位不断提高，成为计算机系统的核心。

在操作系统的发展历程中，出现了批处理操作系统、分时操作系统、实时操作系统、并行操作系统、网络操作系统和分布式操作系统。

1．批处理操作系统

在批处理操作系统中，用户将作业交给系统操作员，系统操作员将许多用户的作业组成一批作业，之后输入到计算机中，在系统中形成一个自动转接的连续的作业流，然后启动操作系统，系统自动、依次执行每个作业，最后由操作员将作业结果交给用户。批处理操作系统的特点是多道和成批处理。

2．分时操作系统

分时操作系统是指用户通过终端共享一台主机的工作方式。分时操作系统将 CPU 的时间划分成若干个片段，称为时间片。操作系统以时间片为单位，轮流为每个终端用户服务。

每个用户轮流使用一个时间片而并不感到有别的用户存在。分时系统具有多路性、交互性、"独占"性和及时性的特征。UNIX 是当今最流行的一种多用户分时操作系统。

3．实时操作系统

实时操作系统是一种联机的用于实时控制和实时信息处理领域的操作系统。在实时操作系统中，计算机能及时响应外部事件的请求，在严格规定的时间内完成对该事件的处理，并控制所有实时设备和实时任务协调一致地工作。实时操作系统主要用于过程控制、事务处理等有实时要求的领域，其主要特征是实时性和可靠性。

4．并行操作系统

并行操作系统是针对在一台计算机中有多个处理器而设计的，每个处理器可以处理一个作业或作业的一部分。因此，并行操作系统要协调多个处理器同时执行不同作业，或者一个作业由不同处理器进行处理的系统协调。

5．网络操作系统

网络操作系统是基于计算机网络的，是在各种计算机操作系统上按网络体系结构协议标准开发的软件，包括网络管理、通信、安全、资源共享和各种网络应用。其主要特点是与网络的硬件相结合来完成网络的通信任务。比较典型的网络操作系统有 UNIX、NetWare、Windows Server 等。

6．分布式操作系统

分布式操作系统是为分布计算系统配置的操作系统，通过网络将大量计算机连接在一起，以获取极高的运算能力、广泛的数据共享及实现分散资源管理等功能。分布式操作系统是网络操作系统的更高形式，它保持了网络操作系统的全部功能，而且还具有透明性、可靠性和高性能等特点。

2.1.4 常用操作系统介绍

在计算机技术的发展过程中，出现过许多不同的操作系统，其中较为著名的有：DOS、Windows、Linux、UNIX、Mac 等操作系统。对个人计算机而言，Windows 系列是最普遍、最常用的操作系统。下面介绍几种常用的 Windows 版本。

1．Windows XP 操作系统

Windows XP 是美国微软公司于 2001 年发布的一款视窗操作系统，是继 Windows 2000 及 Windows ME，Windows 9X 之后的下一代操作系统，其内核版本号为 Windows NT 5.1。当年，微软同时发行了两个版本：家庭版(Home Edition)和专业版(Professional Edition)。家庭版的消费对象是家庭用户，只支持 1 个处理器，专业版则在家庭版的基础上添加了新的为面向商业设计的网络认证以及双处理器等特性。

Windows XP 采用的是 Windows NT/2000 的核心技术，运行非常可靠、稳定而且快速，为用户计算机的安全、正常、高效运行提供了保障。它集 Windows 98、Windows Me 的简单易用，Windows 2000 的优秀特征和安全技术于一身。Windows XP 不但使用更加成熟的技术，而且外观设计也焕然一新，桌面风格清新明快、优雅大方，用鲜艳的色彩取代以往版本的灰色基调，使用户有良好的视觉享受。

2. Windows 7 操作系统

Windows 7 是微软公司于 2009 年发布的操作系统，其内核版本号为 Windows NT6.1。Windows 7 可供家庭及商业工作环境、笔记本电脑、平板电脑、多媒体中心等使用。Windows 7 可供选择的版本有：入门版(Starter)、普通家庭版(Home Basic)、高级家庭版(Home Premium)、专业版(Professional)、企业版(Enterprise)(非零售)和旗舰版(Ultimate)。Windows 7 延续了其前身 Windows Vista 的 Aero 风格，并且在此基础上增添了功能。与以前的版本相比，Windows 7 具有以下优点：

(1) 更易用。Windows 7 简化了许多设计，如快速最大化、窗口半屏显示、跳转列表(JumpList)、系统故障快速修复等。

(2) 高效率。Windows 7 中，系统集成的搜索功能非常强大，用户只要打开开始菜单并输入搜索内容，无论要查找应用程序，还是文本文档等，搜索功能都能自动运行，给用户的操作带来极大的便利。

(3) 低成本。Windows 7 将帮助企业优化桌面基础设施，具有无缝操作系统、应用程序和数据移植功能，并简化 PC 供应和升级，进一步努力更新和修改漏洞，使应用程序更加完整。

3. Windows 10 操作系统

Windows 10 是微软公司于 2015 年研发的新一代跨平台及设备应用的操作系统，其核心版本号为 Windows NT 10.0。Windows 10 发布了 7 个发行版本，分别面向不同用户和设备。Windows 10 的系统特色体现在开始菜单、虚拟桌面、应用商店和分屏多窗口等方面，如图 2-2、图 2-3、图 2-4 和图 2-5 所示。

图 2-2　开始菜单

图 2-3　虚拟桌面

图 2-4　应用商店

图 2-5　分屏多窗口

2.2 Windows 7 操作系统

Windows 是由微软公司开发的一种多任务、多窗口界面的操作系统，是当前世界上最流行的操作系统之一。本节将介绍 Windows 7 的基本功能和常用操作。

2.2.1 Windows 7 的基本操作

在计算机上安装了 Windows 7 操作系统，打开计算机电源后，Windows 7 就会自动启动。

1. 桌面

启动 Windows 7 后，进入到 Windows 7 系统的桌面。桌面是用户和计算机进行交流的窗口，上面存放了用户经常使用的一些应用程序和文件夹图标。桌面主要由桌面图标、任务栏、"开始"菜单和桌面背景等部分组成，如图 2-6 所示。

图 2-6 桌面及桌面组成

桌面图标由图形和说明文字两部分组成，用来表示文件、文件夹和程序等。桌面图标的基本操作主要包括查看图标和排列图标等。

1) 查看桌面图标

桌面图标的大小可以改变，并且可以显示与隐藏。查看桌面图标的步骤如下：

(1) 在桌面的空白处单击鼠标右键。

(2) 在弹出的快捷菜单中指向"查看"，弹出下一级子菜单，如图 2-7 所示。

(3) 在子菜单中，根据需要选择子菜单命令。

① 若选择"大图标"、"中等图标"或"小图标"命令，则可以改变桌面图标的大小。

② 若选择"自动排列图标"，表示由系统自动排列桌面图标；否则，用户可以随意移动桌面上所有的图标。

③ 若选择"将图标与网格对齐"，则将图标固定在指定的网格位置，对齐图标。

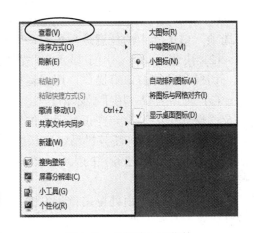

图 2-7 "查看"子菜单

④ 若选择"显示桌面图标"命令，则显示桌面图标；否则，隐藏桌面图标。

2) 排列桌面图标

当用户在桌面上创建了多个图标时，如果不进行排列，会显得非常凌乱，这样不利于用户选择所需要的图标，而且影响视觉效果。使用排列图标命令，可以使用户的桌面看上去整洁而富有条理。排列桌面图标的步骤如下：

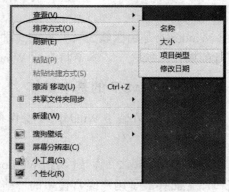

(1) 在桌面的空白处单击鼠标右键。

(2) 在弹出的快捷菜单中指向"排序方式"，弹出下一级子菜单，如图 2-8 所示。

(3) 在子菜单中，根据需要选择子菜单命令。

① 若选择"名称"命令，则将桌面图标按名称的字母顺序排列。

图 2-8 "排序方式"子菜单

② 若选择"大小"命令，则将桌面图标按文件的大小顺序排列。

③ 若选择"项目类型"命令，则将桌面图标按类型顺序排列。

④ 若选择"修改日期"命令，则将桌面图标按最后的修改时间排列。

3) 任务栏

任务栏是指位于桌面最下方的小长条，主要由"开始"按钮、快速启动区和通知区域等组成，如图 2-9 所示。

"开始"按钮   "显示桌面"按钮

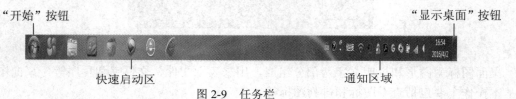

快速启动区   通知区域

图 2-9 任务栏

任务栏各组成部分的作用介绍如下：

(1) "开始"按钮：单击该按钮会弹出"开始"菜单，可以显示 Windows 7 中各种程序选项，单击其中的任意选项可启动对应的系统程序或应用程序。

(2) 快速启动区：用于显示程序窗口的对应图标，使用该图标可以进行还原窗口到桌面、切换和关闭窗口等操作，用鼠标拖动这些图标可以改变它们的排列顺序。

(3) 通知区域：用于显示语言栏、"系统音量"、"网络"以及"操作中心"等一些正在运行的应用程序的图标。

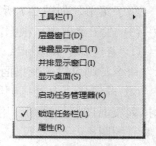

在默认情况下，任务栏呈锁定状态。取消任务栏的锁定后，用户可以调整任务栏的大小，改变任务栏的位置。具体操作步骤如下：

在任务栏的空白处单击鼠标右键，在弹出的快捷菜单中选择"锁定任务栏"命令，取消锁定状态，如图 2-10 所示。将鼠标移动到任务栏的上边框，当鼠标指针变成垂直方向时向上或向下拖动鼠标，可以调整任务栏的大小；在任务栏上

图 2-10 取消任务栏的
锁定状态

按住鼠标左键，拖动到桌面的右、上或左侧，可以改变任务栏的位置。

2. 窗口

当用户打开一个文件或者应用程序时，都会出现一个窗口，熟练地对窗口进行操作，会提高用户的工作效率。

1) 窗口的组成

窗口主要由标题栏、地址栏、搜索框、菜单栏、列表区、工作区、信息栏、滚动条、窗口边框等部分组成，如图 2-11 所示。

图 2-11 "计算机"窗口

下面以 Windows 7 的"计算机"窗口为例介绍窗口的主要组成部分及其作用。

(1) 地址栏：将用户当前的位置显示为以箭头分隔的一系列链接。可以通过单击某个链接或键入位置路径来导航到其他位置。

(2) 搜索框：随时可在搜索框中输入关键字，搜索范围是当前地址栏所描述的文件夹及子文件夹。

(3) 菜单栏：菜单栏位于标题栏的下方，其中存放了当前窗口中的许多操作选项。一般菜单栏里包含了多个菜单项，分别单击其菜单项也可弹出下拉菜单，从中选择操作命令。

(4) 列表区：为用户提供了树状结构文件夹列表，从而方便用户快速定位所需的目标，主要分为收藏夹、库、计算机和网络四大类。

(5) 工作区：用于显示当前窗口的内容或执行某项操作后显示的内容。

(6) 信息栏：为用户提供当前文件夹窗口中所选文件或文件夹的相关信息。

(7) 滚动条：分为垂直滚动条和水平滚动条，如果在窗口工作区内不能将窗口内容完整地显示出来，Windows 7 就会在窗口的右边或底部添加滚动条。单击滚动条的箭头或拖动滚动条的滑块可以浏览工作区。

(8) 窗口边框：窗口的边界，常用于调整窗口的大小。

2) 使用窗口

(1) 最大化、最小化/还原窗口。每个窗口都可以出现图标的最小化形式、充满整个屏幕的最大化形式及允许窗口移动和调整大小的恢复形式，共三种方式之一。单击窗口右上角的最小化按钮、最大化按钮或恢复按钮，可实现窗口在这些形式之间的切换。

(2) 调整窗口的大小。窗口的尺寸，除最大化或最小化的形式外，可以按实际需要被任意改变。将鼠标指针移向窗口边框或窗口角时，指针会变为双向箭头状。此时，拖动边框，窗口大小将在相应方向上随之改变。拖动窗口角时，将会在水平和垂直两个方向上同时改变窗口大小。满意时，放开鼠标即完成操作，窗口就以新的尺寸显示。

(3) 移动窗口的位置。移动窗口的位置就是改变窗口在屏幕上的位置。将鼠标指针指向需要移动窗口的标题栏，拖动鼠标到指定位置即可实现窗口的移动。最大化的窗口是无法移动的。

以上窗口的操作，还可以通过单击窗口标题栏左边的控制菜单按钮打开控制菜单，或以鼠标右击标题栏弹出快捷菜单，选择菜单命令完成相应的操作。

3．对话框

Windows 操作系统使用对话框来和用户进行信息交流。对话框是一种特殊形式的窗口，与一般窗口相同的是，有标题栏、可以在桌面上任意移动位置等；不同的是，对话框的大小是不能改变的。

不同用途的对话框由不同元素组成。一般情况下，对话框中包括以下组件：标题栏、要求用户输入信息或设置的选项、命令按钮等，如图 2-12 所示的是"任务栏和[开始]菜单属性"对话框。

对话框中常见的元素有选项卡、列表框、单选按钮、文本框、数值框、复选框、下拉列表框、命令按钮和滑块等。

(1) 选项卡：对话框中一般有多个选项卡，位于标题栏的下方，通过选择相应的选项卡可切换到不同的设置页。

(2) 列表框：列表框在对话框中以矩形框形式显示，其中分别列出了多个选项。

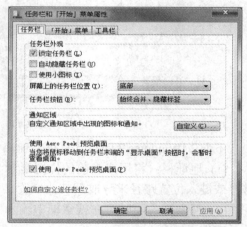

图 2-12　"任务栏和[开始]菜单属性"对话框

(3) 单选按钮：单选按钮是一组相互排斥的选项，在一组单选按钮中，任何时刻只能选择其中的一个，被选中的单选按钮内有一个圆点，未被选中的单选按钮内无圆点。

(4) 文本框：一般用来接收用户输入的文字，以便能正确地完成对话框的操作，如文件名、路径、要查找的字符串等。用鼠标单击文本框区域后，将会出现一个闪烁的"|"型光标，此时可在该文本框中输入文本。

(5) 数值框：数值框实际上是由一个文本框加上一个增减按钮构成的，可以直接在数值框中输入数值，也可以通过增减按钮调整数值大小。

(6) 复选框：在一组复选框中，可以同时选中一个或多个，被选中的复选框中有一个对勾，未被选中的复选框中没有对勾。

(7) 下拉列表框：与列表框类似，只是将选项折叠起来，单击右侧的按钮，将显示出所有的选项。

(8) 命令按钮：单击命令按钮可以打开相应的对话框，进行进一步设置或执行对应的功能。

(9) 滑块：拖曳滑块可以改变数值或等级。

4. 菜单

Windows 操作系统中的"菜单"是一张命令列表。Windows 7 菜单有四种类型，分别是"开始"菜单、标准菜单、快捷菜单以及控制菜单。

1) "开始"菜单

它是系统进行管理和启动应用程序的一个基本途径。通过"开始"菜单可以打开大多数应用程序、查看计算机中已保存的文档、快速查找所需要的文件或文件夹等。"开始"菜单分为四个基本部分，如图 2-13 所示。

(1) 左边的大窗格显示计算机上程序的一个短列表，最近使用比较频繁的程序将出现在这个列表中。

(2) 单击左边窗格下方的"所有程序"会显示计算机中安装的所有程序，同时"所有程序"变成"返回"。

(3) 左边窗格的最底部是搜索框，通过输入搜索项可以在计算机中查找安装的程序或所需要的文件。

(4) 右边窗格提供了对常用文件夹、文件、设置和功能的访问，还可以注销 Windows 或关闭计算机等。

图 2-13 "开始"菜单

2) 标准菜单

标准菜单是指菜单栏上的下拉菜单，菜单栏位于窗口标题栏的下方，集合了当前程序的特定命令。单击菜单栏的菜单项，可以打开一个下拉式菜单，其中包括了许多菜单命令，用于相关操作。如图 2-14 所示为"计算机"窗口菜单栏"查看"菜单项的标准菜单。

3) 快捷菜单

在 Windows 操作系统中，指向任意一个对象单击鼠标右键，都会弹出一个快捷菜单。指向不同的对象单击鼠标右键，弹出的快捷菜单中的命令是不同的，如图 2-15 所示为在桌面上单击鼠标右键时出现的快捷菜单。

4) 控制菜单

在窗口地址栏的上方单击鼠标右键，都可以弹出一个控制菜单，其中包括移动、大小、最大化、最小化、还原和关闭等命令，如图 2-16 所示。

5) 关于菜单中命令选项的说明

每个菜单中都含有若干不同的命令选项，其中有些命令选项前面或后面还会带有特殊的符号，其具体含义如下：

(1) 灰色或暗淡显示的命令：该命令的前提条件不存在，故当前状态下不能执行该命令。

(2) 命令名后面带有省略号(…)：该命令执行后将弹出对话框，可以进行进一步设置。

(3) 命令名前带有"√"标记：该命令正在起作用。再次选择该命令，将取消"√"标记，同时该命令不再起作用。

(4) 命令名前带有"•"标记：在并列的一组命令选项中，一次只能选中一项。

(5) 命令名右侧的组合键：也称为快捷键，在不打开菜单的情况下，使用快捷键可以直接执行该命令。

图 2-14　标准菜单

图 2-15　快捷菜单

图 2-16　控制菜单

2.2.2　Windows 7 的文件管理

计算机系统中，所有的程序和数据都以文件形式保存在计算机中。

1. 认识文件与文件夹

1) 文件

文件是由应用程序创建的一组相关信息的集合，信息的意义是广泛的，如编写的程序、拷贝的软件、制作的图像等，都可以称之为信息，即文件可以是一个程序，一组数据或一张相片等。任何信息(程序和数据)都是以文件的形式储存在存储器上的。

为了区别不同的文件，每个文件都有一个名字，称为文件名。文件名一般由文件主名和扩展名两部分组成，中间用"."分隔。文件主名往往是代表文件内容的标识，而扩展名表示文件的类型。如风景 .png，其中风景是文件主名，png 是扩展名。一般情况下，文件主名可以任意修改，但扩展名不可修改。

文件的命名遵循以下规则：

(1) 文件名最多可有 255 个字符。

(2) 文件名中可以使用汉字、英文字母(不区分大小写)及各种符号，但不能出现以下字符：\、？、/、:、"、<、>、|、* 等。

(3) 文件名中可以有多个分隔符，以最后一个作为扩展名的分隔符。

2) 文件夹

文件夹是组织文件的一种方式，可以按类型将文件保存在不同的文件夹中，它的大小由系统自动分配。文件夹的命名与文件的命名规则相同，但文件夹没有扩展名。

3) 文件夹树

由于各级文件夹之间有互相包含的关系，使得所有文件夹构成一个树状结构，称为文件夹树。这是一种非常形象的叫法，其中"树根"是计算机中的磁盘，"树枝"是各级子文件夹，而"树叶"就是文件，如图 2-17 所示。

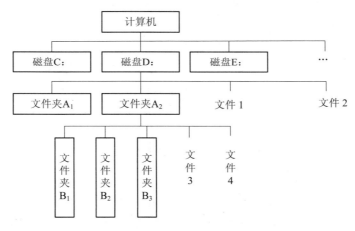

图 2-17 文件夹树

文件在文件夹树上的位置称为文件的路径。文件路径分为绝对路径和相对路径，绝对路径是指从该文件所在磁盘开始直到该文件为止的路径上的所有文件夹名，文件夹间用"\"分隔，如图 2-17 所示的文件 3 的绝对路径为：D:\文件夹 A_2\文件 3。相对路径是指从该文件所在磁盘的当前文件夹开始直到该文件为止的路径上所有的子文件夹名，如当前文件夹为 D 盘，则文件 3 的相对路径为：文件夹 A_2\文件 3，相对路径表示了文件在文件夹树上相对于当前文件夹的位置。

2. Windows 资源管理器

在 Windows 7 中，资源管理器是一个非常重要的应用程序，用于查看计算机中的所有资源，并对文件进行各种操作，如：打开、复制、移动等。与"计算机"窗口相比，资源管理器通过树形结构的文件管理系统，能够很容易地查看各驱动器、文件和文件夹之间的相互关系。

1) 资源管理器的启动

在 Windows 7 中，常用以下方法打开"资源管理器"窗口。

方法一：指向任务栏的"开始"按钮，单击鼠标右键，在快捷菜单中选择"打开资源管理器(P)"命令。

方法二：单击任务栏的"开始"按钮，打开"开始"菜单，指向"所有程序"、依次单击"附件"、"Windows 资源管理器"，就可以启动资源管理器。

2) "资源管理器"窗口

"资源管理器"窗口包含两个窗格，左窗格是文件夹树窗格，显示计算机系统中所有的"资源"，包括收藏夹、库、计算机、网络等的树状结构情况列表，右窗格是内容窗格，显示所选中对象中的内容，如图 2-18 所示。

图 2-18　　"资源管理器"窗口

3. 文件与文件夹的管理

在 Windows 7 中，用户通过"计算机"或"Windows 资源管理器"管理计算机上所有的硬件、软件和文件资源，不仅可查看本地文件夹的分层结构，以及所选文件夹中的子文件夹和全部文件，而且可对文件与文件夹进行重命名、复制、移动、删除、属性修改等操作。

1) 选定文件或文件夹

在"计算机"或"Windows 资源管理器"窗口中，对文件或文件夹进行操作前必须先选择操作对象。

(1) 单选：用鼠标左键单击要选定的文件或文件夹。

(2) 多选(连续)：按住鼠标左键拖动鼠标，出现一个虚线框，释放鼠标按钮，将选定虚线框内的所有文件或文件夹，或选定第一个文件或文件夹，按下"Shift"键，再单击最后一个文件或文件夹，或连续按"Shift + 光标移动键"，向某个方向扩大、缩小文件或文件夹的选择。

(3) 多选(不连续)：按下"Ctrl"键，再单击所需的文件或文件夹。

(4) 全选：单击"编辑"菜单下的"全选"命令，或按 Ctrl + A 快捷键，就可选定当前文件夹下的全部文件和文件夹。

(5) 取消选择：取消单个已选定的文件或文件夹，需要按住"Ctrl"键，并单击要取消的文件或文件夹；取消全部选定的文件和文件夹，只需在空白处单击鼠标即可。

2) 复制、移动文件或文件夹

实际应用中，有时用户需要将某个文件或文件夹移动或复制到目标位置以方便使用，这时需要用到移动或复制命令。移动文件或文件夹就是将文件或文件夹放到目标位置，执行移动命令后，原位置的文件或文件夹消失；复制文件或文件夹就是将文件或文件夹复制一份，放到目标位置，执行复制命令后，原位置和目标位置均有该文件或文件夹。

复制和移动文件或文件夹的操作可用鼠标拖动的方法完成，也可以通过菜单命令完成。

方法一：用鼠标拖动。具体操作步骤如下：

(1) 选择要复制或移动的文件或文件夹。

(2) 如果要复制，则按住 Ctrl 键的同时拖动鼠标左键到目标位置，这时光标的右下角出现一个"+"号和复制提示。

(3) 如果要移动，则直接按住鼠标左键拖动到目标位置，当光标移动到目标位置时，光标右下角出现移动提示。

如果目标位置与要移动的文件或文件夹不在同一位置，则需要按住 Shift 键后再拖动鼠标。

方法二：使用"编辑"菜单。具体操作步骤如下：

(1) 选中要复制或移动的文件或文件夹。

(2) 单击"编辑"菜单下的"复制"或"剪切"或"复制到文件夹"或"移动到文件夹"命令，将所选对象送到 Windows 剪贴板中。

剪贴板(ClipBoard)是内存中的一块区域，用来临时存放交换信息。剪贴板是 Windows 内置的一个非常有用的工具，通过小小的剪贴板，架起了一座彩桥，使得在各种应用程序之间，传递和共享信息成为可能。然而美中不足的是，剪贴板只能保留一份数据，每当新的数据传入，旧的便会被覆盖。

(3) 选择目标文件夹。

(4) 单击"编辑"菜单下的"粘贴"命令，即可完成复制或移动操作。也可以使用所选对象快捷菜单中的相应命令或与命令对应的快捷键完成。Ctrl + X 快捷键相当于"剪切"命令；Ctrl + C 快捷键相当于"复制"命令；Ctrl + V 快捷键相当于"粘贴"命令。

3) 新建文件夹

用户可以根据需要创建新的文件夹来存放文件或文件夹。具体操作步骤如下：

(1) 打开要在其中创建新文件夹的磁盘或文件夹。

(2) 单击"文件"菜单下的"新建"命令，选择"文件夹"，即可在指定位置创建一个新的文件夹。

(3) 创建新的文件夹后，可以直接输入文件夹名称，按下回车键或在名称以外的位置处单击鼠标，即可确认文件夹的名称。

也可在目标位置的空白区域右击，在打开的快捷菜单中选择"新建"命令创建文件夹。

4) 重命名文件或文件夹

任何一个文件或文件夹都可以改变名称。具体操作步骤如下：

(1) 选择要更改名称的文件或文件夹。

(2) 单击"文件"菜单或快捷菜单中的"重命名"命令。

(3) 输入新的名称,然后按下回车键确认。输入新名称时,扩展名不要随意更改,否则会影响文件的类型,导致打不开文件。

5) 删除文件或文件夹

在 Windows 中删除文件或文件夹分为逻辑删除和物理删除两种。逻辑删除是指将文件或文件夹送入"回收站",并未从硬盘中真正消失。在需要时被逻辑删除的对象可以从"回收站"中取出置于原来的位置。物理删除是真正把对象从硬盘中清除,以后再也无法恢复。具体操作步骤如下:

(1) 选择要删除的文件或文件夹。

(2) 按下 Delete 键,或者单击"文件"菜单或快捷菜单中的"删除"命令,会打开删除对话框。

(3) 单击"是(Y)"按钮,则将文件删除到回收站中。如果删除的是文件夹,则它所包含的子文件夹和文件将一并被删除。

如果在删除时,同时按下 Shift 键,会将选定的对象彻底删除,无法恢复。

若要还原被删除的文件或文件夹,具体操作步骤如下:

(1) 打开"回收站"窗口。

(2) 选择要还原的文件或文件夹,单击菜单栏下方的"还原此项目"按钮或快捷菜单中的"还原"命令,则将选定的文件或文件夹还原;如果要还原"回收站"中所有的文件或文件夹,需要单击菜单栏下方的"还原所有项目"按钮。

当回收站中的信息已经无用,可以将这些信息彻底删除,清空整个回收站,具体操作步骤如下:

(1) 打开"回收站"窗口。

(2) 单击"文件"菜单或快捷菜单中的"清空回收站"命令,会打开一个提示信息框。

(3) 在提示信息框中,确认后即可清空回收站,将文件或文件夹彻底从硬盘中删除。

6) 搜索文件

有时候用户需要察看某个文件或文件夹的内容,却忘记了该文件或文件夹存放的具体位置或具体名称,这时使用 Windows 7 提供的搜索文件或文件夹功能就可以帮助用户查找该文件或文件夹。

例如搜索 E 盘中所有的图片文件。具体操作步骤如下:

(1) 打开 E 盘窗口,在搜索框中输入某一类图片文件的扩展名,如"jpg",将自动筛选出 E 盘中所有 jpg 格式的图片文件。

(2) 若要进一步缩小范围,可以在搜索框中单击"修改日期"或"大小"命令,如在展开的大小选项中选择"小(10~100 KB)",即可搜索出文件大小在 10~100 KB 之间的图片文件,如图 2-19 所示。

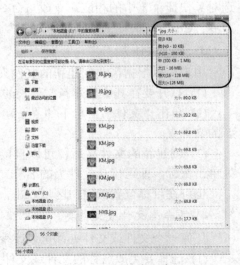

图 2-19 "搜索"窗口

7) 查看文件或文件夹信息

用户在使用文件或文件夹时，经常需要了解文件或文件夹的详情。例如，了解文件的类型、打开方式、大小、存储位置、创新与修改的时间等；了解文件夹中包含的文件和子文件夹的数量等。具体操作步骤如下：

(1) 在需要查看信息的文件或文件夹上单击鼠标右键，打开快捷菜单，选择其中的"属性"命令，打开"属性"对话框，如图 2-20 所示。

(2) 在"属性"对话框的"常规"选项卡中，可以查看文件或文件夹的详细信息。

图 2-20　"属性"对话框

8) 文件或文件夹的视图方式

用户在浏览文件或文件夹的过程中，可以选择不同的视图模式，具体操作步骤如下：

(1) 打开任一文件夹窗口。

(2) 单击"查看"菜单或快捷菜单中的"查看"命令，选择"超大图标"、"大图标"、"中等图标"、"小图标"、"列表"或"详细信息"，如图 2-21 所示。

在"查看"菜单或快捷菜单中还可将文件或文件夹按照一定规律进行排序，选择"排序方式"命令，可以将文件或文件夹按照"名称"、"修改日期"、"类型"或"大小"进行排序。

9) 显示或隐藏文件扩展名

用户通过文件扩展名可以辨识文件的类型。Windows 7 默认是不显示文件扩展名的，如果需要显示或隐藏文件扩展名，具体操作步骤如下：

(1) 打开任一文件夹窗口，单击"组织"下拉按钮，选择其中的"文件夹和搜索选项"命令，或"工具"菜单下的"文件夹选项"命令，打开"文件夹选项"对话框。

(2) 单击"查看"选项卡，在"高级设置"列表框中选中"隐藏已知文件类型的扩展名"复选框，则隐藏文件扩展名；取消选择，则显示文件扩展名，如图 2-22 所示。

图 2-21　"查看"菜单

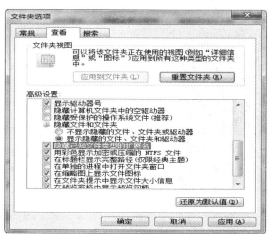

图 2-22　"文件夹选项"对话框

2.2.3 Windows 7 的系统管理

Windows 7 操作系统允许用户对计算机的软件和硬件系统环境进行配置，如添加删除应用程序、管理用户账户、外观和个性化设置、系统优化与备份等，通过配置，使系统更符合用户的个性化需求。

控制面板是 Windows 7 对计算机的软件和硬件系统进行配置与管理的工具。打开"开始"菜单，选择右边窗格中的"控制面板"命令，即可打开"控制面板"窗口，如图 2-23 所示。

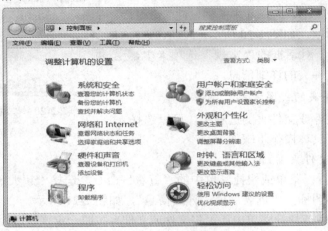

图 2-23 "控制面板"窗口

1．添加或删除应用程序

Windows 操作系统中的应用程序有很多，不同应用程序的安装方式都各不相同，但安装的基本过程大体一致，下面以 CAJViewer 阅读器的安装过程为例讲解。

【例 2-1】 安装 CAJViewer 阅读器。操作步骤如下：

(1) 从官方网站下载并运行 CAJViewer 阅读器的安装程序，打开 CAJViewer 安装程序向导，如图 2-24 所示，单击"下一步"按钮。

(2) 打开许可协议对话框，如图 2-25 所示，阅读协议后，选择"我接受许可协议(A)"，按钮，单击"下一步"按钮。

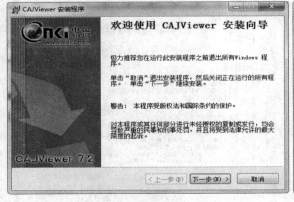

图 2-24 CAJViewer 安装程序向导(1)

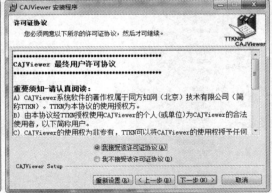

图 2-25 CAJViewer 安装程序向导(2)

(3) 打开用户信息对话框，如图 2-26 所示，填写用户信息，单击"下一步"按钮。打开选择安装应用程序位置对话框，如图 2-27 所示，选择安装位置后，单击"下一步"按钮。打开安装类型对话框，如图 2-28 所示，选择安装类型后，单击"下一步"按钮。打开快捷方式对话框，如图 2-29 所示，选择需添加的快捷方式后，单击"下一步"按钮。

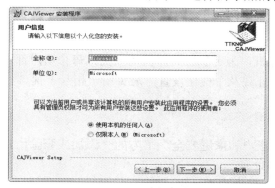

图 2-26 CAJViewer 安装程序向导(3)

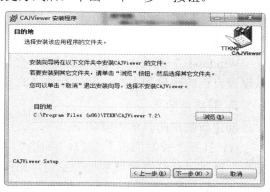

图 2-27 CAJViewer 安装程序向导(4)

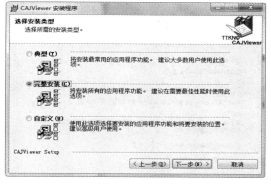

图 2-28 CAJViewer 安装程序向导(5)

图 2-29 CAJViewer 安装程序向导(6)

(4) 打开安装应用程序对话框，如图 2-30 所示，单击"下一步"按钮，开始安装。打开正在更新系统对话框，显示安装进度，如图 2-31 所示。安装完成后，打开安装完成对话框，单击"完成"按钮。

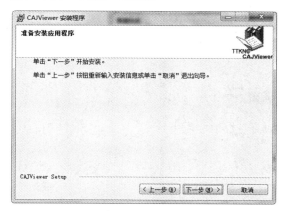

图 2-30 CAJViewer 安装程序向导(7)

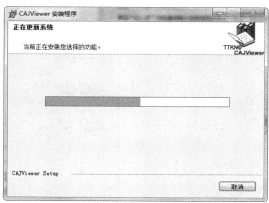

图 2-31 CAJViewer 安装程序向导(8)

【例 2-2】　卸载 CAJViewer 阅读器。操作步骤如下：

(1) 打开"控制面板"窗口，单击"程序"下方的"卸载程序"链接。

(2) 打开"程序和功能"窗口，在应用程序列表中右键单击 CAJViewer，选择"卸载(U)"命令。

(3) 在其后出现的 CAJViewer 卸载向导的指引下逐步完成程序的卸载。

2．用户账户

Windows 7 支持多个用户使用同一台计算机，为了保证计算机的安全，每个用户都可以设置自己的账户和密码，并进行独立的桌面外观及个性化设置，避免用户相互干扰。

1) 创建新账户

创建新账户的具体步骤如下：

(1) 打开"控制面板"窗口，单击"用户账户和家庭安全"下方的"添加或删除用户账户"链接，打开"管理账户"窗口，如图 2-32 所示。

(2) 在"管理账户"窗口，单击"创建一个新账户"链接，打开"创建新账户"窗口，如图 2-33 所示。

图 2-32　"管理账户"窗口

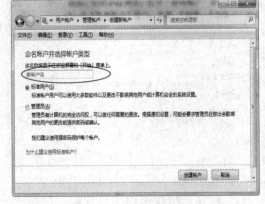

图 2-33　"创建新账户"窗口

(3) 在"创建新账户"窗口，输入新账户名称，如："lihua"。单击"标准用户"，单击"创建账户"按钮，完成新账户的创建，如图 2-34 所示。

图 2-34　完成新账户创建的"管理账户"窗口

2) 更改用户账户

创建新账户后，可以更改新账户的密码、图片和名称等。如要为"lihua"账户设置密码，具体操作步骤如下：

(1) 打开"控制面板"窗口，单击"用户账户和家庭安全"下方的"添加或删除用户账户"链接，打开"管理账户"窗口。

(2) 在"管理账户"窗口，单击"lihua"图标，打开"更改账户"窗口，如图 2-35 所示。

(3) 在"更改账户"窗口，可以更改"lihua"账户的名称、创建密码、更改图片等。

图 2-35 "更改账户"窗口

3．外观和个性化

Windows 7 外观和个性化设置包括：更改主题、更改桌面背景和调整屏幕分辨率。

桌面主题是 Windows 7 操作系统为用户提供的桌面配置方案，包括图标、字体、颜色、声音事件等窗口元素，改变桌面主题将会得到另一种桌面外观。更改主题的具体操作步骤如下：

(1) 打开"控制面板"窗口，单击"外观和个性化"下方的"更改主题"链接，打开"个性化"窗口，如图 2-36 所示。

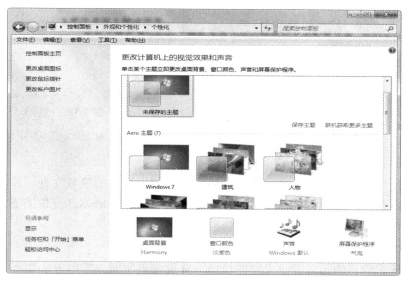

图 2-36 "个性化"窗口

(2) 在"个性化"窗口中选择合适的主题。

漂亮的桌面可以给人赏心悦目的感觉，同时也能体现出个性化的一面。桌面背景实际上是一张图片，是可以更改的。Windows 7 自带了一些图片可供用户使用，用户也可以使用自备图片设置桌面背景。更改桌面背景的具体操作步骤如下：

(1) 打开"控制面板"窗口，单击"外观和个性化"下方的"更改桌面背景"链接，打开"桌面背景"窗口。

(2) 在"桌面背景"窗口，选择所需的图片，并设置图片位置，单击"保存修改"按钮，如图 2-37 所示。

屏幕分辨率是指屏幕的水平和垂直方向最多能显示的像素点，它以水平显示的像素数乘以垂直扫描线数表示。例如，1024×768 指每帧图像由水平 1024 个像素和垂直 768 条扫描线组成。分辨率越高，屏幕中的像素点就越多，可显示的内容就越多，所显示的对象就越小。

比较常见的屏幕分辨率有 1024×768、1280×720、1366×768 等。选用哪种分辨率主要取决于用户的硬件配置和需求。

调整屏幕分辨率的具体操作步骤如下：

(1) 打开"控制面板"窗口，单击"外观和个性化"下方的"调整屏幕分辨率"链接，打开"屏幕分辨率"窗口，如图 2-38 所示。

图 2-37　"桌面背景"窗口　　　　　　　图 2-38　"屏幕分辨率"窗口

(2) 在"屏幕分辨率"窗口，选择分辨率和方向，单击"确定"按钮。

4. 磁盘清理与维护

随着使用时间的推移，在计算机的磁盘中会积累一定的垃圾文件，这些垃圾文件占用计算机的内存，严重影响了计算机的运行速度。利用 Windows 7 提供的磁盘清理与维护工具可以快速清理计算机，恢复计算机性能。

1) 磁盘清理

磁盘清理的目的是清理磁盘中的垃圾，释放磁盘空间。常用方法如下：

(1) 打开"计算机"窗口，指向要整理的磁盘(如 C 盘)，右击鼠标键，打开快捷菜单。

(2) 选择快捷菜单中的"属性"命令，打开所选磁盘的属性对话框，如图 2-39 所示。

(3) 在"常规"选项卡中，单击"磁盘清理"按钮，系统就开始扫描该盘的垃圾文件。

(4) 当出现如图 2-40 所示的磁盘清理对话框时，在"要删除的文件"列表框中选中所有复选框，再单击"确定"按钮。

(5) 在打开的"磁盘清理"对话框中单击"删除文件"按钮，系统开始删除文件。

图 2-39　"磁盘属性"对话框　　　　　　　　　图 2-40　"磁盘清理"对话框

2) 整理磁盘碎片

通过磁盘碎片整理可以重新组织磁盘中的文件，减少残留在磁盘中的碎片，释放出更多的磁盘空间，改进计算机的性能。常用方法如下：

(1) 打开"计算机"窗口，指向要整理的磁盘(如 C 盘)，右击鼠标键，打开快捷菜单。

(2) 选择快捷菜单中的"属性"命令，打开所选磁盘的属性对话框，单击"工具"选项卡，如图 2-41 所示。

(3) 单击"碎片整理"栏中的"立即进行碎片整理"按钮，打开"磁盘碎片整理程序"窗口，如图 2-42 所示。

图 2-41　"磁盘属性"对话框　　　　　　　　　图 2-42　"磁盘碎片整理程序"窗口

(4) 单击所需的磁盘驱动器，再单击"分析磁盘"按钮，系统开始对所选磁盘的当前状况进行分析。磁盘分析完，就可以进行磁盘碎片整理了。

(5) 单击"磁盘碎片整理"按钮，开始对磁盘进行碎片整理。整理完成后，单击"关闭"按钮。

2.2.4　Windows 7 的实用工具

　　Windows 7 操作系统的"附件"程序为用户提供了许多使用方便、实用的小程序。比如，使用"画图"工具可以创建和编辑图画，以及显示和编辑扫描获得的图片；使用"计算器"来进行基本的算术运算；使用"写字板"进行文本文档的创建和编辑工作。以上工作虽然也可以使用专门的应用软件，但是运行程序要占用大量的系统资源，而附件中的工具都是非常小的程序，运行速度比较快，这样用户可以节省很多的时间和系统资源，有效地提高工作效率。

　　Windows 7 所有的实用工具都在"附件"菜单中显示。单击"开始"菜单，选择"所有程序"下的"附件"命令，打开"附件"菜单，如图 2-43 所示。

图 2-43　"附件"菜单

1．记事本、写字板、便笺

　　记事本是文本编辑工具，用于创建、编辑纯文本文件，扩展名为 .TXT。

　　写字板是一个小型的文字处理程序，可以编辑文本、设置文档格式、插入图片、声音、视频等，其功能比记事本强大。写字板可处理文本文档、Word 文档和 RTF 文档等。

　　便笺是供用户记录备忘信息的工具。在便笺中可以输入内容；可以改变便笺的大小、颜色；可以添加多个便笺；可以删除便笺等。

2．画图与截图

　　画图程序是一个图形编辑器。使用画图工具，可以绘制各种简单的图形；也可以对图片进行编辑修改。在图形编辑完成后，可以方便地以 BMP，JPG，GIF 等格式保存文件。

　　截图工具是截取屏幕图像的实用程序。它能将屏幕内容截取为图片，并对截图进行编辑，如绘制标记、保存为文件、复制到其他文件中等。如图 2-44 所示。通过单击"新建"右边的下拉按钮，可以选择截图工具提供的四种截图方式：任意格式截图、矩形截图、窗口截图和全屏幕截图。

图 2-44　"截图工具"窗口

3．计算器

　　使用 Windows 7"附件"中的计算器程序除可以进行简单的加、减、乘、除运算外，还可以进行各种复杂的函数与科学计算。通过"查看"菜单，可以选择计算器提供的四种计算模式：标准型、科学型、程序员和统计信息。

2.2.5　使用中文输入法

1. 鼠标和键盘的基本操作

鼠标和键盘是 Windows 7 中必不可少的工具，用户使用它们可以很方便地完成基本的输入操作。

1) 鼠标的基本操作

鼠标的基本操作有移动、指向、单击、双击(连击)、拖曳、右键单击(右击)等。

(1) 移动：用手移动鼠标，同时鼠标指针在屏幕上也随之移动。熟练移动鼠标是所有操作的基础。

(2) 指向：将鼠标指针移动到某个特定的操作对象上。当鼠标在特定的对象上停留片刻后，通常将显示关于该对象的提示信息。

(3) 单击：当鼠标指针指向某个特定的操作对象时，按一次鼠标左键。单击通常用来选定某个对象、执行菜单命令或使用工具栏上的按钮。

(4) 双击：当鼠标指针指向某个特定的操作对象时，快速按鼠标左键两次。双击通常用来启动应用程序或打开窗口。

(5) 拖曳：当鼠标指针指向某个特定的操作对象时，按下鼠标左键或右键不放，同时移动鼠标，此时操作对象也随同鼠标指针一起移动，到达目标位置后释放鼠标按键。左键拖曳操作一般用来移动、复制某个对象或选定多个对象，右键拖曳操作一般用来移动、复制某个对象或创建对象的快捷方式。

(6) 右键单击：当鼠标指针指向某个特定的操作对象时，按一次鼠标右键。右键单击用来激活特定对象的快捷菜单。

2) 键盘的基本操作

键盘的基本操作有很多，以下列出常用的几种：

(1) 输入内容：当文档窗口或输入对话框中出现闪烁着的插入标记时，就可以直接敲击键盘，输入文字。

(2) 执行命令：快捷键方式是在按下控制键的同时，按下某个字母键，来实现相应的功能。

(3) 改变选项：在菜单操作中，可以通过键盘上的箭头键来改变菜单选项，按回车键来选取相应的选项。

2. 安装与删除输入法

输入法就是利用键盘，根据一定的编码规则来输入汉字的一种方法。Windows 7 系统本身带有中文输入法，如：微软拼音、智能 ABC、全拼和郑码等。用户可以根据需要添加和删除输入法。

1) 内置输入法的添加和删除

内置输入法的添加和删除，其具体操作步骤如下：

(1) 指向任务栏的输入法指示器单击鼠标右键，打开快捷菜单，单击其中的"设置"命令，打开"文本服务和输入语言"对话框，选择"常规"选项卡，如图 2-45 所示。

(2) 如果要删除输入法，在"已安装的服务"列表中，选中需要删除的输入法，单击"删除"按钮。

(3) 如果要添加输入法，单击"添加"按钮，打开"添加输入语言"对话框，选中需添加的输入法，如图 2-46 所示，单击"确定"按钮。

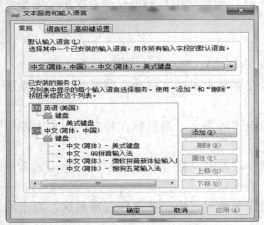
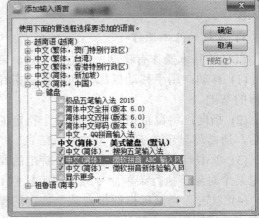

图 2-45　"文本服务和输入语言"对话框　　　图 2-46　"添加输入语言"对话框

(4) 最后，在"文本服务和输入语言"对话框，单击"确定"按钮。

2) 外部输入法的安装与删除

外部输入法是 Windows 7 系统本身没有的输入法，例如"搜狗输入法"的安装与删除过程与应用程序的安装与卸载相似。

3. 搜狗拼音输入法简介

搜狗拼音输入法是由搜狐公司推出的一款 Windows 平台下的、基于搜索引擎技术的汉字拼音输入法。选择搜狗拼音输入法后，可以出现如图 2-47 所示的状态栏。

图 2-47　搜狗拼音输入法状态栏

1) 输入法状态栏

输入法状态栏从左往右，依次有 8 个按钮，分别是"自定义状态栏"按钮、"中/英文切换"按钮、"半角/全角切换"按钮、"中/英文标点切换"按钮、"软键盘"按钮、"登录输入法账号"按钮、"皮肤盒子"按钮和"搜狗工具箱"按钮。这里，只简单介绍"中/英文标点切换"按钮和"软键盘"按钮的用法。

(1) 单击"中/英文标点切换"按钮，可以在中文标点和英文标点之间进行切换。在中文标点输入状态下，可以快速输入一些常用的中文标点符号，如表 2-1 所示。

表 2-1　常用中文标点符号与键盘对照表

中文标点	键位	中文标点	键位
·	`	《	<
……	^	》	>
、	\	￥	$

（2）右键单击软键盘按钮，可以弹出软键盘选择菜单，单击不同的数字可以设置不同的软键盘,输入所需的字母和符号等，如图 2-48 所示。

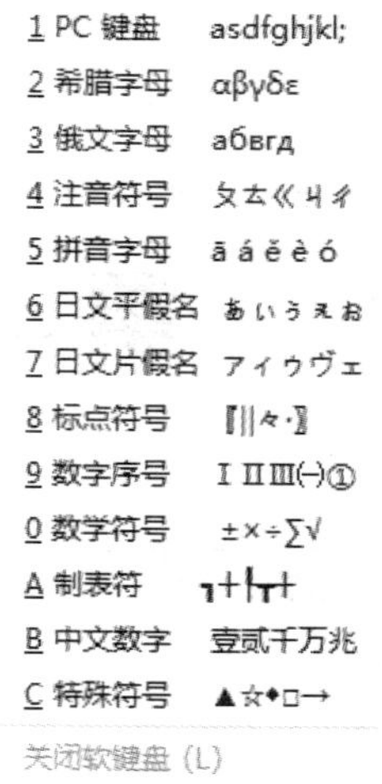

2）输入法类型

搜狗拼音输入法常用的输入方式有全拼、简拼和混拼等。

（1）全拼输入。全拼输入是拼音输入法中最基本的输入方式。用户切换到搜狗拼音输入法，在输入窗口中依次输入所需字或词的拼音即可。比如，"搜狗拼音"，输入"sougoupinyin"。

（2）简拼输入。搜狗拼音输入法支持简拼，例如输入"srf"，可以得到"输入法"三个字。

（3）混拼输入。简拼由于候选词过多，可以采用简拼和全拼混用的模式，这样能够兼顾最少输入字母和最高输入效率。例如，想输入"指示精神"，可输入"zhishijs"、"zsjingshen"、"zsjingsh"和"zsjings"等。

1	PC 键盘	asdfghjkl;
2	希腊字母	αβγδε
3	俄文字母	абвгд
4	注音符号	ㄆㄊㄍ ㄐㄟ
5	拼音字母	ā á é è ó
6	日文平假名	あ い う え お
7	日文片假名	ア ィ ゥ ヴ ェ
8	标点符号	〖‖々·〗
9	数字序号	Ⅰ Ⅱ Ⅲ㈠①
0	数字符号	±×÷∑√
A	制表符	┐┼┝┰
B	中文数字	壹贰千万兆
C	特殊符号	▲☆◆□→

关闭软键盘 (L)

图 2-48　软键盘选择菜单

3）输入技巧

搜狗拼音输入法的输入技巧有很多，下面简单介绍两种：

（1）V 字母巧用。在搜狗拼音输入法状态下，输入字母 v 后，可出现如图 2-49 所示的菜单，可以快速输入中文数字、罗马数字以及各种格式的日期、算式和函数等。

（2）U 字母巧用。在搜狗拼音输入法状态下，遇到生僻字时，可以按结构进行拆分，输入 U 后，分别输入每一部分的拼音，如图 2-50 所示，可以输出"骉"字。

图 2-49　V 字母巧用

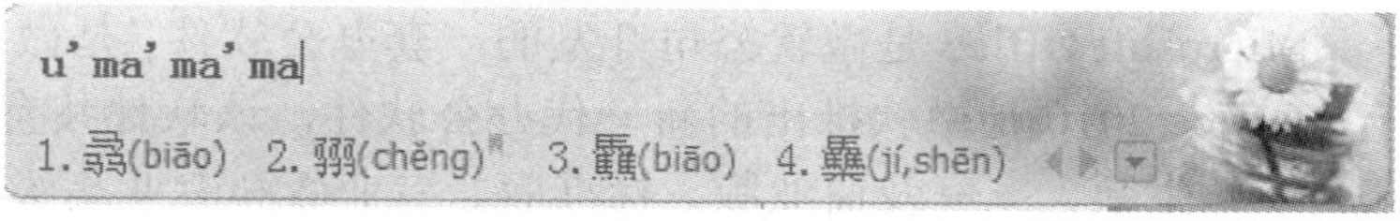

图 2-50　U 字母巧用

第 3 章　演示文稿制作软件 PowerPoint 2010

　　PowerPoint 2010 是 Microsoft Office 2010 的组件之一, 主要用于制作和播放集文本、表格、图表、图形、图像、音频和视频等多媒体元素于一体的演示文稿, 它能将所要表达的信息组织在图文并茂的画面中。

　　PowerPoint 的应用领域越来越广泛, 无论在办公管理、日常应用, 还是在企业管理中都随处可见其身影。在课堂讲授、工作汇报、产品展示、项目介绍、推广宣传等活动中需要 PowerPoint 的技术支持; 一些简单的平面设计、动画制作甚至电子杂志设计都可以借助 PowerPoint 来实现。

3.1　Office 2010 简介

　　Microsoft Office 是微软公司开发的一套办公软件, 是微软公司最有影响力的产品之一。Office 2010 是微软推出的新一代办公软件, 该软件共有六个版本, 分别是初级版、家庭及学生版、家庭及商业版、标准版、专业版和专业高级版。此外, 微软公司还推出Office 2010 免费版本, 其中仅包括 Word 和 Excel 应用。现已推出最新版本 Microsoft Office 2016。

　　Microsoft Office 2010 常用组件如下:

　　Microsoft PowerPoint 2010(演示文稿制作软件: 用来制作、美化和放映演示文稿, 并可设置幻灯片中各对象的动画效果以及幻灯片的切换效果等);

　　Microsoft Word 2010(文字处理软件: 用来制作和格式化文档, 可以在文档中插入各种对象和表格, 并进行各种设置等);

　　Microsoft Excel 2010(电子表格处理软件: 用来组织、计算、分析和统计数据, 可以将处理结果通过图表和图形等多种形式形象地显示出来, 并进行各种设置等);

　　Microsoft Access 2010(数据库管理系统: 用来有效地组织、管理和共享数据库的信息, 是一个小型的关系型数据库管理系统);

　　Microsoft Outlook 2010(电子邮件客户端: 用来发送和接收电子邮件; 管理日程、联系人和任务; 记录活动等)。

3.2　认识 PowerPoint 2010

使用 PowerPoint 2010，可以轻松制作演示文稿，将文字、图形、图片、声音、视频等多种对象集成在一个演示文稿中；可以美化演示文稿；可以设置幻灯片中各对象的动画效果与幻灯片切换效果；可以放映演示文稿等。

3.2.1　引言——"我的校园美如画"

大学，是一道亮丽的风景，是众人心目中的知识殿堂。每一个大学人以及关心大学的人，都有自己对大学的期盼，"大学是什么?"是一个极具抽象的话题，也是所有关注大学的人想弄明白却又不易说清楚的问题。

张莹是运城学院物理系一年级学生，她准备使用 PowerPoint 2010 制作一个演示文稿展示美丽如画的大学。下面，跟随张莹一起走近 PowerPoint 2010，熟悉 PowerPoint 2010 的功能和工作环境。

3.2.2　PowerPoint 2010 概述

使用 PowerPoint 2010 可以对幻灯片中的文本、表格、图表、图形、图像、音频和视频等对象进行编辑，还可以设置对象的动画效果、交互效果以及幻灯片切换效果等。

PowerPoint 2010 在原来版本的基础上，新增了许多功能:

1．Backstage 视图中管理文件

通过新增的 Backstage 视图快速访问与管理文件相关的常见任务。例如，查看文档属性、设置权限以及打开、保存、打印和共享演示文稿。

2．共同创作演示文稿

在处理面向团队的项目时，PowerPoint 2010 的"共同创作"功能可以让多个用户通过网络同时编辑一个演示文稿，并能够进行即时通信。

3．将幻灯片组织为逻辑节

可以使用多个节来组织大型幻灯片版面，以简化其管理和导航。

4．强大的图像、视频处理功能

图像方面，一是可以对图像进行抠图、设置艺术效果、着色与颜色调整等；二是增加了屏幕截图工具，可以随时获得屏幕上的绚丽效果；三是增加了大量的可自定义主题和 SmartArt 图形布局，对于插入的形状可以进行组合、联合、交点和剪除等操作，提供了使创意形象生动的更多方法。

视频方面，可以对插入的视频进行剪辑，设置淡进淡出效果、样式、颜色以及对比度等，还可以将演示文稿保存为视频格式。

5．动画与幻灯片切换效果更丰富

"幻灯片切换"选项卡主要用于设置幻灯片的切换效果，增加了很多绚丽的特效；"动

画"选项卡主要针对幻灯片中的对象加入各种动画特效，新增了"动画刷"工具，实现了动画的复制。

3.2.3　PowerPoint 2010 启动与退出

1．PowerPoint 2010 的启动

启动 PowerPoint 2010，可采用以下几种方法：

(1) 单击任务栏的"开始"按钮，打开"开始"菜单。指向"所有程序"，依次单击"Microsoft Office"、"Microsoft PowerPoint 2010"，就可以启动 PowerPoint 2010。

(2) 双击桌面上的 PowerPoint 2010 快捷方式图标。

(3) 打开已有的 PowerPoint 文件。

2．PowerPoint 2010 的退出

退出 PowerPoint 2010，可采用以下几种方法：

(1) 单击 PowerPoint 2010 窗口标题栏右侧的"关闭"按钮。

(2) 单击"文件"选项卡中的"退出"命令。

(3) 按快捷键 Alt + F4。

3.2.4　PowerPoint 2010 基本要素

1．演示文稿

PowerPoint 是演示文稿制作软件，利用 PowerPoint 2010 制作的文件，称为演示文稿，其文件扩展名是 .pptx。

2．幻灯片

幻灯片是组成演示文稿的基本单元。演示文稿中的每一页就是一张幻灯片，每张幻灯片之间既相互独立又相互联系。在幻灯片中可以插入文字、图像、表格、视频等多种对象，从而更生动直观地表达内容。

3．幻灯片版式

幻灯片版式就是文字、图像、表格、视频等各种对象在幻灯片上的排列方式。

4．占位符

占位符就是文字、图像、表格、视频等各种对象在幻灯片上的位置。新建一张幻灯片，或者选用幻灯片版式，都会在版面的空白位置上出现虚线矩形框，称为占位符。在占位符中可以插入文字、图像、音频或视频等对象。

3.2.5　PowerPoint 2010 的工作界面

启动 PowerPoint 2010 后，打开的窗口就是 PowerPoint 2010 的工作界面。PowerPoint 2010 界面主要由标题栏、快速访问工具栏、功能区、视图窗格、幻灯片窗格、备注窗格、状态栏和"视图"按钮组成，如图 3-1 所示。

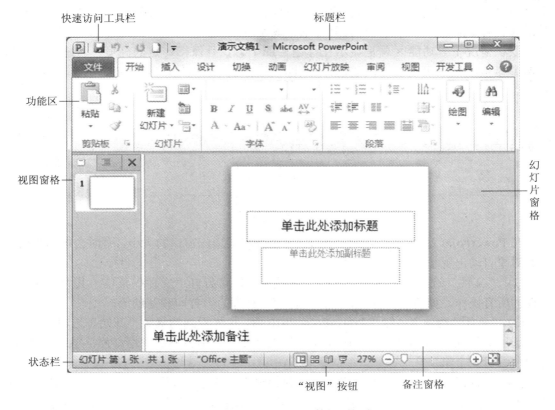

图 3-1　PowerPoint 2010 的界面组成

1．标题栏

标题栏位于工作界面的最顶端，中间部分用于显示当前文档名称和应用程序名称，右侧是窗口控制按钮，包括最小化、最大化/还原和关闭按钮。

2．快速访问工具栏

快速访问工具栏位于界面左上角，用于放置经常使用的命令按钮。默认状态下只显示"保存"、"撤销"和"恢复"3 个按钮图标，单击其后的下拉按钮，在下拉列表中选择相应的命令，即可将命令按钮添加到快速访问工具栏中，如图3-2 所示。

图 3-2　向快速访问工具栏中添加按钮

另外，在下拉列表中选择"在功能区下方显示"选项，可改变快速访问工具栏的位置。

3．功能区

功能区一般位于标题栏的下方，由多个选项卡组成。每个选项卡中的按钮按照功能划分为不同的"组"。每个组中有多个命令按钮，有的命令按钮上有一个小黑三角"▾"，表示单击它会打开下拉列表；组的名称位于组的下方，有的组右下角有一个小按钮 ⌐，称为对话框启动器按钮，单击它可以打开对话框或窗格。

默认情况下，功能区总是显示在标题栏的下方，且保持一定的高度。若感觉该区域占据了显示区域，可通过"功能区最小化"按钮将其最小化，只保留选项卡，如图 3-3 所示。

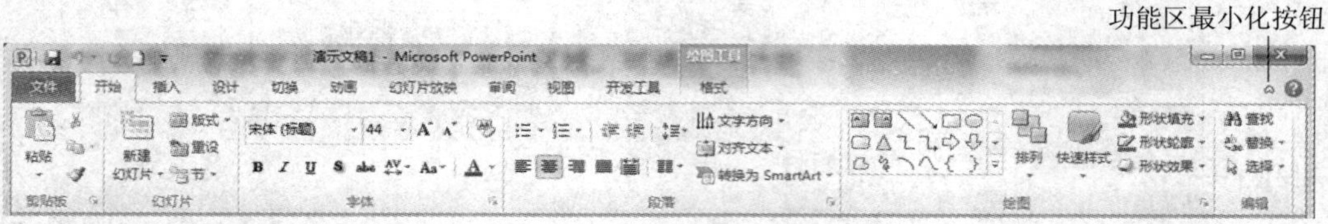

功能区最小化按钮

图 3-3　功能区

在 PowerPoint 2010 中，功能区中的各个组会自动适应窗口的大小，有时会根据当前操作的对象自动出现相应的功能按钮。

(1)　"文件"选项卡。单击"文件"选项卡，即可打开"文件"菜单。其中包含了对文件的所有操作，如新建、打开、关闭、保存、另存为、打印和帮助等。

(2)　"开始"选项卡。打开 PowerPoint 2010 后，最先看到的就是"开始"选项卡。"开始"选项卡集成了 PowerPoint 2010 中最常用的命令，包括剪贴板、幻灯片、字体、段落、绘图和编辑 6 个组。

(3)　"插入"选项卡。"插入"选项卡包括表格、图像、插图、链接、文本、符号和媒体 7 个组，主要用于在幻灯片中插入各种元素，如图像、文本框、艺术字或符号等。

(4)　"设计"选项卡。"设计"选项卡包括页面设置、主题和背景 3 个组，主要是对演示文稿进行美化。

(5)　"切换"选项卡。"切换"选项卡包括预览、切换到此幻灯片和计时 3 个组，主要用于幻灯片的切换效果设置。

(6)　"动画"选项卡。"动画"选项卡包括预览、动画、高级动画和计时 4 个组，主要用于对象的动画设置。

(7)　"幻灯片放映"选项卡。"幻灯片放映"选项卡包括开始放映幻灯片、设置和监视器 3 个组，主要用于幻灯片的放映设置。

(8)　"审阅"选项卡。"审阅"选项卡包括校对、语言、中文简繁转换、批注和比较 5 个组，主要用于校对、新建并编辑批注等。

(9)　"视图"选项卡。"视图"选项卡包括演示文稿视图、母版视图、显示、显示比例、颜色/灰度、窗口和宏 7 个组，主要用于切换视图、排列窗口等。

(10)　"开发工具"选项卡。"开发工具"选项卡包括代码、加载项、控件和修改 4 个组。

另外，选中某个对象后，PowerPoint 就会出现"格式"选项卡，可以对该对象进行各种格式设置。

4．状态栏

状态栏位于工作界面的最下方，显示当前演示文稿的各种信息。

5．"视图"按钮

PowerPoint 2010 提供了多种视图模式供用户选择，通过单击"视图"按钮可以在不同的视图模式之间进行切换。

3.2.6 认识 PowerPoint 2010 视图

视图是演示文稿在电脑屏幕中的显示方式。PowerPoint 2010 根据建立、编辑、浏览、放映幻灯片的需要，提供了 5 种视图模式，分别是普通视图、幻灯片浏览视图、阅读视图、幻灯片放映视图以及备注页视图。用户可以在"视图"选项卡中的"演示文稿视图"组中切换视图模式，如图 3-4 所示。

图 3-4 "视图"选项卡

1．普通视图

普通视图是默认视图，也是主要的编辑视图，用于每一张幻灯片的详细编辑。该视图有三个工作区域：左侧是视图窗格，包含两个选项卡："幻灯片"选项卡和"大纲"选项卡，默认情况下显示的是"幻灯片"选项卡。"幻灯片"选项卡中显示了所有幻灯片的缩略图，单击某张缩略图可以查看该幻灯片的内容，并对该幻灯片进行详细设计；在"大纲"选项卡中，可以组织演示文稿的大纲。右侧为幻灯片窗格，以大视图显示当前幻灯片，用于每张幻灯片的详细设计；底部为备注窗格，用于为幻灯片添加注释说明。

2．幻灯片浏览视图

在幻灯片浏览视图下，演示文稿以缩小的幻灯片形式，按顺序号自左至右、自上而下一行一行显示在演示文稿窗口中。每张幻灯片下方显示幻灯片的放映设置图标。在该视图下可以添加、删除或复制幻灯片，以及调整幻灯片的顺序，但不能对幻灯片的内容进行编辑。双击某一幻灯片缩略图可以切换到普通视图。

3．阅读视图

阅读视图是将演示文稿作为适应窗口大小的幻灯片放映查看，在页面上单击，即可翻到下一页。该视图下的幻灯片只显示标题栏、状态栏和幻灯片的放映效果，因此阅读视图一般用于幻灯片的简单浏览。

4．幻灯片放映视图

在幻灯片放映视图下，幻灯片将全屏幕放映，在该视图中用户可以看到演示文稿的真实播放效果。

5．备注页视图

用户如果需要以整页格式查看和使用备注，可以使用备注页视图，在这种视图下，一张幻灯片将被分成两部分，其中上半部分用于展示幻灯片的内容，下半部分则是用于添加备注。

3.3　制作演示文稿

演示文稿在演讲、教学、产品演示等方面都有着广泛的应用，因此在工作、学习和生活中，PowerPoint 都是一款非常实用的办公软件。使用 PowerPoint，可以轻松制作演示文稿，将文字、图形、图片、声音、视频等多种对象集成在一个演示文稿中。

3.3.1　演示文稿的基本操作

1. 创建演示文稿

创建演示文稿主要有以下几种方式：

（1）创建空白演示文稿。空白演示文稿是界面中最简单的一种，没有主题、配色和动画等，只有版式。启动 PowerPoint 2010 会自动创建一个空白演示文稿，默认名称为"演示文稿 1"。

如果在这种状态下继续创建新的演示文稿，单击"文件"选项卡中的"新建"命令，选择"空白演示文稿"，然后单击右侧的"创建"按钮，如图 3-5 所示，即可新建一个空白演示文稿；或者单击"快速访问工具栏"中的"新建"按钮进行创建。

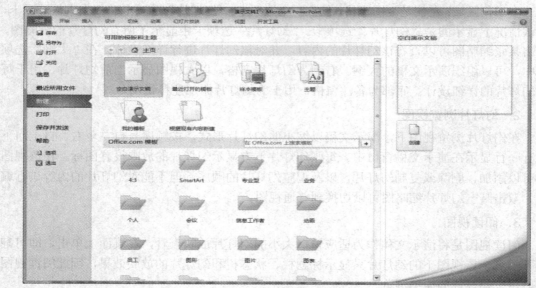

图 3-5　创建空白演示文稿

另外，还可以在桌面空白处单击鼠标右键，在弹出的快捷菜单中选择"新建"命令，然后在其子菜单中选择"Microsoft Office PowerPoint 演示文稿"命令，也可新建一个演示文稿。

（2）通过"样本模板"新建演示文稿。"样本模板"能为各种不同类型的演示文稿提供模板和设计理念。单击"文件"选项卡中的"新建"命令，单击"样本模板"按钮，选择一种模板后单击右侧的"创建"按钮即可，如图 3-6 所示，新创建的演示文稿中用户仅仅需要做一些修改和补充即可。

图 3-6　基于模板创建演示文稿

（3）通过"主题"新建演示文稿。样本模板演示文稿注重内容本身，而主题模板侧重于外观风格设计。

单击"文件"选项卡中的"新建"命令，单击"主题"按钮，选择一种主题后单击右侧的"创建"按钮即可。新创建的演示文稿中对幻灯片的背景样式、颜色、文字效果进行了各种搭配设置。

2．打开演示文稿

对于已经存在并编辑好的演示文稿，在下一次需要查看或者编辑时，就先要打开该演示文稿。打开演示文稿的方法有以下几种：

（1）单击"文件"选项卡中的"打开"命令，打开"打开"对话框，选择所需的文件后，单击"打开"按钮即可。

（2）单击"文件"选项卡中的"最近所用文件"命令，可以显示最近使用过的文件名称，选择所需的文件即可打开该演示文稿。

（3）双击演示文稿文件，可以自动运行 PowerPoint 2010 并打开演示文稿。PowerPoint 2010 允许同时打开多个演示文稿。

3．保存演示文稿

在制作演示文稿的过程中，可以一边制作一边进行保存，这样可以避免因为意外情况而丢失正在制作的演示文稿。保存演示文稿的方法有以下几种：

（1）单击"文件"选项卡中的"保存"命令。如果是第一次保存，将弹出"另存为"对话框，选择保存文件的位置，在"文件名"文本框中输入文件名，单击"保存"按钮即可保存该演示文稿，如图 3-7 所示。否则，系统将直接保存文档，不再弹出"另存为"对话框。

图 3-7　保存演示文稿

(2) 单击"快速访问工具栏"中的"保存"按钮 ![save]。

(3) 按下 Ctrl+S 键。

默认情况下，PowerPoint 2010 演示文稿的扩展名是 .pptx，如果要保存为 .ppt 格式，可以在"另存为"对话框的"保存类型"列表中进行选择。

如果要将演示文稿重新命名保存，可以单击"文件"选项卡中的"另存为"命令，然后在弹出的"另存为"对话框完成保存操作。

PowerPoint 2010 还提供了自动保存功能。开启该功能后，PowerPoint 2010 每隔一定时间就会将所做的修改保存在一个独立的临时恢复文件中，即使突然断电或发生故障，只要重新启动 PowerPoint，就会自动恢复文件。设置自动保存演示文稿的方法是：单击"文件"选项卡中的"选项"命令，打开"PowerPoint 选项"对话框，单击"保存"选项，设置自动保存选项，单击"确定"按钮，如图 3-8 所示。

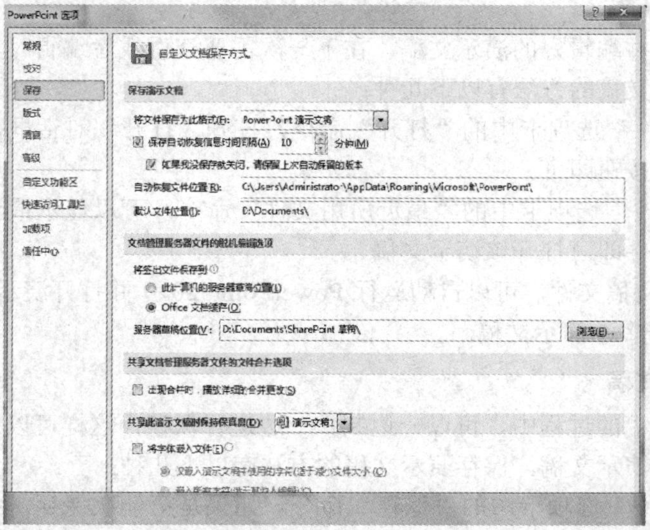

图 3-8　"PowerPoint 选项"对话框

4．关闭演示文稿

当用户不再对演示文稿进行操作时，就需要关闭此演示文稿，因为打开太多的文件会使计算机运行速度变得更慢。关闭演示文稿有以下几种方法：

(1) 双击演示文稿窗口左上角的控制菜单按钮。

(2) 单击"文件"选项卡中的"关闭"命令。

(3) 单击演示文稿窗口右上角的"关闭"按钮。

(4) 按下 Ctrl + F4 组合键。

(5) 按下 Ctrl + W 组合键。

5．保护演示文稿

当所制作的演示文稿属于机密性文件时，为了防止他人查看，可使用密码将其保护起来。这样，只有知道密码的人，才可以打开演示文稿进行查看或编辑。保护演示文稿有以下几种方法：

(1) 单击"文件"选项卡中的"信息"命令，打开界面，单击"保护演示文稿"下拉按钮，在下拉列表中选择"用密码进行加密"命令，如图 3-9 所示。打开"加密文档"与"确认密码"对话框，分别输入所设置的密码，单击"确定"按钮。

图 3-9　保护演示文稿

(2) 单击"文件"选项卡中的"另存为"命令，打开"另存为"对话框，单击"工具"下拉按钮，在下拉列表中选择"常规选项"，打开"常规选项"对话框。在"打开权限密码"与"修改权限密码"文本框中分别输入所设置的密码，单击"确定"按钮。

如果要取消密码保护，操作跟设置密码一样，不同的是将所设置的密码删除即可。

3.3.2　幻灯片的基本操作

在 PowerPoint 中，所有的文本、声音和图像等对象都是在幻灯片中进行操作的，幻灯片是组成演示文稿的基本单元。要想制作出优美且内容丰富的演示文稿，需要根据其具体要求插入、复制、移动或删除幻灯片。

1. 插入幻灯片

一个完整的演示文稿通常需要多张幻灯片，需要时可插入新幻灯片。在"普通视图"或"幻灯片浏览视图"中都可以插入新幻灯片。插入幻灯片有以下几种方法：

(1) 单击"开始"选项卡中的"幻灯片"组中的"新建幻灯片"按钮，这时将插入一张新的幻灯片。

(2) 单击"开始"选项卡中的"幻灯片"组中的"新建幻灯片"下拉按钮，在下拉列表中有预设幻灯片的版式，单击某一版式后也可插入一张对应幻灯片。

(3) 在视图窗格中，单击鼠标右键，在弹出的菜单中选择"新建幻灯片"命令。如果需要更改幻灯片的版式，选择幻灯片后，单击"开始"选项卡中的"幻灯片"组中的"版式"按钮，在展开的下拉列表中显示了多种版式，如图 3-10 所示，选择要更改的版式即可。

新幻灯片插入到演示文稿中以后，演示文稿中的幻灯片编号将自动改变。

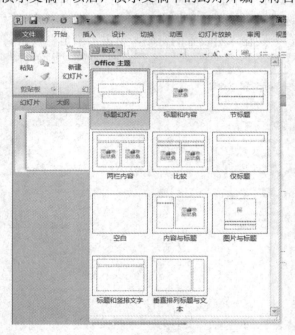

图 3-10　选择幻灯片版式

2. 导入外部已有的幻灯片

不同的演示文稿之间复制幻灯片时，可以不打开要导入的幻灯片所在的演示文稿，通过将外部已有幻灯片导入到当前演示文稿中实现。导入外部已有幻灯片的步骤如下：

(1) 单击"开始"选项卡中的"幻灯片"组中的 "新建幻灯片"下拉按钮，在下拉列表中选择"重用幻灯片"，打开"重用幻灯片"任务窗格。

(2) 在"重用幻灯片"任务窗格中单击"浏览"按钮，在下拉列表中选择"浏览文件"选项，打开"浏览"对话框。在对话框中选择要导入的幻灯片所在的演示文稿，则该演示文稿中的所有幻灯片出现在"重用幻灯片"任务窗格中，如图 3-11 所示。

图 3-11　重用幻灯片

（3）在"重用幻灯片"任务窗格中单击需要复制的幻灯片。如果在"重用幻灯片"任务窗格中选择"保留源格式"，重用的幻灯片将保持原来的格式，否则将使用当前演示文稿的主题格式。

3．选择幻灯片

只有在选择了幻灯片后，用户才能对幻灯片进行编辑和各种操作。选择幻灯片主要有以下几种方法：

（1）选择单张幻灯片：单击需要选择的幻灯片。

（2）选择多张不连续幻灯片：按住 Ctrl 键单击需要选择的幻灯片。

（3）选择多张连续幻灯片：按住 Shift 键单击需要选择的幻灯片。

4．移动和复制幻灯片

移动和复制幻灯片主要有以下两种方法：

（1）选择要复制或移动的幻灯片，单击鼠标右键，选择"复制"或"剪切"命令，在需要粘贴的位置单击鼠标右键，选择"粘贴"命令。

（2）选定幻灯片，直接将其拖动到目标位置后释放鼠标，即可实现幻灯片的移动；如果按住 Ctrl 键的同时拖动幻灯片，则可以实现幻灯片的复制。

5．删除幻灯片

删除幻灯片有以下两种方法：

（1）选择要删除的幻灯片后按 Delete 键。

（2）选择要删除的幻灯片，单击鼠标右键，在快捷菜单中选择"删除幻灯片"命令。

6．利用节管理幻灯片

信息过多，思想脉络不清晰，页面间的逻辑关系混乱，无不关系到演示文稿制作的成功与否。了解并合理使用 PowerPoint 2010 中的"节"，将整个演示文稿划分成若干个小节来管理，不仅有助于规划文稿结构，同时，编辑和维护起来也能大大节省时间。在演示文稿中增加节的步骤如下：

(1) 在"普通视图"或"幻灯片浏览视图"中选择新节开始所在的幻灯片。

(2) 单击"开始"选项卡中的"幻灯片"组中的"节"按钮，在下拉列表中选择"新增节"选项，如图 3-12 所示，此时增加一个无标题节。

图 3-12　新增加的节

(3) 增加节之后，可以对节进行重命名。选择新增的无标题节，单击"开始"选项卡中的"幻灯片"组中的"节"按钮，在下拉列表中选择"重命名节"选项，打开"重命名节"对话框，输入名称后，单击"重命名"按钮。

(4) 根据需要，可以增加多个节。单击其左侧的小三角形，节将折叠，再次单击，节将展开，如图 3-13 所示。可以进行删除节和移动节等操作。单击"开始"选项卡中的"幻灯片"组中的"节"按钮，在下拉列表中选择相应的命令，或者在节的名称上单击鼠标右键，在快捷菜单中选择相应的命令。

图 3-13　节的展开与折叠

对于已经设置好"节"的演示文稿，如果幻灯片和节比较多，可以在"幻灯片浏览"视图中进行浏览，这时幻灯片将以节为单位进行显示，可以更全面、更清晰地查看幻灯片之间的逻辑关系，如图 3-14 所示。

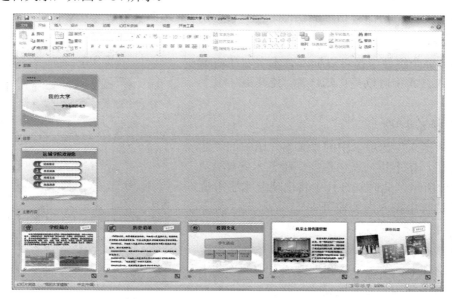

图 3-14 以节为单位进行显示的幻灯片

3.3.3 向幻灯片中插入对象

为了更加生动的对演示文稿中的内容进行说明，可以在演示文稿中插入图形、图片、表格、图表以及多媒体等。插入对象后，还可以对其进行各种格式设置，使演示文稿更加美观大方，演示效果更加吸引人。

1. 插入文本

1) 在占位符中输入文本

新建一个演示文稿后，PowerPoint 2010 会自动插入一张标题幻灯片。在该幻灯片中有两个标题占位符，输入文本之前，占位符中有提示信息。在占位符中单击，即可在其中插入闪烁的光标，在光标处直接输入文本内容，输入完成后在占位符外侧单击。

2) 在文本框中输入文本

若选择"空白"版式或想要在幻灯片的空白处插入文本，单击"插入"选项卡中的"文本"组中的"文本框"按钮，在下拉列表中选择"横排文本框"或"垂直文本框"命令，将光标移动到幻灯片中合适的位置后单击或拖动鼠标，即可创建一个空文本框，在文本框中输入文本内容即可。

3) 设置文本格式

为了演示文稿的整体效果，需要设置文本格式。

(1) 单击"开始"选项卡中的"字体"组中的相应命令按钮进行设置。

(2) 编辑或选择文本时，在功能区会自动出现"格式"选项卡。单击"格式"选项卡中的"艺术字样式"组中的相应命令按钮进行设置。

(3) 如果想设置更多的文本格式或文本效果，单击"开始"选项卡中的"字体"组右下角的对话框启动器 ，打开"字体"对话框进行设置；或者单击"格式"选项卡中的"艺术字样式"组右下角的对话框启动器 ，打开"设置文本效果格式"对话框进行设置。

2. 插入艺术字

Office 多个组件中都可以插入艺术字，在演示文稿中插入艺术字可以美化幻灯片，使其更加引人注目。

1) 选择艺术字

单击"插入"选项卡中的"文本"组中的"艺术字"按钮，在下拉列表中选择一种艺术字样式，如图 3-15 所示，此时幻灯片中将出现艺术字占位符，在占位符中输入内容即可。

2) 设置艺术字格式

编辑或选择艺术字时，在功能区会自动出现"格式"选项卡，单击"格式"选项卡中的"艺术字样式"组中的相应命令按钮进行设置。

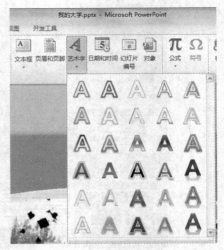

图 3-15 选择艺术字样式

3. 插入图片

图形/图像是演示文稿中不可缺少的元素，比文字更能引人注目。

1) 选择图片

单击"插入"选项卡中的"图像"组中的"图片"按钮，打开"插入图片"对话框，如图 3-16 所示，在左侧的结构列表中选择图片所在的位置，在右侧的文件列表中选择要插入的图片，单击"插入"按钮。

2) 设置图片格式

将图片插入到幻灯片之后，为了让图片与幻灯片的效果更为融合，需要对插入的图片进行一些格式设置，包括删除图片的背景、选择图片的样式、调整图片的颜色和艺术效果等，从而达到美化图片的目的，设置图片的格式通常需要在"格式"选项卡中完成。

图 3-16 "插入图片"对话框

(1) 删除图片的背景。删除图片的背景即图片处理中常提到的抠图。PowerPoint 2010 在图片处理方面进行了较大地完善，单击"格式"选项卡中的"调整"组中的"删除背景"按钮，用户可以轻松方便地在幻灯片中实现抠图的目的。

(2) 选择图片的样式。单击"格式"选项卡中的"图片样式"组中的"其他"按钮 ⬇️，可展开图片样式库，其中系统为用户提供了 28 种预设的图片样式，如图 3-17 所示。

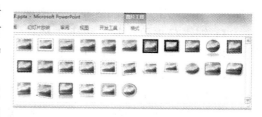

图 3-17　图片样式库

　　这些图片样式是系统对图片的边框、形状以及整体效果进行了设置。如果用户对这些预设的样式不太满意，还可以通过"图片样式"组的"图片边框"、"图片效果"和"图片版式"按钮对格式进行自定义。

　　(3) 设置图片的艺术效果。艺术效果是 PowerPoint 2010 新增的一项图片处理功能，类似 PhotoShop 中的滤镜，利用艺术效果功能可以将图片处理成虚化、影印、铅笔素描等 23 种艺术效果。单击"格式"选项卡中的"调整"组中的"艺术效果"按钮，在下拉列表中选择图片的某种艺术效果；或选择"艺术效果选项"命令，打开"设置图片格式"对话框进行相应的设置。

4．插入剪贴画

　　在 PowerPoint 中，包含了大量的剪贴画，并分门别类地归纳到剪辑库中，方便用户使用。

图 3-18　搜索结果

　　1) 选择剪贴画

　　单击"插入"选项卡中的"图像"组中的"剪贴画"按钮，打开"剪贴画"任务窗格，单击"搜索"按钮，将列出所有搜索到的剪贴画，如图 3-18 所示。单击所需的剪贴画，则该剪贴画将自动插入到幻灯片中。

　　2) 设置剪贴画格式

　　选择已插入的剪贴画，在功能区会自动出现"格式"选项卡，单击"格式"选项卡中的相应命令按钮对剪贴画进行格式设置。

5．插入形状

　　形状就是以前版本中的自选图形，如基本形状、线条、流程图、标注等。用户可以在幻灯片中插入这些形状，也可以对其进行旋转、填充或与其他图形组合等操作。

　　1) 选择形状

　　如果想绘制一个矩形，单击"插入"选项卡中的"插图"组中的"形状"按钮，在下拉列表中选择"矩形"工具，在幻灯片中单击鼠标，则生成一个预定大小的形状；拖动鼠标，可以创建任意大小的形状。

　　如果拖动的同时按住 Shift 键，就会得到一个正方形。同样，选择"椭圆"工具后按住 Shift 键，就会得到一个正圆。

　　2) 设置形状格式

　　插入形状后，还可以对其进行一系列操作，使其满足制作演示文稿的要求。在幻灯片中插入一个形状时，功能区将自动出现一个"格式"选项卡，主要用于修改与修饰形状。

(1) 编辑与更改形状。单击"格式"选项卡中的"插入形状"组中的"编辑形状"按钮，在下拉列表中可以更改形状的类型，以及编辑形状的顶点，从而改变形状的外形。

(2) 设置形状的大小、旋转角度和位置。单击"格式"选项卡中的"大小"组右下角的对话框启动器 ，打开"设置形状格式"对话框，在其中可设置形状的大小和旋转角度等。

(3) 设置形状的外观样式。"形状样式"组是"格式"选项卡中最有特色的功能组之一。单击"形状样式"组中"其他"按钮 ，打开一个形状和线条的外观样式选项库，将鼠标移动到"其他主题填充"选项上，将在右侧展开一个样式填充选项列表，如果在外观样式选项库中没有满足需要的选项，则可以单击"形状样式"组中的"形状填充"、"形状轮廓"或"形状效果"按钮，进行更丰富的设置。

3) 多个形状的组合

PowerPoint 2010 可以将多个对象合并为一组，以便批量调整其位置等。按住 Shift 键选中多个对象，单击"格式"选项卡中的"排列"组中的"组合"按钮，在下拉列表中选择"组合"命令，则多个对象会合并为一个整体。若想取消，选中整体对象后选择"取消组合"命令即可。

6. 插入 SmartArt 图形

SmartArt 图形是信息与观点的视觉表达形式，它不需要太多的文字说明就可以直观地表述出某种综合信息。在 PowerPoint 中可以插入 SmartArt 图形，其中包括列表图、流程图、循环图、层次结构图、关系图、矩阵图、棱锥图和图片等。

1) 创建 SmartArt 图形

单击"插入"选项卡中的"插图"组中的"SmartArt"按钮，打开"选择 SmartArt 图形"对话框，如图 3-19 所示，在对话框左侧可以选择 SmartArt 图形的类型，中间选择该类型中的一种布局方式，右侧则会显示该布局的说明信息。选择一种类型，如"流程"，再选择其中的一种布局方式，如"交替流"，单击"确定"按钮，即可在幻灯片中创建该SmartArt 图形。

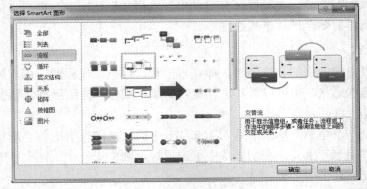

图 3-19　SmartArt 图形

2) 输入文本

创建 SmartArt 图形后，右键单击某一形状，快捷菜单中选择"编辑文字"命令，就可在形状中输入相应的文字。

3) 设置格式

选择已经插入到幻灯片中的 SmartArt 图形，在功能区会自动出现"设计"和"格式"两个选项卡。其中，单击"设计"选项卡中的相应命令按钮可以更改布局、效果及颜色等；单击"格式"选项卡中的相应命令按钮可以进行格式设置。

7. 插入表格和图表

表格和图表都是将数据图形化，它们可以使数据更加清晰、容易理解。

1) 插入表格

单击"插入"选项卡中的"表格"组中的"表格"按钮，在下拉列表中拖动鼠标，确定表格的行数和列数。释放鼠标后，即可插入表格。

2) 插入图表

单击"插入"选项卡中的"插图"组中的"图表"按钮，打开"插入图表"对话框，选择需要的图表类型及子类型，单击"确定"按钮，则在幻灯片中插入了图表，同时会打开 Excel 用于编辑数据。用户可以根据实际情况修改 Excel 表格中的结构和数据，此时图表中的数据也会发生相应的变化，最后关闭 Excel 文件即可。

3) 设置格式

插入表格后，在功能区会自动出现"设计"和"布局"两个选项卡。其中，单击"设计"选项卡中的相应命令按钮，可以对表格进行格式设置；单击"布局"选项卡中的相应命令按钮，可以对表格的行、列以及单元格等对象进行设置。

插入图表后，在功能区会自动出现"设计"、"布局"和"格式"三个选项卡。其中，单击"设计"选项卡中的相应命令按钮，可以更改图表的类型、编辑图表数据等；单击"布局"选项卡中的相应命令按钮，可以对图表的各元素进行设置；单击"格式"选项卡中的相应命令按钮，可以对图表进行格式设置。

8. 插入音频

PowerPoint 2010 是一个简捷易用的多媒体集成系统，用户既可以在其中插入文本、图形、图片和表格等，也可以插入音频。

1) 选择音频

单击"插入"选项卡中的"媒体"组中的"音频"下拉按钮，在下拉列表中选择"文件中的音频"，打开"插入音频"对话框选择所需的音频文件，单击"插入"按钮。

2) 编辑音频

PowerPoint 2010 支持音频的简单编辑，插入音频后，可以在"播放"选项卡中对音频进行简单的编辑，如图 3-20 所示。

图 3-20　"播放"选项卡

(1) "预览"组主要用于播放与暂停声音。

(2) "书签"组主要用于在音频的某个位置插入标记点，以便于准确定位。

(3) "编辑"组主要用于音频编辑，可以对音频进行简单的剪裁、设置淡入淡出效果。

(4) "音频选项"组主要用于设置音频播放方式及音量大小等。

另外，在"格式"选项卡中还可以对音频进行格式设置。

9. 插入视频

要想使演示文稿真正集多媒体于一身，视频也是必不可少的，它在表现能力上是其他媒体无法比拟的。

1) 选择视频

单击"插入"选项卡中的"媒体"组中的"视频"按钮，在下拉列表中选择"文件中的视频"，打开"插入视频文件"对话框选择所需的视频文件，单击"确定"按钮。

2) 编辑视频

插入到幻灯片中的视频是静止的，可以像编辑其他图形对象一样改变它的大小，或者移动它的位置。将鼠标指向视频画面时，将显示播放控制条。

与音频类似，插入视频后，也可以在"播放"选项卡中对视频进行简单的编辑。视频的编辑方法与音频完全类似。

3.3.4　建立"我的大学"演示文稿

首先，张莹设计制作"我的大学"演示文稿，如图 3-21 所示。

图 3-21　"我的大学"演示文稿 1

1. 新建演示文稿并命名为"我的大学.pptx"

(1) 新建空白演示文稿。单击任务栏的"开始"按钮，然后依次单击"所有程序"、"Microsoft Office"、"Microsoft PowerPoint 2010"启动 PowerPoint 2010，自动创建一个空白演示文稿。

(2) 保存演示文稿，文件名为"我的大学.pptx"。单击"文件"选项卡中的"保存"命令，打开"另存为"对话框，选择保存文件的位置，在"文件名"文本框中输入"我的大学"，单击"保存"按钮。

2．编辑"我的大学.pptx"演示文稿

该演示文稿共包含十张幻灯片，在各幻灯片中添加各种对象，然后对各对象进行格式设置。

1）标题幻灯片

(1) 设置标题。主标题内容为"我的大学"，文字格式为：黑体，54 号；副标题内容为"——梦想起航的地方"，文字格式为：宋体，32 号，加粗。

在标题幻灯片上单击标题占位符，输入文字"我的大学"，选中标题文字，单击"开始"选项卡中的"字体"组中的相关命令按钮，设置文字格式为：黑体，54 号；再单击副标题占位符，输入"——梦想起航的地方"，设置文字格式为：宋体，32 号，加粗。

(2) 设置图片。在幻灯片中分别插入"首页 1. png"和"首页 2. png"两张图片，调整图片到合适位置。

单击"插入"选项卡中的"图像"组中的"图片"按钮，打开"插入图片"对话框，在左侧的结构列表中选择图片所在的位置，在右侧的文件列表中选择要插入的图片"首页 1. png"，单击"确定"按钮，拖动图片到幻灯片上方合适的位置；同样的方法插入"首页 2. png"图片到幻灯片下方合适的位置。

(3) 设置文本框。在幻灯片左上角插入两个"横排文本框"，第一个文本框内容为"运城学院"，文字格式为：华文行楷，20 号；第二个文本框内容为"Yuncheng University"，文字格式为：Times New Roman，16 号。

单击"插入"选项卡中的"文本"组中的"文本框"下拉按钮，在下拉列表中选择"横排文本框"命令，将光标移动到幻灯片中左上角的位置后拖动鼠标，即可创建一个空文本框，在文本框中输入文本内容"运城学院"，并设置文字格式为：华文行楷，20 号；接着在其下方再插入一个横排文本框，在文本框中输入文本内容"Yuncheng University"，并设置文字格式为：Times New Roman，16 号。

(4) 设置形状。插入两个五角星形状，设置形状填充和形状轮廓均为"白色，背景 1"。

单击"插入"选项卡中的"插图"组中的"形状"按钮，在下拉列表中选择"星与旗帜"中的"五角星"工具，在幻灯片左下角位置拖动鼠标，创建两个五角星形状。

单击"格式"选项卡中的"形状样式"组中的"形状填充"，分别设置两个五角星形状的主题颜色为"白色，背景 1"，"形状轮廓"的主题颜色为"白色，背景 1"。

2）第 2 张幻灯片

(1) 导入"目录. pptx"演示文稿中的幻灯片作为第 2 张幻灯片。单击"开始"选项卡中的"幻灯片"组中的"新建幻灯片"下拉按钮，在下拉列表中选择"重用幻灯片"，打开"重用幻灯片"任务窗格；在"重用幻灯片"任务窗格中单击"浏览"按钮，在下拉列表中选择"浏览文件"选项，在打开的"浏览"对话框中选择"目录. pptx"演示文稿，则该演示文稿中的所有幻灯片出现在"重用幻灯片"任务窗格中；在"重用幻灯片"任务窗格中单击需要复制的幻灯片。

(2) 设置标题。标题内容为"运城学院欢迎您"，文字格式为：宋体，44 号，加粗。

在标题占位符中输入标题内容"运城学院欢迎您"，选中标题文字，单击"开始"选项卡中的"字体"组中的相关命令按钮，设置文字格式为：宋体，44 号，加粗。

(3) 设置目录。目录内容分别为"学院简介"、"历史沿革"、"校园文化"和"校园漫游"，文字格式为：宋体，24 号，加粗。

选中序号"1"右边的编辑框，单击鼠标右键，在快捷菜单中选择"编辑文字"命令，此时光标闪烁，输入文字"学院简介"，同样的方法依次在其余的编辑框中输入"历史沿革"、"校园文化"和"校园漫游"文字，设置所有的文字格式为：宋体，24 号，加粗。

3) 第 3、4 张幻灯片

(1) 设置第 3 张幻灯片版式为"标题和内容"。单击"开始"选项卡中的"幻灯片"组中的"新建幻灯片"按钮，这时将得到一个新的幻灯片，默认的幻灯片版式为"标题和内容"。

(2) 设置第 3 张幻灯片标题。标题栏左侧为圆形和文本框组合，标题内容为"学院简介"，文字格式为：宋体，44 号，加粗。

① 设置圆形形状。插入一个正圆，高度和宽度分别为 2.8 厘米；形状填充为"白色，背景 1"，透明度为 82%，形状轮廓为"黑色，文字 1"。

单击"插入"选项卡中的"插图"组中的"形状"按钮，在下拉列表中选择"基本形状"中的"椭圆"工具，在幻灯片标题栏左侧位置按住 Shift 键拖动鼠标，得到一个正圆；单击"格式"选项卡，在"大小"组中设置正圆的高度和宽度分别为 2.8 厘米；单击"形状样式"组中的"形状填充"按钮，设置主题颜色为"白色，背景 1"，选择"其他填充颜色"命令，设置透明度为 82%，单击"形状轮廓"按钮，设置颜色为"黑色，文字 1"。

② 设置文本框。插入一个"横排文本框"，在文本框中输入内容"壹"，设置文字格式为：华文宋体，60 号，加粗；选中文本框，将其拖动到上一步的正圆中。

③ 圆形和文本框组合。按住 Shift 键依次选中正圆和文本框，单击"格式"选项卡中的"排列"组中的"对齐"按钮，在下拉列表中选择"左右居中"命令和"上下居中"命令；单击"组合"按钮，在下拉列表中选择"组合"命令，则两个对象合并为一个整体，最后将这个整体移动到标题栏的左侧合适位置。

④ 在标题栏占位符中输入文字"学院简介"，设置文字格式为：宋体，44 号，加粗。

(3) 设置第 3 张幻灯片内容。

① 设置文本内容。上网搜索运城学院简介的相关文本内容，并复制粘贴到第 3 张幻灯片的内容占位符位置，设置文字格式为：宋体，18 号，加粗，蓝色。

② 设置图片内容。在文字内容下方插入"3-1. jpg"和"3-2. jpg"两张图片后，选中图片，单击"格式"选项卡中的"图片样式"组中的"快速样式"中的"柔化边缘矩形"，对图片进行格式设置。

(4) 设置第 4 张幻灯片。

① 复制幻灯片。在"视图窗格"中选择第 3 张幻灯片，单击鼠标右键，在弹出的菜单中选择"复制幻灯片"命令，则添加了第 4 张幻灯片。

② 设置标题和内容。将第 4 张幻灯片中的"壹"改为"贰"，标题文字改为"历史沿革"，删除学院简介的相关内容，上网搜索学院历史沿革的相关文本内容，并复制粘贴到第 4 张幻灯片的内容占位符位置，设置文字格式为：华文楷体、22 号。

4) 第 5 张幻灯片

(1) 复制第 4 张幻灯片，作为第 5 张幻灯片。

(2) 设置标题和内容。将第 5 张幻灯片中的"贰"改为"叁"，标题文字改为"校园文化"。删除内容占位符中历史沿革的相关内容。

(3) 设置 SmartArt 图形。插入一个 SmartArt 图形，类型为"表层次结构"；第一层形状的内容为"学生活动"，第二层共 4 个形状，内容分别为："志愿服务"、"创业计划大赛"、"校园歌手大赛"和"校园主持人大赛"；设置 SmartArt 样式为"金属场景"；形状填充为"绿色"。

① 单击"插入"选项卡中的"插图"选项组中的"SmartArt"按钮，打开"选择 SmartArt 图形"对话框，在对话框左侧选择"层次结构"类型，中间选择该类型中"表层次结构"布局方式，单击"确定"按钮，即可在幻灯片中创建该 SmartArt 图形。

② 选择第二层的最后一个形状，单击"设计"选项卡中的"创建图形"组中的"添加形状"下拉按钮，在下拉列表中选择"在后方添加形状"，共添加两次；按住 Shift 键依次选中第三层的所有形状，按 Delete 键删除。

③ 选择图形，单击"设计"选项卡中的"创建图形"组中的"文本窗格"按钮，在展开的"文本窗格"中输入相应的文本内容。

④ 单击"设计"选项卡中的"SmartArt 样式"组中的"其他"按钮，选择"三维"中的"金属场景"样式。

⑤ 选中样式中的所有形状，单击"格式"选项卡中的"形状样式"组中的"形状填充"按钮，在下拉列表中选择"绿色"。

5) 第 6、7 张幻灯片

(1) 设置第 6 张幻灯片。

① 设置版式为"比较"。新建一张幻灯片作为第 6 张幻灯片，设置幻灯片版式为"比较"。

② 设置标题。标题内容为"风采主持传递梦想"，文字格式为：宋体，36 号，加粗。

在标题占位符中输入标题内容"风采主持传递梦想"，选中标题文字，单击"开始"选项卡中的"字体"组中的相关命令按钮，设置文字格式为：宋体，36 号，加粗。

③ 设置内容。在左侧内容占位符中插入图片"6.png"，上网搜索学院主持人大赛的相关文本内容，并复制粘贴到右侧的内容占位符位置，设置文字格式为：宋体，20 号，加粗。

(2) 设置第 7 张幻灯片。同样的方法设置第 7 张幻灯片的版式为"比较"，标题内容为"缤纷社团"，设置文字格式为：宋体，36 号，加粗；删除内容占位符，插入"7-1.png"、"7-2.png"和"7-3.png"三张图片。

6) 第 8、9、10 张幻灯片

(1) 设置第 8 张幻灯片。

① 复制第 5 张幻灯片作为第 8 张幻灯片。

② 设置标题和内容。将第 8 张幻灯片中的"叁"改为"肆"，标题文字改为"校园漫游"，删除 SmartArt 图形，插入"8.jpg"图片，在图片的下方插入一个横排文本框，输入文本内容为"主校门"，设置文字格式为：宋体，20 号，加粗，适当调整文本框位置。

③ 图片和文本框组合。按住 Shift 键选中图片和文本框，单击"格式"选项卡中的"排列"组中的"组合"按钮，在下拉列表中选择"组合"命令。

(2) 设置第 9 张幻灯片。

① 复制第 8 张幻灯片作为第 9 张幻灯片。

② 设置幻灯片内容。 删除图片和文本框组合，插入"9-1. png"、"9-2. png" 和 "9-3. png"三张图片，调整图片到合适的位置，并对图片进行格式设置。在各图片的合适位置插入一个横排文本框，分别输入文本内容为"河东大讲堂"、"子夏楼"和"学生公寓"，最后将图片和对应的文本框进行组合。

(3) 设置第 10 张幻灯片。

① 新建一张幻灯片，设置版式为"标题幻灯片"。

② 设置图片和艺术字。在幻灯片中依次插入图片"10. jpg"、"首页 1. png"和"首页 2. png"，并调整图片到合适位置；插入第四行第二列的艺术字样式，内容为"放飞梦想、放飞希望"，文字格式为：宋体，44 号，加粗。

单击"插入"选项卡中的"文本"组中的"艺术字"按钮，在下拉列表中选择第四行第二列的艺术字样式。此时幻灯片中将出现艺术字占位符，在占位符中输入"放飞梦想、放飞希望"，设置文字格式为：宋体，44 号，加粗，将艺术字调整到合适位置。。

7) 单击"文件"菜单中的"保存"命令。

3.4　美化演示文稿

在制作演示文稿时，用户可以使用主题和母版等功能来设计幻灯片，使幻灯片具有一致的外观和统一的风格，增加幻灯片的视觉效果。

3.4.1　应用幻灯片主题

主题是主题颜色、主题字体和主题效果等格式的集合。为演示文稿应用主题后，可以使主题中的幻灯片具有一致而专业的外观。

1. 应用主题

打开"设计"选项卡中的"主题"组中的"其他"按钮，在下拉列表中单击某一种主题即可，如图 3-22 所示。

图 3-22　所有可用的主题

在 PowerPoint 演示文稿中应用或更改主题样式时，默认情况下会同时更改所有幻灯片的主题。

　　如果要为某一张幻灯片设置主题，可以选择该张幻灯片，然后右键单击选择的主题，在快捷菜单中选择"应用于选定幻灯片"，这时将只对选定的幻灯片应用指定的主题。

2．自定义主题

　　自定义主题的内容包括主题颜色、主题字体以及主题效果等。

　　主题颜色包括四种文本和背景颜色、六种强调文字颜色和两种超链接颜色。单击"设计"选项卡中的"主题"组中的自定义主题中的"颜色"按钮，在下拉列表中单击所需的颜色组合，即可将其应用到演示文稿的所有幻灯片中。

　　通过设置主题字体可以更改演示文稿中所有文字的字体格式。单击"设计"选项卡中的"主题"组中的"字体"按钮，在下拉列表中选择所需的主题字体。

　　主题效果是幻灯片中图形线条和填充效果设置的组合。单击"设计"选项卡中的"主题"组中的"效果"按钮，在下拉列表中单击所需的效果，即可将其应用到演示文稿的所有幻灯片中。

3.4.2　设置幻灯片背景

　　在默认情况下，演示文稿中的幻灯片使用主题规定的背景，用户也可以重新设置幻灯片背景。

　　单击"设计"选项卡中的"背景"组中的"背景样式"按钮，在下拉列表中可以选择所需的背景样式，如图 3-23 所示。

　　如果系统提供的背景格式不符合设计要求，可以单击"设计"选项卡中的"背景"组中的"背景样式"按钮，打开"设置背景格式"对话框，在其中可以设置背景样式的填充方式，如图 3-24 所示。

图 3-23　选择"背景样式"　　　　　　　图 3-24　"设置背景格式"对话框

　　在"设置背景格式"对话框中有四种背景填充方式，即纯色填充、渐变填充、图片或纹理填充以及图案填充等。

　　纯色填充：幻灯片的背景以一种颜色进行显示。

渐变填充：可以将幻灯片的背景设置为过渡色，即两种或两种以上的颜色，并且可以设置不同的过渡类型，如线性、射线、矩形、路径等。

图片或纹理填充：幻灯片的背景以图片或纹理来显示。

图案填充：将一些简单的线条、点或方框等组成的图案作为背景。

下面以图片或纹理填充为例，介绍在"设置背景格式"对话框中设置幻灯片背景的操作方法。

(1) 选择"图片或纹理填充"，单击"文件"按钮，打开"插入图片"对话框，选择相应的图片，然后单击"插入"按钮，这时将返回"设置背景格式"对话框。

(2) 在"设置背景格式"对话框中通过"图片更正"选项可以对图片进行锐化和柔化、亮度和对比度的调整；"图片颜色"选项可以调整图片的颜色、饱和度或重新着色；"艺术效果"选项可以设置图片的艺术效果。

(3) 单击"关闭"按钮，将背景设置应用到所选幻灯片；单击"全部应用"按钮，将背景设置应用到当前演示文稿的所有幻灯片中。

3.4.3 应用幻灯片母版

幻灯片母版是 PowerPoint 中一种特殊的幻灯片，用于统一整个演示文稿格式。因此，只需要对母版进行修改，即可完成对多张幻灯片的外观进行改变。

母版中包括以下信息：文本占位符和对象占位符以及它们的大小、位置；标题文本及其他各级文本的字符格式和段落格式；幻灯片的背景填充效果；需出现在每张幻灯片上的文本框或图形、图片对象等。

单击"视图"选项卡中的"母版视图"组中的"幻灯片母版"按钮，将切换到幻灯片母版视图中，并显示"幻灯片母版"选项卡，如图 3-25 所示。

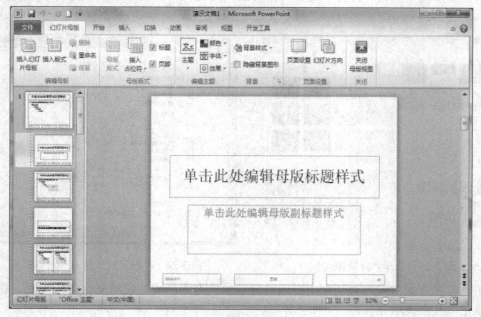

图 3-25 "幻灯片母版"视图

默认情况下，幻灯片母版视图左侧的任务窗格中的第一个母版称为"幻灯片母版"，在其中进行的设置将应用到所有幻灯片中；"幻灯片母版"下方为该母版的版式母版，或称为子母版，如果将鼠标指针移到某个母版上，将显示母版的版式名称，如："标题幻灯片"、"标题和内容"等，以及由哪些幻灯片使用等信息。

3.4.4　定制"我的大学"视觉效果

　　张莹准备将"我的大学"演示文稿进行美化，如图 3-26 所示。

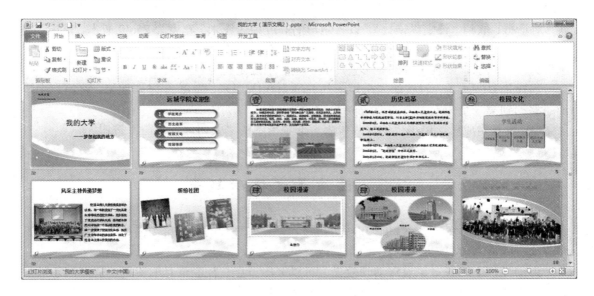

图 3-26　"我的大学"演示文稿 2

　　制作要求和步骤如下：

　　(1) 将图片"背景.jpg"设置为所有幻灯片的背景。

　　① 单击"设计"选项卡中的"背景"组中的"背景样式"按钮，在下拉列表中选择设置背景格式"命令，打开"设置背景格式"对话框。

　　② 选择"图片或纹理填充"，单击"文件"按钮，打开"插入图片"对话框，选择图片"背景.jpg"，然后单击"插入"按钮，这时将返回"设置背景格式"对话框。

　　③ 单击"全部应用"按钮。

　　(2) 将图片"logo.jpg"放置在所有幻灯片中左下角合适位置。

　　① 单击"视图"选项卡中的"母版视图"组中的"幻灯片母版"按钮，切换到"幻灯片母版"视图。

　　② 选中第一个母版"幻灯片母版"。

　　③ 单击"插入"选项卡中的"图像"组中的"图片"按钮，打开"插入图片"对话框，选择"logo.jpg"图片，单击"插入"按钮。

　　④ 将图片移到幻灯片的左下角合适位置。

　　⑤ 设置完成后，单击"幻灯片母版"选项卡中的"关闭母版视图"按钮。

　　(3) 在"幻灯片母版"视图中设置第 2～5 以及第 8、9 张幻灯片中标题栏的样式。

① 单击"视图"选项卡中的"母版视图"组中的"幻灯片母版"按钮，切换到"幻灯片母版"视图中。

② 选中第三个母版"标题和内容"版式。

③ 设置标题栏位置的两个矩形形状。

标题栏位置插入一个矩形。单击"插入"选项卡中的"插图"组中的"形状"按钮，在下拉列表中选择"矩形"工具，在幻灯片中拖动鼠标创建一个矩形。

设置矩形格式，高度为 3 厘米，宽度为 25.49 厘米，形状填充为"绿色"，形状轮廓为：无轮廓。单击"格式"选项卡中的"大小"组右下角的对话框启动器，打开"设置形状格式"对话框，取消"锁定纵横比"，设置矩形的高度为 3 厘米，宽度为 25.49 厘米，单击"关闭"按钮；单击"格式"选项卡中的"形状样式"组中的"形状填充"为：绿色，"形状轮廓"为：无轮廓，将设置好的矩形移动到标题栏的合适位置。

将矩形复制一份，设置第二个矩形的高度为 0.15 厘米，宽度为 25.4 厘米，将第二个矩形条移动到第一个矩形上方的合适位置。

(4) 设置完成后，单击"幻灯片母版"选项卡中的"关闭母版视图"按钮。

3.5　让演示文稿动起来

PowerPoint 2010 提供了动画和超链接技术，使幻灯片的制作更为简单灵活，演示锦上添花，有网页之效果。

为幻灯片上的各对象设置动画效果，可以突出重点、控制信息的流程、提高演示效果等。在设计动画时，有两种动画设计：一种是幻灯片内各对象的动画效果；另一种是幻灯片切换时的动画效果。

3.5.1　设置幻灯片切换效果

幻灯片的切换效果是指在演示文稿放映过程中由一张幻灯片进入到另一张幻灯片时的动画效果。默认情况下，各个幻灯片之间的切换是没有任何效果的。

用户可以通过设置为每张幻灯片添加富有动感的切换效果，还可以控制每张幻灯片切换的速度，以及添加切换声音等。

1．添加幻灯片切换效果

选择要添加切换效果的幻灯片。单击"切换"选项卡中的"切换到此幻灯片"组中的相应命令按钮，则该切换效果将应用到所选幻灯片中，并在当前视图中可以预览到该切换效果，也可以单击"预览"组中的"预览"按钮预览该切换效果。

另外，单击"切换到此幻灯片"组中的"其他"按钮，在下拉列表中可以选择更多的切换效果，有细微型、华丽型和动态内容三种类型可以选择，如图 3-27 所示。其中，细微型的切换效果简单自然；华丽型的切换效果比细微型的效果复杂，且视觉冲击力更强；动态内容型的切换效果主要应用于幻灯片内部的文字或图片等元素。

如果对所选的切换效果不满意，还可以重新选择。

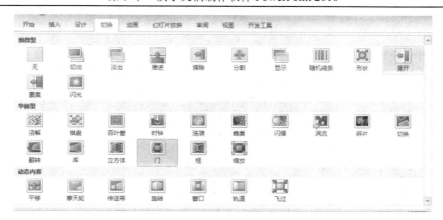

图 3-27　幻灯片切换效果

2．设置切换效果选项

为幻灯片添加了切换效果后，还可以设置切换选项，包括切换声音、持续时间和换片方式等。

选择添加了切换效果的幻灯片，单击"切换"选项卡中的"切换到此幻灯片"组中的"效果选项"按钮，在下拉列表中可以设置所选切换效果的方向、形状等选项，如图 3-28 所示，不同的切换方式会出现不同的切换效果选项。

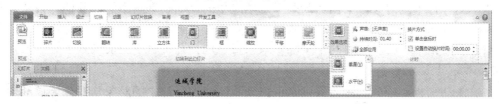

图 3-28　切换效果选项

在"切换"选项卡中的"计时"组中可以设置切换的换片方式。选中"单击鼠标时"复选框，表示放映演示文稿时通过单击鼠标切换幻灯片；选中"设置自动换片时间"复选框，并在其后的文本框中输入时间，表示在放映时每隔所设定的时间就自动切换幻灯片；在"声音"的下拉列表中可以选择不同的声音效果，当幻灯片切换时将会播放该声音；在"持续时间"微调框中可以设置幻灯片切换的时间长度，单位为"秒"。

设置完成后，如果希望将设置的效果应用于所有幻灯片，单击"计时"组中的"全部应用"按钮，否则所设置的效果将只应用于当前幻灯片，需要继续对其他幻灯片的切换效果进行设置。

3.5.2　设置对象的动画效果

为了丰富演示文稿的播放效果，用户可以为幻灯片的某些对象设置一些特殊的动画效果，在 PowerPoint 中可以为文本、形状、声音、图片和图表等对象设置动画效果。

1．添加动画效果

幻灯片中的动画有四种基本类型，分别是：进入、退出、强调和动作路径，如图 3-29 所示。

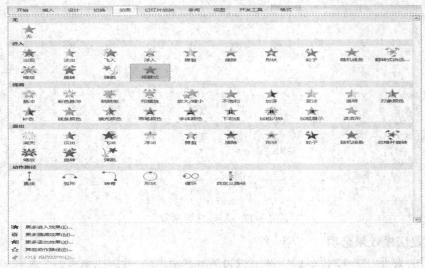

图 3-29　动画效果

1）添加进入动画

进入动画是指如文本、图片、声音、视频等对象从无到有出现在幻灯片中的动态过程，它包括擦除、淡出、劈裂、飞入、向内溶解、展开等方式。

选中幻灯片中的对象，单击"动画"选项卡中的"动画"组中的"其他"按钮，在下拉列表的"进入"栏中选择某种动画效果，或者选择"更多进入效果"命令，打开"更改进入效果"对话框，在其中有几十种动画效果可供选择并可以预览动画效果。

2）添加退出动画

与进入动画相对应的动画效果则是退出动画，即幻灯片中的对象从有到无逐渐消失的动态过程。退出动画是多种对象之间自然过渡时需要的效果，因此又称之为"无接缝动画"。

单击"动画"组中的"其他"按钮，在下拉列表的"退出"栏中选择合适的选项即可添加退出动画，如果选择"更多退出效果"命令，将打开"更改退出效果"对话框，在其中可以选择更丰富的退出动画并预览动画效果。

3）添加强调动画

强调动画是指一个对象在幻灯片中状态变化的方式。为了使幻灯片中的对象能够引起注意，常常会为其添加强调动画效果，这样在幻灯片的放映中，对象就会发生放大缩小、忽明忽暗、陀螺旋等外观或色彩上的变化。

单击"动画"选项卡中的"动画"组中的"其他"按钮，在下拉列表的"强调"栏中选择合适的选项即可添加强调动画，如果选择"更多强调效果"命令，将打开"更改强调效果"对话框，在其中可以选择更丰富的强调动画并预览动画效果。

4）添加动作路径动画

动作路径动画可以是对象进入或退出的过程，也可以是强调对象的方式。在幻灯片放映时，对象会根据所绘制的路径运动。

单击"动画"选项卡中的"动画"组中的"其他"按钮，在下拉列表的"动作路径"栏中选择某种动作路径动画，根据实际位置编辑动作路径的顶点与方向即可。如果选择"其他动作路径"命令,将打开"更改动作路径"对话框,在其中可以选择更丰富的动画并预览动画效果。

在为对象添加动画效果之后,如果需要重新选择以更改动画效果,再次单击"动画"选项卡中的"动画"组中的"其他"按钮,在下拉列表中选择动画即可。

2. 编辑动画

添加动画可对演示文稿中的对象设置常规动画,以满足用户的基本需求。但如果要想制作出更具特色的动画效果,还应在"动画"选项卡中对幻灯片中的动画对象进行更巧妙的控制与设置,这样才能使制作的演示文稿别具一格、精彩纷呈,如图 3-30 所示。

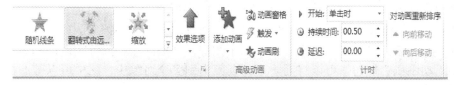

图 3-30 "动画"选项卡

1) 动画效果设置

给对象添加动画后,为了突出对象的动态效果,还需设置动画的个性效果。一般情况下可以通过选项组法与动画窗格法两种方法设置。

(1) 选项组法。选择已经设置动画的对象,单击"动画"选项卡中的"动画"组中的"效果选项"按钮,在下拉列表中选择相应的选项即可。注意:不同的动画效果,其选项也不一样。

(2) 动画窗格法。单击"动画"选项卡中的"高级动画"组中的"动画窗格"按钮,在窗口右侧出现"动画窗格"任务窗格,如图 3-31 所示,这里以列表的形式显示了当前幻灯片中所有对象的动画效果,包括播放编号、动画类型、对象名称和先后顺序等。

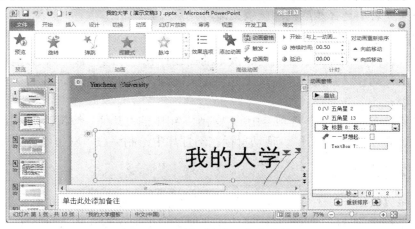

图 3-31 "动画窗格"任务窗格

选择"动画窗格"中的某一项,单击其右侧的向下箭头,在下拉列表中选择"效果选项"命令,将打开相应的对话框。

2) 动画时间设置

单击"动画"选项卡中的"计时"组中的相应命令按钮,可以设置动画的出现方式、持续时间以及延迟时间等。

3) 调整动画顺序

为对象设置好动画后，有时还需要对动画的播放顺序进行调整。选择需要更改顺序的对象，单击"动画"选项卡中的"计时"组中的"对动画重新排序"下的"向前移动"或"向后移动"按钮，或者在"动画窗格"任务窗格中拖动每个动画改变其上下位置可以调整出现顺序，即可更改当前对象的先后顺序。

4) 利用"动画刷"快速应用动画效果

"动画刷"是 PowerPoint 2010 的新功能，利用它可以轻松快捷地将一个对象的动画效果复制到另一个对象上。如果希望在多个对象上使用同一个动画，可通过"动画刷"实现。

选中已有动画的对象，单击"动画"选项卡中的"高级动画"组中的"动画刷"按钮★ 动画刷，此时鼠标指针旁边会多一个小刷子图标，单击目标对象可实现动画效果的复制，如果双击"动画刷"按钮，可以将同一个动画应用到多个对象中。这样可以节约很多时间，但动画重复太多会显得单调，需要有一定的变化。

5) 删除动画

(1) 选项组法。选择已设置动画的对象，单击"动画"组中的"其他"按钮，在下拉列表中选择"无"，即可取消已有的动画效果。

(2) 动画窗格法。选择"动画窗格"任务窗格中的某一项，直接按 Delete 键删除，或单击其右侧的向下箭头，在下拉菜单中选择"删除"命令即可。

3．同一个对象设置多个动画

在幻灯片中，一个对象的变化不可能只对应一个动画，为了制作出逼真的效果，往往需要为同一个对象添加多个动画，并设置好播放的先后顺序、速度、变化的方向和样式等。

选择已设置动画的对象，单击"动画"选项卡中的"高级动画"组中的"添加动画"按钮，在下拉列表中选择相应的动画效果即可。

4．自定义动作路径

太阳东升西落、星球的公转自转、汽车的曲线行驶等，这些都可以通过自定义动作路径实现。自定义动作路径是真正意义上的自定义动画，它可以根据需要灵活地设置动画对象运动的轨迹。

选择对象，单击"动画"选项卡中的"动画"组中的"其他"按钮，在下拉列表的"动作路径"中选择"自定义路径"，拖动鼠标在幻灯片中绘制路线，双击鼠标结束即可。

3.5.3　制作交互效果

除按顺序放映幻灯片之外，还有另外一种幻灯片组织形式能使放映更灵活，这种组织形式的演示文稿在放映时可以不按顺序切换，而是自由地在幻灯片之间跳转，这种形式的演示文稿称为交互式演示文稿。

交互式演示文稿是指在放映幻灯片时，单击幻灯片中的某个对象便能跳转到指定的幻灯片，或打开某个文件或网页。可以使用"超链接"或"动作按钮"两种方法实现。

1．为对象创建超链接

通俗地说，超链接实现从起始点到目标的跳转。起始点可以是幻灯片中的任何对象，包括文本、图片、图形和图表等对象，目标主要是演示文稿中的其他幻灯片，也可以是网页、电子邮箱地址、其他演示文稿或 Word 文档等。

　　选中要设置超链接的对象，单击"插入"选项卡中的"链接"组中的"超链接"按钮，打开"插入超链接"对话框，在"链接到"列表中选择要链接到的目标，然后进行相应设置，单击"确定"按钮；或者右键单击对象，在快捷菜单中选择"超链接"。

　　插入超链接的文字将自动添加下划线，如果要对其编辑，如更改链接目标或删除超链接等，可通过打开"编辑超链接"对话框进行设置，如图 3-32 所示。

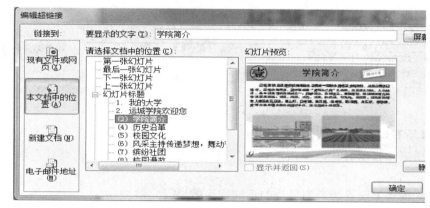

图 3-32　"编辑超链接"对话框

　　(1)　"现有文件或网页"项：选择该项时，将所选对象链接到某个网页或文件。如在"地址"编辑框中输入网址(www.ycu.edu.cn)，将链接到运城学院网址的首页。

　　(2)　"本文档中的位置"项：选择该项时，可以在演示文稿内的幻灯片之间跳转。

　　(3)　"新建文档"项：选择该项时，可以指定新文档的名称和存储位置，当单击超链接对象时，将在存储位置新建一个文档。

　　(4)　"电子邮件地址"项：选择该项并输入邮箱地址，当单击超链接对象时，将自动启动电子邮件工具。

2．创建动作按钮

PowerPoint 2010 提供了 12 种不同的动作按钮，并且预设了相应的功能。在幻灯片中添加动作按钮可以创建交互功能，放映时使用鼠标单击或经过这些动作按钮时会引起某个动作，可能引发的动作就是超链接。

　　单击"插入"选项卡中的"插图"组中的"形状"按钮，在下拉列表中选择"动作按钮"栏中相应的形状，这时光标变成了"十"字形。

　　在幻灯片的适当位置，单击或拖动鼠标可将选定的按钮添加到幻灯片中，释放鼠标，自动打开"动作设置"对话框，对话框中默认的是"单击鼠标"选项卡，可以为按钮设置单击鼠标时的动作，进行相应设置后，单击"确定"按钮；也可以通过"鼠标移过"选项卡设置鼠标经过按钮时的动作。

3.5.4　定制"我的大学"播放效果

　　张莹为"我的大学"演示文稿设置手动播放效果及交互效果，如图 3-33 所示。

图 3-33　"我的大学"演示文稿 3

1. 设置所有幻灯片的不同切换效果

(1) 选择第一张幻灯片。单击"切换"选项卡中的"切换到此幻灯片"组中的"门"按钮。

(2) 重复步骤 1 设置其余幻灯片的不同切换效果。

2. 设置第 1 张幻灯片中各对象的动画效果

(1) 设置标题的进入动画。主标题的进入动画为"挥鞭式",副标题的进入动画为"缩放"。选择主标题,单击"动画"选项卡中的"动画"组中的"其他"按钮,在下拉列表的"进入"栏中选择"挥鞭式"动画效果;相同方法设置副标题的进入动画效果为"缩放"动画效果。

(2) 设置"Yuncheng University"文本框的"直线"动作路径动画。单击"动画"组中的"其他"按钮,在下拉列表的"动作路径"栏中选择"直线"动作路径动画,根据实际位置编辑动作路径的顶点与方向。

(3) 自定义五角星的动作路径。选择一个五角星对象,单击"动画"选项卡中的"动画"组中的"其他"按钮,在下拉列表的"动作路径"中选择"自定义路径",拖动鼠标在幻灯片中绘制路线,双击鼠标结束;同样的方法设置第二个五角星对象。

(4) 设置计时方式为:与上一动画同时。单击"动画"选项卡中的"高级动画"组中的"动画窗格"按钮,在窗口右侧出现"动画窗格"任务窗格,在任务窗格中按住 Shift 键选中所有的动画,单击"动画"选项卡中的"计时"组中的开始方式为:与上一动画同时。

3. 为第 2 张幻灯片中标题设置相应的超链接

选中文本内容"学院简介",单击"插入"选项卡中的"链接"组中的"超链接"按钮,打开"编辑超链接"对话框,在"链接到"列表中选择"本文档中的位置",在"请选择文档中的位置:"列表中选择"幻灯片标题"中的"(3)学院简介",单击"确定"按钮;使用相同的方法为其余三个标题设置对应的超链接。

4. 为第 3、4、7、9 张幻灯片设置动作按钮

(1) 添加"自定义"动作按钮。选中第 3 张幻灯片,单击"插入"选项卡中的"插图"

组中的"形状"按钮，在下拉列表中选择"动作按钮"栏中的"自定义"形状，这时光标变成了"十"字形。在幻灯片标题栏的右侧位置，拖动鼠标可将选定的按钮添加到幻灯片中，释放鼠标，自动打开"动作设置"对话框，如图 3-34 所示，对话框中默认的是"单击鼠标"选项卡，单击"超链接到…"，在下拉列表中选择"幻灯片…"，自动打开"超链接到幻灯片"对话框，在"幻灯片标题："列表框中选择："2.运城学院欢迎您"，单击"确定"按钮，返回"动作设置"对话框，再次单击"确定"按钮。

图 3-34　"动作设置"对话框

(2) 设置格式。选中"自定义"形状对象，在"格式"选项卡中的"形状样式"组中，设置"形状填充"为白色，背景 1，"形状轮廓"为无轮廓，设置"形状效果"分别如下：阴影为"右下对角透视"，发光为"紫色，18pt 发光，强调文字颜色 4"，棱台为"硬边缘"，三维旋转为"极右极大透视"。

(3) 添加文字。再次选中"自定义"形状对象，单击鼠标右键，在快捷菜单中选择"编辑文字"，此时光标闪烁，输入文本内容为"返回目录"。

(4) 将该对象分别复制到第 4、7、9 张幻灯片上。

3.6　放映和打印演示文稿

PowerPoint 是世界上流行的演示文稿制作工具，适合于大型会议的幻灯片演示、展览会的电子演示、教学过程的课件演示等，所以创建 PowerPoint 演示文稿的最终目的是放映，并通过放映获取视觉或听觉等有效信息。

3.6.1　放映演示文稿

在放映幻灯片前，可以根据不同场合需要选择不同的放映方式，像产品发布会、教师讲课这些情形，讲授者结合投影演示比较合适；而在房展、车展这些展示会上，很多商家集中在一个展示厅里，各商家拥有自己的展示台，用一台触摸屏显示器来进行演示最合适；也可以通过自定义放映的形式有选择地放映演示文稿中的部分幻灯片。

1. 幻灯片放映方式

1) 在 PowerPoint 中直接放映

在 PowerPoint 中直接放映是展示演示文稿最常用的方式，包括从头开始、从当前幻灯片开始和自定义幻灯片放映三种方式。

(1) 从头开始放映。单击"幻灯片放映"选项卡中的"开始放映幻灯片"组中的"从头开始"按钮，可以从第一张幻灯片开始依次放映到最后一张幻灯片。

(2) 从当前幻灯片开始放映。单击"幻灯片放映"选项卡中的"开始放映幻灯片"组中的"从当前幻灯片开始"按钮，或者在状态栏右侧的"视图"按钮中单击"幻灯片放映"

按钮 ，都可以从选择的当前幻灯片开始放映。

(3) 自定义幻灯片放映。针对不同的场合，演示文稿的放映顺序或内容也可能随之不同。因此，可以自定义放映顺序或内容。

① 单击"幻灯片放映"选项卡中的"开始放映幻灯片"组中的"自定义幻灯片放映"按钮，在下拉列表中选择"自定义放映"命令，打开"自定义放映"对话框。

② 单击"新建"按钮，打开"定义自定义放映"对话框，在"定义自定义放映"对话框左侧的"在演示文稿中的幻灯片"列表中选择要放映的幻灯片，单击"添加"按钮，将其添加到右侧的"在自定义放映中的幻灯片"列表中，单击其右侧的 按钮和 按钮，可以调整幻灯片的顺序。

③ 单击"确定"按钮，返回到"自定义放映"对话框中，单击"关闭"按钮。通过这种方式可以建立多种自定义放映，单击"幻灯片放映"选项卡中的"开始放映幻灯片"组中的"自定义幻灯片放映"按钮，在下拉列表中将出现所有的自定义放映，选择需要的放映方式即可。

2) 将演示文稿保存为放映模式

如果用户需要将制作好的演示文稿带到其他地方进行放映，且不希望演示文稿受到任何修改和编辑，则可以将其保存为 .ppsx 格式。

单击"文件"选项卡中的"另存为"命令，打开"另存为"对话框，单击"保存类型"下拉按钮，在弹出的下拉列表中选择"PowerPoint 放映(*.ppsx)"，单击"保存"按钮。

保存之后只要双击文件图标，即可全屏播放演示文稿。

2. 设置放映参数

PowerPoint 2010 提供了三种不同场合的放映类型，为了使演示文稿能正常运行，必须正确设置演示文稿的放映参数。

1) 设置放映方式

单击"幻灯片放映"选项卡中的"设置"组中的"设置幻灯片放映"按钮，打开"设置放映方式"对话框，如图 3-35 所示。

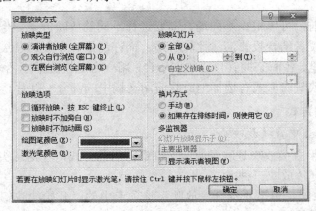

图 3-35 　"设置放映方式"对话框

(1) 在"放映类型"中选择幻灯片的放映类型。

(2) 在"放映选项"中确定放映是否循环放映、加旁白或动画。若选中"循环播放，按 ESC 键终止"复选框，则演示文稿会不断重复播放；若选中另两个复选框，则在放映时不播放旁白和动画；此外，在"绘图笔颜色"按钮的下拉列表中可以对绘图笔的颜色进行设置。

(3) 在"放映幻灯片"中指定要放映的幻灯片。若选中"全部"单选按钮，则表示放映演示文稿中的所有幻灯片；若选中"从…到…"单选按钮，在其后的数值框中可选择放映幻灯片的范围。

(4) 在"换片方式"中确定放映幻灯片时的换片方式。若选择"手动"选项，则放映幻灯片时必须手动切换幻灯片，同时系统将忽略预设的排练时间；若选择"如果存在排练时间，则使用它"选项时，将使用预设的排练时间自动放映幻灯片，如果没有预设的排练时间，则必须手动切换幻灯片。

(5) 设置完成后，单击"确定"按钮。

2）排练计时

幻灯片的放映有两种方式：人工放映和自动放映。当使用自动放映时，需要为每张幻灯片设置放映时间，设置放映时间的方法有两种：一是由用户为每张幻灯片设置放映时间，二是使用排练计时。

排练计时是在真实的放映演示文稿的状态中，同步设置幻灯片的切换时间，等到整个演示文稿放映结束后，系统会将所设置的时间记录下来，以便在自动放映时，按照所记录的时间自动切换幻灯片。

单击"幻灯片放映"选项卡中的"设置"组中的"排练计时"按钮，将会自动进入放映排练状态，并打开"录制"工具栏，在该工具栏中可以显示预演时间，左侧时间表示当前幻灯片的放映时间，右侧时间表示整个演示文稿总的放映时间。

在放映屏幕中单击鼠标，可以排练下一个动画效果或下一张幻灯片出现的时间，鼠标停留的时间就是下一张幻灯片显示的时间。排练结束后将显示提示对话框，询问是否保留排练的时间，单击"是"按钮，此时会自动切换到"幻灯片浏览视图"中，并在每张幻灯片的左下角显示该幻灯片的放映时间。

3．隐藏幻灯片

如果不想放映演示文稿中的某些幻灯片，并且不希望将这些幻灯片删除，可以将其设置为隐藏。

选中需要隐藏的幻灯片，单击"幻灯片放映"选项卡中的"设置"组中的"隐藏幻灯片"按钮。被隐藏的幻灯片在其编号的四周出现一个边框，边框中还有一个斜对角线 ，当用户在播放演示文稿时，会自动跳过该张幻灯片播放下一张幻灯片。若要重新放映被隐藏的幻灯片，则选中该幻灯片后，再次单击"隐藏幻灯片"按钮。

4．放映幻灯片

将演示文稿编辑完毕，并对放映做好各项设置后，便可开始放映演示文稿。在放映过程中可以进行换页等各种控制，并可将鼠标用作绘图笔进行标注。

1）换页控制

在幻灯片的放映屏幕上单击鼠标右键，在快捷菜单中选择"下一张"、"上一张"或"定位至幻灯片"命令，可进行换页控制。

2) 标注幻灯片

放映时若要在幻灯片上书写或加标注，可在幻灯片的放映屏幕上单击鼠标右键，在快捷菜单中选择"指针选项"命令，在其子菜单中可以选择添加墨迹注释的笔形，再选择"墨迹颜色"命令，在其子菜单中选择一种颜色。设置好后，按住鼠标左键在幻灯片中拖动，即可书写或绘图。

3) 切换程序

由于幻灯片播放时是全屏显示，因此当用户在播放过程中需要使用其他软件时，可以单击鼠标右键，选择"屏幕"命令，在快捷菜单中选择"切换程序"命令，即可在 Windows 的任务栏中单击其他需要打开的应用程序。

3.6.2　打印演示文稿

演示文稿虽然主要用于演示，但某些时候用户还是需要将它打印出来，例如在会议结束后可以将会议上用的演示文稿打印出来作为开会人员的会议资料。

1. 页面设置

页面设置即设置幻灯片的大小、编号及方向等。

单击"设计"选项卡中的"页面设置"组中的"页面设置"按钮，打开"页面设置"对话框，如图 3-36 所示。

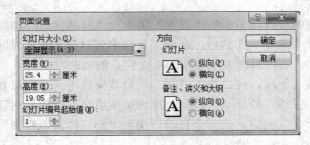

图 3-36　"页面设置"对话框

在"幻灯片大小"下拉列表中可以设置幻灯片的大小或纸张大小。

(1) 在"宽度"和"高度"文本框中可以自定义幻灯片的大小。

(2) 在"幻灯片编号起始值"文本框中可以设置幻灯片编号的起始值。

(3) 在"方向"选项组中可以设置幻灯片或备注、讲义和大纲的方向。

2. 设置页眉和页脚

单击"插入"选项卡中的"文本"组中的"页眉和页脚"按钮，打开"页眉和页脚"对话框，如图 3-37 所示。单击"页脚"复选框，在文本框中输入页脚内容，若只需要在所选幻灯片上显示页脚，可单击"应用"按钮。当需要在演示文稿所有幻灯片上显示页脚，则需要单击"全部应用"按钮。

另外，"页眉和页脚"对话框的"幻灯片"选项卡中，还包括下列选项：

(1) "日期和时间"：单击该复选框，系统会在幻灯片的左下角添加日期和时间，可选择"自动更新"或"固定"。

（2）"幻灯片编号"：单击该复选框，系统会在幻灯片的右下角添加页码，若不想在标题幻灯片中显示编号，可选择"标题幻灯片中不显示"。

图 3-37　"页眉和页脚"对话框

3．打印演示文稿

完成页面设置后，就可以打印演示文稿了。单击"文件"选项卡中的"打印"命令，即可在界面中间显示打印选项，如图 3-38 所示，在右侧显示打印预览。

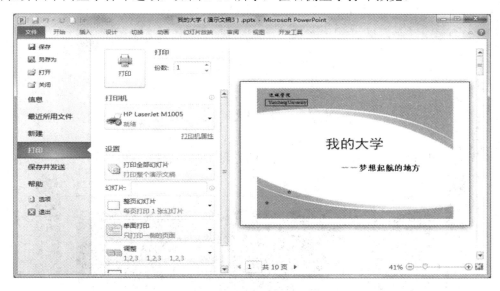

图 3-38　"打印"选项

（1）在"份数"选项后面的文本框中可以输入需要打印的份数。

（2）单击"设置"列表中的"打印全部幻灯片"按钮，在其下拉列表中可以设置打印幻灯片的范围。

（3）单击"整页幻灯片"按钮，在下拉列表中可以设置要打印的内容，可以是幻灯片、讲义、备注页或大纲等。

（4）单击"调整"按钮，在下拉列表中可以设置要打印的顺序。

（5）单击"颜色"按钮，在下拉列表中可以选择彩色打印或黑白打印。

设置好相应的参数后，单击"打印"按钮。

3.6.3　保存为视频

PowerPoint 2010 可以将演示文稿保存为视频文件，默认格式为 .wmv。

单击"文件"选项卡中的"保存并发送"命令，在中间的列表中选择"创建视频"命令，如图 3-39 所示，在右侧的列表中单击"创建视频"按钮，打开"另存为"对话框，完成相应设置后单击"保存"按钮。

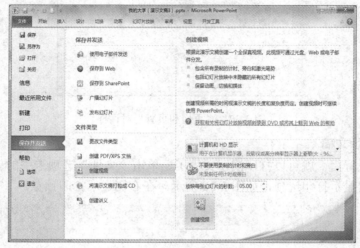

图 3-39　执行"创建视频"命令

3.7　高级应用

本节将运用高级动画制作一个枫叶飘零的卷轴动画，如图 3-40 所示。

图 3-40　"卷轴动画"效果图

林间，风儿轻吟，红叶轻轻地翻腾、飞转。枫红叶落，叶子的中心鲜红，四角枯黄，根根叶脉的红色呈辐射形的向四周伸展，如人生的喜怒哀乐，谢了秋红，散落一地，无从拾起，流动成一幅色彩斑斓的油画……

3.7.1　准备工作

1．新建一个空白演示文稿并命名为"卷轴动画.pptx"

(1) 单击任务栏的"开始"按钮，然后依次单击"所有程序"、"Microsoft Office"、"Microsoft PowerPoint 2010"，启动 PowerPoint 2010，自动创建一个空白演示文稿。

(2) 选择标题幻灯片，单击"开始"选项卡中的"幻灯片"组中的"版式"按钮，在下拉列表中选择"空白"版式。

(3) 单击"文件"选项卡中的"保存"命令，打开"另存为"对话框，选择保存文件的位置，在"文件名"文本框中输入"卷轴动画.pptx"，单击"保存"按钮。

2．绘制"画框"

(1) 单击"插入"选项卡中的"插图"组中的"形状"按钮，在幻灯片中绘制一个矩形，用作画框。

(2) 将鼠标置于矩形周围的控制点上，拖动鼠标调整矩形的大小和位置。

(3) 单击"格式"选项卡中的"形状样式"组中的"形状填充"按钮，在下拉列表中选择一种自己喜欢的颜色。

3．制作"字画"组合

(1) 单击"插入"选项卡中的"图像"组中的"图片"按钮，插入"枫树林"图片文件，将"枫树林"图片置于矩形的上面，并调整图片的大小和位置。

(2) 按住 shift 键，依次选择矩形和图片两个对象。

(3) 单击"格式"选项卡中的"排列"组中的"组合"按钮，在下拉列表中选择"组合"命令，将矩形与图片两个对象组合为"字画"整体。

4．放置画轴

插入"画轴"图片文件并调整大小后，再复制一份，将两根画轴置于"字画"的中央。

3.7.2　高级动画应用

不论 PowerPoint 动画多么复杂、多么绚丽，它都是由最简单的动画加以时间处理实现的，动画的时间控制包括：开始时间、持续时间、延迟时间和循环次数四个内容。通过单击"动画"选项卡中的"计时"组中的选项或"动画窗格"任务窗格中的下拉按钮中的"计时"命令都可以实现。

开始时间：默认为"单击时"，若想设置动画自动出现，可选择"与上一动画同时"或"上一动画之后"。

持续时间：动画执行的快慢。

延迟时间：动画被触发之后多长时间开始。调整延迟时间，可以让动画在"延迟时间"设置的时间到达后才开始出现，对于动画之间的衔接特别重要。

循环次数：动画的重复次数。

1．设置"画轴"的动画效果

(1) 左侧画轴。

① 选中左侧画轴；

② 单击"动画"选项卡中的"动画"组中的"动作路径"选项中的"直线"命令；

③ 在"效果选项"下拉列表中选择方向为"靠左"，并适当调整路径的长度；

④ 设置动画开始时间为：与上一动画同时；

⑤ 设置动画持续时间为 2 秒；

(2) 右侧画轴。使用同样的方法，设置右侧画轴的"右"动作路径动画效果。

2．设置"字画"组合的动画效果

(1) 选择"字画"组合，单击"动画"选项卡中的"动画"组中的"其他"按钮，在下拉列表中选择"进入"方式为"劈裂"。

(2) 在"效果选项"下拉列表中选择方向为：中央向左右展开。

(3) 设置动画开始时间为：与上一动画同时。

(4) 设置动画持续时间为 2 秒。

3．设置"落叶"的动画效果

插入"枫叶"图片文件并调整其大小和位置。选择"枫叶"图片对象，设置以下动画效果。

动画可以分解为三个步骤：

(1) 单个落叶的多重动画效果(动画的叠加)。

① 落叶出现动画；

② 落叶下落动画；

③ 落叶旋转动画。

(2) 单个落叶的重复效果。

(3) 多个落叶的多重动画效果(动画的组合)。

三个步骤的详细设计如下：

(1) 单个落叶的多重动画效果。

① 落叶出现动画。单击"动画"选项卡中的"动画"组中的"其他"按钮，在下拉列表中选择"进入"方式为"淡出"。

时间控制：设置动画开始时间为"与上一动画同时"；持续时间为 5 秒；延迟时间为 2 秒。

② 落叶下落动画。单击"动画"选项卡中的"高级动画"组中的"添加动画"按钮，在下拉列表中的"动作路径"中选择"自定义路径"命令，绘制落叶下落的曲线，双击鼠标左键结束。

时间控制：设置动画开始时间为"与上一动画同时"；持续时间为 5 秒；延迟时间为 2 秒。

③ 落叶旋转动画。单击"动画"选项卡中的"高级动画"组中的"添加动画"按钮，在下拉列表中添加强调动画方式为"陀螺旋"。

时间控制：设置动画开始时间为"与上一动画同时"；持续时间为 5 秒。

注意：在"动画窗格"任务窗格中单击"播放"按钮，或单击状态栏右侧"视图"按钮中的"幻灯片放映"视图按钮，即可播放当前幻灯片的所有动态效果，确定效果满意后可继续执行以下动画的设置。

(2) 单个落叶的重复效果。在"动画窗格"任务窗格中选择单个落叶效果的三个动画选项，右键单击鼠标，在快捷菜单中选择"计时"命令，打开"效果选项"对话框，如图 3-41 所示，设置重复方式为：直到下一次单击，单击"确定"按钮。

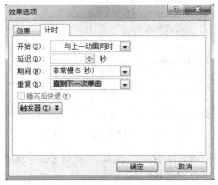

图 3-41　"效果选项"对话框

(3) 多个落叶的多重动画效果。复制"枫叶"图片多份到其他位置，适当调整其动画的延迟时间和自定义路径。

4．设置"蝴蝶飞翔"的动画效果

插入"蝴蝶"图片文件并调整其大小和位置。选择"蝴蝶"图片对象，设置以下动画效果。

动画可以分解为三个步骤：

(1) 单个蝴蝶的飞翔(动画的叠加)。

① 蝴蝶淡出效果；

② 蝴蝶搧翅效果；

③ 蝴蝶移动效果。

(2) 单个蝴蝶的重复飞翔效果。

(3) 多个蝴蝶的重复飞翔效果(动画的组合)。

三个步骤的详细设计如下：

(1) 单个蝴蝶的飞翔。

① 蝴蝶淡出效果。设置动画的进入方式为"淡出"。

时间控制：设置动画开始时间为"与上一动画同时"；持续时间为 0.01 秒；延迟时间为 2 秒。

② 蝴蝶搧翅效果。单击"添加动画"按钮，在下拉列表中添加强调动画方式为"放大/缩小"。

时间控制：设置动画开始时间为"与上一动画同时"；持续时间为 0.08 秒；延迟时间为 2 秒。

在"动画窗格"任务窗格中选择该项动画，单击下拉按钮，在下拉列表中选择"效果选项"，打开"放大/缩小"对话框，选中"自动翻转"选项，如图 3-42 所示，单击"确定"按钮。

图 3-42　"放大/缩小"对话框

③ 蝴蝶移动效果。单击"添加动画"按钮，在下拉列表中的"动作路径"中选择"自定义路径"命令，绘制蝴蝶移动的曲线。

时间控制：开始时间为"与上一动画同时"；持续时间为 4 秒；延迟时间为 2 秒。

注意：在"动画窗格"任务窗格中单击"播放"按钮，或单击状态栏右侧的"视图"按钮中的"幻灯片放映"视图按钮，即可播放当前幻灯片的所有动态效果，确定效果满意后可继续执行以下动画的设置。

(2) 单个蝴蝶的重复飞翔效果。在"动画窗格"任务窗格中选中以上三个动画选项，右键单击鼠标，选择"计时"命令，打开"效果选项"对话框，设置重复方式为：直到下一次单击。

(3) 多个蝴蝶的重复飞翔效果。复制"蝴蝶"图片多份到其他位置，修改其自定义路径。

第 4 章　文字处理软件 Word 2010

　　Word 2010 是一种集编辑、制表、绘图、排版与打印为一体的文字处理软件。它不仅具有丰富的全屏幕编辑功能，还提供了各种控制输出格式及打印功能，使文档能基本上满足各种打印需要。Word 2010 提供了许多易于使用的文档创建工具，同时也提供了丰富的功能集供创建复杂的文档使用。

4.1　认识 Word 2010

　　使用 Word 2010 可以制作内容丰富、格式精美的各类文档，例如报告、通知、简历、信函、请柬、合同、书籍、名片、杂志、报纸等。

4.1.1　引言——"壁画艺术宝库——永乐宫"

　　芮城永乐宫是我国现存最大的一座元代道教宫观。杨柳是芮城永乐宫的文秘，起草各类文件是她的一项重要工作。近期，永乐宫在开展永乐宫文化推广活动。杨柳负责向社会各界推介永乐宫，同时推广永乐宫的"三月三古庙会"活动。推广活动中，需要设计制作"永乐宫简介"、"永乐宫综述"、"庙会开幕式邀请函"、"庙会活动海报"、"庙会开幕式来宾登记表"等文件。杨柳使用 Word 2010 将很轻松地完成这些文件的建立、编辑、排版等工作任务。

　　下面，跟随杨柳一起走近 Word 2010，熟悉 Word 2010 的工作环境。

4.1.2　Word 2010 概述

　　Microsoft Word 2010 是微软公司的一个文字处理软件。Word 2010 给用户提供了创建专业文档的工具。对比以前的版本，它新增了下列功能。

1．改进的搜索和导航体验可更加便捷地查找信息

　　利用新增的改进查找体验，可以按照图形、表、脚注和注释来查找内容。改进的导航窗格提供了文档的直观表示形式，这样就可以对所需内容进行快速浏览、排序和查找。

2．与他人同步工作

　　Word 2010 重新定义了人们一起处理某个文档的方式。利用共同创作功能，可以编辑论文，同时与他人分享思想观点。对于企业和组织来说，Word 与 Office Communicator 的集成，使用户能够查看与其一起编写文档的某个人是否空闲，并在不离开 Word 的情况下轻松启动会话。

3．几乎可在任何地点访问共享文档

Word 2010 能联机发布文档，然后通过计算机或基于 Windows Mobile 的 Smartphone 在任何地方访问、查看和编辑这些文档。通过 Word 2010，可以在多个地点和多种设备上获得一流的文档体验。

4．向文本添加视觉效果

利用 Word 2010，可以对文本应用图像效果(如阴影、凹凸、发光和映像)，也可以对文本应用格式设置，以便与图像实现无缝混合。

5．将文本转化为引人注目的图表

利用 Word 2010 提供的更多选项，可将视觉效果添加到文档中。可以从新增的 SmartArt 图形中选择，在数分钟内构建令人印象深刻的图表。

6．向文档加入视觉效果

利用 Word 2010 中新增的图片编辑工具，无需其他照片编辑软件即可插入、剪裁和添加图片特效，也可以更改颜色饱和度、色温、亮度以及对比度，轻松将简单文档转化为艺术作品。

7．恢复认为已丢失的工作

如果在某文档中工作一段时间后，不小心关闭了文档却没有保存，Word 2010 可以像打开任何文件一样恢复历史编辑的草稿，即使没有保存该文档。

8．跨越沟通障碍

利用 Word 2010 可以用不同语言沟通交流，例如翻译单词、词组或文档。可针对屏幕提示、帮助内容和显示内容分别进行不同的语言设置，甚至可以将完整的文档发送到网站进行并行翻译。

9．将屏幕快照插入到文档中

在 Word 2010 中能插入屏幕快照，以便快捷捕获可视图，并将其合并到工作中。当跨文档重用屏幕快照时，利用"粘贴预览"功能，可在放入所添加内容之前查看其外观。

10．利用增强的用户体验完成更多工作

Word 2010 简化了使用功能的方式，新增的 Microsoft Office Backstage 视图替换了传统的文件菜单，只需单击几次鼠标，即可保存、共享、打印和发布文档。利用改进的功能区，可以快速访问常用的命令，并创建自定义选项卡，根据工作需要进行个性化设置。

4.1.3　Word 2010 的工作界面

Word 2010 启动后的工作界面如图 4-1 所示。

1．快速访问工具栏

Word 2010 文档窗口中的"快速访问工具栏"用于放置命令按钮，使用户快速启动经常使用的命令。默认情况下，"快速访问工具栏"中只有数量较少的命令，用户可以根据需要添加多个自定义命令，操作步骤如下：

(1) 打开 Word 2010 文档窗口，单击"文件"选项卡中的"选项"命令。

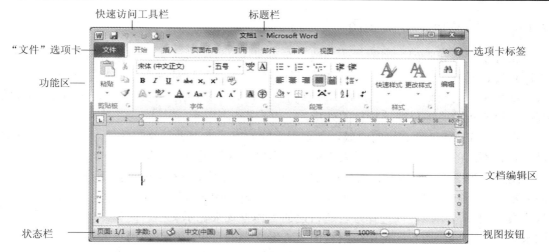

图 4-1　Word 2010 的工作界面

(2) 在打开的"Word 选项"对话框中切换到"快速访问工具栏"选项卡，然后在"从下列位置选择命令"列表中单击需要添加的命令，单击"添加"按钮即可。

(3) 在"快速访问工具栏"中单击"重置"，选择"仅重置快速访问工具栏"按钮，可以将"快速访问工具栏"恢复到原始状态。

2．标题栏

该栏位于屏幕顶部，显示当前软件环境(这里是"Microsoft Word")及正在编辑的文档名称。

3．窗口控制按钮

窗口控制按钮用于控制 Word 窗口的变化，包含三个按钮，分别是最小化、最大化(或向下还原)及关闭。

4．"文件"选项卡

"文件"选项卡用于打开"文件"菜单，包含"打开"、"保存"等命令。

5．选项卡标签

单击选项卡标签可以打开相应的功能区。

6．功能区

功能区用于放置处理文档时所需的功能按钮。根据功能将所有按钮进行分类，各类按钮放置在一个选项卡中。当单击不同的选项卡时，切换到与之相对应的选项卡面板。

7．文档编辑区

用于显示或编辑文档内容的工作区域。

8．状态栏

状态栏是位于文档窗口底部的水平区域，用来提供当前正在窗口中查看的内容状态以及文档上下文信息。状态栏分为若干段，用于显示当前状态，如文档的页数、现在是第几节、第几行、第几列等。

4.1.4 认识 Word 2010 视图

工程学上常会听到主视图、俯视图、左视图等这样一些术语。简单解释就是当人们从不同角度、不同方向去看同一个物体的时候，就会产生不同的视觉效果，这些不同的视觉效果如果用"正投影"的方法画出来，就得到了该物体的不同"视图"，用各个方向不同的视图可以比较准确地反映该物体的外形。

在使用 Word 处理文档的时候，需要用不同的方式来查看文档的效果。因此，Word 提供了几种不同的查看方式来满足人们不同的需要，这就是 Word 的视图功能。

所谓"视图"，就是查看文档的方式。同一个文档可以在不同的视图下查看，虽然文档的显示方式不同，但是文档的内容是不变的。Word 2010 提供了 5 种视图，一般情况下默认为页面视图，用户可以选择最合适自己的工作方式来显示文档。例如，可以使用普通视图来输入、编辑和排版；使用大纲视图来查看文档的目录结构；使用页面视图来查看设置的打印效果等。视图之间的切换可以在"视图"选项卡中的"文档视图"组中，单击需要的视图按钮或单击视图切换按钮选择相应的视图。

1．页面视图

适用于概览整个文档的总体效果，从而进行 Word 的各种操作。在该视图中可以显示页面大小、布局，编辑页眉和页脚，查看、调整页边距，处理分栏及图形对象等，具有真正的"所见即所得"的显示效果(所谓"所见即所得"，就是在屏幕上看到的效果和打印出来的效果是一致的)。几乎 Word 里的各种操作都可以在"页面视图"中完成。

2．大纲视图

一般用大纲视图来查看和处理文档的结构，它特别适合编辑那种含有大量章节的长文档，能让文档层次结构清晰，并可根据需要进行调整。大纲视图显示文档的层次结构，不显示页边距、页眉和页脚、图片和背景等。用户使用大纲视图来组织文档结构时，可将章、节、目、条等标题格式依次定义为一级、二级、三级、四级标题，处理和观察时只显示所需级别的标题，而不必显示出所有内容。用户操作时，移动标题则其所有子标题和从属正文也将随之移动。

3．阅读版式视图

该视图适合用户查阅文档，用模拟书本阅读的方式让人感觉在翻阅书籍。

4．Web 版式视图

如果要编排网页版式文章，可以将视图方式切换为 Web 版式。这种视图下编排出的文章样式与最终在 Web 页面中显示的样式是相同的，可以更直观地进行编辑。

5．草稿视图

该视图只显示字体、字号、字形、段落及行间距等最基本的格式，将页面的布局简化，适合快速键入或编辑文字并编排文字的格式。

4.2 制作文档

使用 Word 2010 制作文档的基本操作主要包括新建文档、输入文档内容、编辑文档和保存文档等。

4.2.1　新建文档

当启动 Word 后，会自动新建一个文档并暂时命名为"文档 1"。如果在编辑文档的过程中还需另外创建一个或多个文档时，可以用下面的方法来创建，Word 将其依次命名为"文档 2"、"文档 3"等。

(1) 在快速访问工具栏中添加"新建"按钮后，单击该按钮。

(2) 单击"文件"选项卡，选择"新建"命令。在"可用模板"选项区选择"空白文档"选项，单击"创建"按钮即可创建出一个空白文档。也可以选择其他需要创建的文档类型，例如"博客文章"、"书法字帖"等。

4.2.2　输入文档内容

文档的输入方法有很多种，最常用的是通过键盘输入。输入文档内容时要注意的是，每当文本到达右边界时，字处理软件会自动插入一个"软回车"，使光标移到下一行左边界处，用户不必按回车键。只有要结束一个自然段落时，才需用回车键输入一个"硬回车"来完成。

1．汉字和英文字母的输入

汉字和英文字母可以直接从键盘输入，也可以通过复制、粘贴操作输入。

2．中英文标点符号的输入

通过单击输入法状态栏上的"中/英文标点"按钮，可以进行中英文标点符号的输入。例如，切换到中文标点后，键盘上的符号"\"对应中文标点符号"、"，键盘上的符号"^"对应中文标点符号"……"(输入时需要按住 shift 键)，键盘上的符号"<"对应中文标点符号"《"等。

3．特殊符号的输入

特殊符号包括数学符号、单位符号、希腊字符等，可以通过输入法状态栏的软键盘来输入。

4．特殊图形符号的输入

单击"插入"选项卡中的"符号"组中的"符号"按钮，选择"其他符号"，打开"符号"对话框，选择需要的符号。

5．插入日期

如果要快速地输入当前的日期和时间，可以单击"插入"选项卡中的"文本"组中的"日期和时间"按钮，打开"日期和时间"对话框，选择需要的日期和时间格式进行输入。

6．插入数学公式

单击"插入"选项卡中的"符号"组中的"公式"按钮，选择固定公式或新公式进行输入。

4.2.3　编辑文档

文档中的内容经常要进行删除、移动、复制等编辑操作，文档的编辑操作应"先选定，后执行"。

1．选定

选定文本有两种方法，即基本的选定方法和利用选定区的方法。

1) 基本的选定方法

鼠标选定：将光标移到要选定的段落或文本的开头，按住鼠标左键拖曳经过需要选定的内容后松开鼠标。

键盘选定：单击要选定内容的起始处，然后在要选定内容的结尾处按住 Shift 键的同时单击。

2) 利用选定区

在文本区的左边有一垂直的长条形空白区域，称为"选定区"。当鼠标移动到选定区时，鼠标指针变为右向箭头，在该区域单击鼠标，可以选中鼠标指针所指的一整行文字；双击鼠标，可选中鼠标指针所在的段落；三击鼠标，整个文档全部被选中。如果在选定区中拖动鼠标，可选中连续的若干行。

如果需要同时选定多块不连续区域，可以通过按住 Ctrl 键再加选定操作来实现。如果要选定一块矩形文本，按住 Alt 键，同时拖动鼠标。若要取消选定，在文本窗口的任意处单击鼠标或按光标移动键即可。

2．复制和移动

1) 近距离移动或复制内容的方法

选定要移动或复制的内容，如果要移动文本，按住鼠标左键将其拖至目标位置；如果要复制文本，按住 Ctrl 键拖动鼠标左键到目标位置。

在进行移动或复制时，也可按住鼠标右键拖动所选内容。在释放鼠标键后，将出现一个快捷菜单，它显示了可供选择的移动和复制操作。

2) 远距离移动或复制内容的方法

(1) 选定要移动或复制的内容。

(2) 如果要进行移动，单击"开始"选项卡中的"剪贴板"组中的"剪切"按钮(快捷键 Ctrl + X)；如果要进行复制，单击"开始"选项卡中的"剪贴板"组中的"复制"按钮(快捷键 Ctrl + C)。

(3) 如果要将所选内容移动或复制到其他文档，需先切换到目标文档。单击要粘贴所选内容的位置，再单击"开始"选项卡中的"剪贴板"组中的"粘贴"按钮(快捷键 Ctrl + V)。

3．删除

删除文本可以用以下几种方法：

(1) 选中要删除的文本，按 Delete 键或 Backspace 键。

(2) 选中要删除的文本，单击右键，在快捷菜单中选择"剪切"命令。

(3) 选中要删除的文本，单击"开始"选项卡中的"剪贴板"组中的"剪切"按钮。

4．查找和替换

查找能快速地搜寻文字，替换是将查找到的文本替换为新的内容。

1）查找

将光标移动到要查找文本的起始位置，单击"开始"选项卡中的"编辑"组中的"查找"按钮，选择"高级查找"命令，弹出"查找和替换"对话框，如图 4-2 所示。在"查找内容"框中输入要查找的内容，单击"查找下一处"按钮，被找到的字符反相(以选中的状态)显示，再次单击"查找下一处"进行连续查找。若查找完毕，Word 将显示查找结束对话框。

图 4-2　"查找和替换"对话框 1

2）替换

将光标移动到要替换的起始位置，单击"开始"选项卡中的"编辑"组中的"替换"按钮，弹出"查找和替换"对话框。在"查找内容"框中输入要查找替换的文本，在"替换为"框中输入新的文本，单击"查找下一处"按钮，被找到的字符将会反相显示。确定该文本是否需要被替换，如果需要则单击"替换"按钮，否则单击"查找下一处"按钮。如果确定所有查找内容都要替换，单击"全部替换"按钮即可。

在"查找和替换"对话框中单击"更多"按钮，可以设置"区分大小写"、"使用通配符"等选项，还可以进行指定格式和特殊格式的查找和替换，如图 4-3 所示。

图 4-3　"查找和替换"对话框 2

4.2.4　保存文档

在新建的空白文档中输入了文本内容后，应及时将当前只是存在于内存中的文档保存为磁盘文件。可通过以下方法实现：

(1) 单击快速访问工具栏中的"保存"按钮。

(2) 单击"文件"选项卡，选择"保存"或"另存为"命令。

(3) 使用快捷键 Ctrl + S。对于新建文档的保存，Word 将弹出"另存为"对话框，如图 4-4 所示。在该对话框中，选择保存位置；在"文件名"框中输入要保存文档的文件名或采用系统提供的名称(不必输入扩展名)；在"保存类型"框中使用默认的"Word 文档"；单击"保存"按钮。

图 4-4　"另存为"对话框

对于已保存了的文档，若又进行了一些文本编辑、格式化等操作，执行"保存"命令，将直接保存到原来的文件。

如果既想保存改变后的文档，又不希望覆盖之前的内容，可单击"文件"选项卡，选择"另存为"命令，打开"另存为"对话框。在其中输入新的文件名并选择保存位置后单击"保存"按钮，将以一个新的文件副本保存当前文档。

4.2.5　保护文档

用户的文档可以使用密码进行保护，以防止其他用户随便查看。单击"文件"选项卡，选择"信息"命令，在打开的界面中选择"保护文档"按钮，在打开的下拉菜单中选择"用密码进行加密"命令，打开"加密文档"对话框，如图 4-5 所示，输入密码后确定，系统要求再次确认密码。

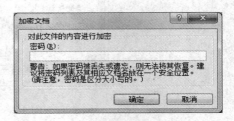

图 4-5　"加密文档"对话框

4.2.6　制作"永乐宫简介"文档

为了让大家了解永乐宫的基本情况，杨柳参考网上查找到的永乐宫参考文献资料设计制作了"永乐宫简介"文档，制作效果如图 4-6 所示。

道教名观--永乐宫

永乐宫原名大重阳万寿宫，为我国四大道观之一。始建于公元 14 世纪。道教由东汉人张道陵创立，奉春秋时期的思想家李耳（即老子）为教祖。唐太宗李世民自称是李耳的后裔，他在位时采取了兴道抑佛的宗教政策，宋代有几位帝王也提倡道教，于是道教在唐宋时期逐渐兴盛。元太祖成吉思汗对道徒丘处机极为器重，曾下令免除丘处及其管辖的观院道士的一切赋税，致使道教在元代时期盛极一时，永乐宫就建造于此时。

永乐宫原址位于芮城县永乐镇，相传这里是唐代道教神仙吕岩（字洞宾，号纯阳）的故里。唐代人为了纪念他，将其故里改为祠堂，宋、金时改为祠观。公元 1422 年毁于火灾，在原址重建后改为大纯阳万寿宫。因其地处永乐镇，故俗称永乐宫。由于工程浩大，宫内建筑和壁画历时一个多世纪才全部完成。

50 年代后期，国家要修建三门峡水库，濒临黄河北岸的永乐宫正处于水库蓄水区，故决定将其连同宫内壁画迁至芮城县城北 3 公里的前龙泉村东侧。全部总面积 86880 平方米，布局疏朗，殿阁巍峨，气势壮观。重建的永乐宫北枕中条山，南对秦岭。南 1 公里处有宋代建造的圣寿寺遗迹，西北 1 公里处有唐代建造的五龙寺。五龙寺内有五条清泉，其中一条流入永乐宫内。

永乐宫现存主体建筑五座，除宫门为清代所建外，其余龙虎殿、三清殿、重阳殿、纯阳殿均为元代建筑。各殿内元代壁画总面积 960 平方米，题材丰富，笔法高超，为我国绘画史上的杰作。主殿三清殿所绘的"朝元图"，有神祇形象 290 多尊，构图严谨，场面壮阔，人物栩栩如生，令人叹为观止。纯阳殿和重阳殿分别绘着吕洞宾和道教全真派祖师王重阳的仙游神化故事连环画，内容之丰富堪称研究宋元社会之百科全书，更为探讨道教发展史提供了重要资料。其中纯阳殿扇面墙背所绘之《钟吕论道图》为宫中壁画的佳作精品。

永乐宫是在 1952 年全国文物勘察中发现的，被列为全国重点文物保护单位。1979 年开始向国内外开放。近年来，在肖军所长的领导下，加强了绿化、美化、香化建设，增设了旅游服务项目，提高了管理服务质量，使永乐宫成为中外游客喜爱的旅游热点。

图 4-6　永乐宫简介

制作要求和步骤如下：

(1) 新建 Word 文档，命名为"永乐宫简介.docx"。

① 单击"文件"选项卡，选择"新建"命令。在"可用模板"选项区选择"空白文档"选项，单击"创建"按钮创建出一个空白文档。

② 单击"文件"选项卡，选择"保存"命令，在弹出的"另存为"对话框中选择保存位置，在"文件名"框中输入文件名"永乐宫简介"。

(2) 将网上查找到的永乐宫信息复制到"永乐宫简介"文档中，文档中文字和段落格式为 Word 2010 默认格式。删除文档中多余的空格和空行。

① 复制内容。首先复制网上查找到的永乐宫信息文字，然后单击"开始"选项卡中的"剪贴板"组中的"粘贴"按钮，在打开的下拉菜单中选择"选择性粘贴"命令，打开"选择性粘贴"对话框，选择"无格式文本"，单击"确定"按钮。

② 显示所有格式标记。在 Word 2010 文档中，默认只显示段落标记。显示文档中所有的格式标记有利于观察到文档中所有不必要的空行、空格或其他标记。单击"文件"菜单中的"选项"命令，打开"Word 选项"对话框。在"Word 选项"对话框中的左栏，单击"显示"。在"Word 选项"对话框中右栏的"始终在屏幕上显示这些格式标记"组中，选择"所有格式标记"，单击"确定"按钮，可以显示所有的格式标记。

③ 删除所有空行和空格。可以选中多余的空格和空行，按 Delete 键或 Backspace 进行删除。如果空格和空行过多，可以使用"替换"功能删除。单击"开始"选项卡中的"编辑"组中的"替换"按钮，打开"查找与替换"对话框。

在"替换"选项卡中的"查找内容"框中输入空格,在"替换为"框中不输入任何内容,单击"全部替换"按钮,可以删除所有的空格。

光标定位在"查找内容"框中,单击"更多"按钮,然后单击"特殊格式"下拉按钮,在打开的菜单中选择"段落标记","替换为"框中不输入任何内容,单击"全部替换"按钮,可以删除所有的空行,但是所有的段落会合成一段。因此,在"查找内容"框中插入两个段落标记,在"替换为"框中插入一个段落标记,单击"全部替换"按钮就可以正确删除多余的空行。

(3) 保存"永乐宫简介.docx"。单击"文件"选项卡,选择"保存"命令。

4.3　文档排版

文档经过编辑、修改成为一篇正确、通顺的文章后,还需进行排版,使之成为一篇图文并茂、赏心悦目的文章。文档的排版包括字符格式、段落格式和页面格式的设置。文档的排版一般在页面视图下进行。

4.3.1　字符格式

字符是指文档中输入的汉字、字母、数字、标点符号等,字符排版包括字符的字体、字号、字形、颜色和字符的间距等。

单击"开始"选项卡中的"字体"组中的相应命令按钮可以对字符进行格式设置,也可以单击"字体"组右下角的对话框启动器 ，打开"字体"对话框对字符进行格式设置,如图 4-7 所示。

图 4-7　"字体"对话框

4.3.2　段落格式

段落由一些字符和其他对象组成,最后是段落标记 。段落标记不仅标识段落结束,而且存储了这个段落的排版格式。段落排版格式包括段落对齐方式、段落缩进方式、段前段后距离、段落中的行距、项目符号和编号、边框和底纹等内容。自然段 ↓ 是按 Shift+Enter 键形成的，自然段不是段落，段落可以是几个自然段。段落格式化设置是以一个段落为单位的。

　　如果文档没有显示段落标记，可以单击"开始"选项卡中的"段落"组中的"显示/隐藏编辑标记"按钮 ⚡，也可以单击"文件"选项卡，选择"选项"命令，打开"Word 选项"对话框，如图 4-8 所示，选择"显示"标签，设置是否显示段落标记。

图 4-8　"Word 选项"对话框

　　单击"开始"选项卡中的"段落"组中的相应命令按钮可以对段落进行格式设置，也可以单击"段落"组右下角的对话框启动器，打开"段落"对话框对段落进行格式设置，如图 4-9 所示。

图 4-9　"段落"对话框

1．对齐方式

对齐文本可以使文本清晰易读。对齐方式有五种：左对齐、居中对齐、右对齐、两端对齐和分散对齐。其中，两端对齐是以词为单位，自动调整词与词间空格的宽度，使正文沿页的左右边界对齐，这种方式可以防止英文文本中一个单词跨两行的情况，但对于中文，其效果等同于左对齐；分散对齐是使字符均匀地分布在一行上。各种对齐方式效果如图 4-10 所示。

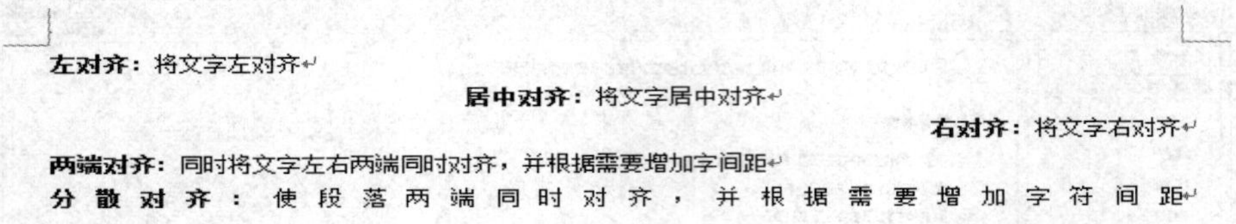

左对齐：将文字左对齐

居中对齐：将文字居中对齐

右对齐：将文字右对齐

两端对齐：同时将文字左右两端同时对齐，并根据需要增加字间距

分散对齐：使段落两端同时对齐，并根据需要增加字符间距

图 4-10　对齐方式

2．段落缩进

段落缩进是指段落各行相对于页面边界的距离。一般每个文档段落都规定首行缩进两个字符。有时为了强调某些段落，需要设置不同的段落缩进。段落缩进有四种：左缩进、右缩进、首行缩进和悬挂缩进。段落缩进效果如图 4-11 所示。

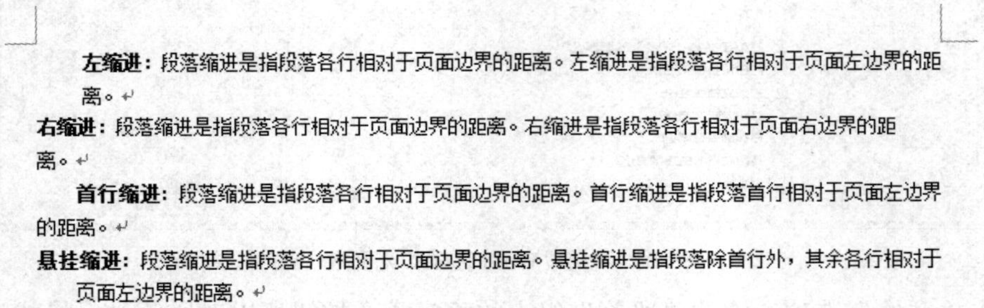

左缩进：段落缩进是指段落各行相对于页面边界的距离。左缩进是指段落各行相对于页面左边界的距离。

右缩进：段落缩进是指段落各行相对于页面边界的距离。右缩进是指段落各行相对于页面右边界的距离。

首行缩进：段落缩进是指段落各行相对于页面边界的距离。首行缩进是指段落首行相对于页面左边界的距离。

悬挂缩进：段落缩进是指段落各行相对于页面边界的距离。悬挂缩进是指段落除首行外，其余各行相对于页面左边界的距离。

图 4-11　段落缩进效果

3．行间距和段间距

段落间距指当前段落与相邻两个段落之间的距离，包括段前距离和段后距离。加大段落之间的间距可使文档显示清晰。行距指段落中行与行之间的距离。选择行距中的最小值、固定值和多倍行距时，可在"设置值"文本框中选择或输入值。设置段落缩进和段落间距时，单位有"磅"、"厘米"、"字符"、"英寸"等。可以通过单击"文件"选项卡，选择"选项"命令，打开"Word 选项"对话框，单击"高级"标签，在"显示"栏中进行度量单位的设置。

4．项目符号和编号

在文档处理中，经常需要在段落前面加上符号和编号以使文档层次清楚，便于阅读。创建项目符号和编号的方法是：选择需要添加项目符号和编号的若干段落，单击"开始"选项卡中的"段落"组中的"项目符号"按钮 ≔▾、"项目编号"按钮 ≔▾ 或"多级列表"按钮 ⋰▾。

5．边框和底纹

用户可以给段落加上边框和底纹，起到强调和美观的作用。单击"开始"选项卡中的

"段落"组中的"边框"按钮 右边的下拉按钮，选择边框类型。对于复杂的边框和底纹可以选择"边框和底纹"命令，打开"边框和底纹"对话框，如图 4-12 所示。

图 4-12 "边框和底纹"对话框

1）边框

可以在"边框和底纹"对话框中对文字、段落和页面设置边框。

(1) 文字边框。选择需要设置边框效果的文字，在"边框"选项卡的"应用于"下拉列表框中选择"文字"，并设置样式、颜色、宽度等其他效果。文字边框的效果如图 4-13 所示。

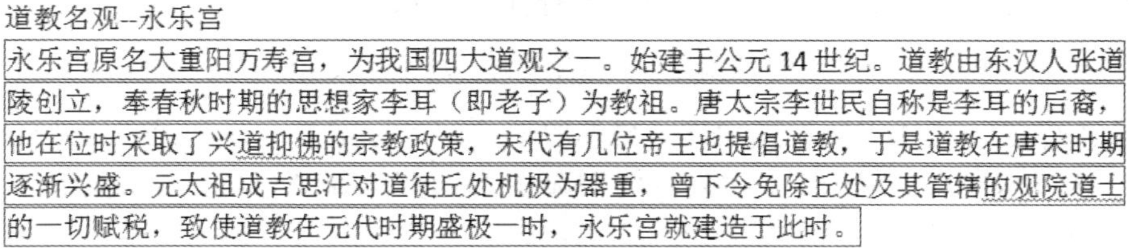

道教名观--永乐宫

永乐宫原名大重阳万寿宫，为我国四大道观之一。始建于公元 14 世纪。道教由东汉人张道陵创立，奉春秋时期的思想家李耳（即老子）为教祖。唐太宗李世民自称是李耳的后裔，他在位时采取了兴道抑佛的宗教政策，宋代有几位帝王也提倡道教，于是道教在唐宋时期逐渐兴盛。元太祖成吉思汗对道徒丘处机极为器重，曾下令免除丘处及其管辖的观院道士的一切赋税，致使道教在元代时期盛极一时，永乐宫就建造于此时。

图 4-13 文字边框效果

(2) 段落边框。选择需要设置边框效果的段落或光标定位在要设置边框效果的段落，在"边框"选项卡的"应用于"下拉列表框中选择"段落"，并设置样式、颜色、宽度等其他效果。段落边框的效果如图 4-14 所示。

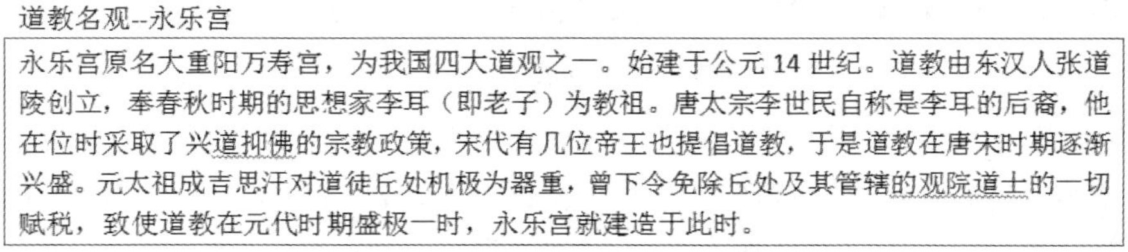

道教名观--永乐宫

永乐宫原名大重阳万寿宫，为我国四大道观之一。始建于公元 14 世纪。道教由东汉人张道陵创立，奉春秋时期的思想家李耳（即老子）为教祖。唐太宗李世民自称是李耳的后裔，他在位时采取了兴道抑佛的宗教政策，宋代有几位帝王也提倡道教，于是道教在唐宋时期逐渐兴盛。元太祖成吉思汗对道徒丘处机极为器重，曾下令免除丘处及其管辖的观院道士的一切赋税，致使道教在元代时期盛极一时，永乐宫就建造于此时。

图 4-14 段落边框效果

(3) 页面边框。如果需要为某些页面或整个文档加边框，可以在"页面边框"选项卡中进行设置。页面边框的效果如图 4-15 所示。

图 4-15　页面边框

2) 底纹

可以在"边框和底纹"对话框中的"底纹"选项卡中设置文字和段落的底纹。

(1) 文字底纹。选择需要设置底纹效果的文字，在"底纹"选项卡的"应用于"下拉列表框中选择"文字"，并设置填充、图案等其他效果。文字底纹效果如图 4-16 所示。

道教名观--永乐宫

永乐宫原名大重阳万寿宫，为我国四大道观之一。始建于公元 14 世纪。道教由东汉人张道陵创立，奉春秋时期的思想家李耳（即老子）为教祖。唐太宗李世民自称是李耳的后裔，他在位时采取了兴道抑佛的宗教政策，宋代有几位帝王也提倡道教，于是道教在唐宋时期逐渐兴盛。元太祖成吉思汗对道徒丘处机极为器重，曾下令免除丘处及其管辖的观院道士的一切赋税，致使道教在元代时期盛极一时，永乐宫就建造于此时。

图 4-16　文字底纹效果

(2) 段落底纹。选择需要设置底纹效果的段落或将光标定位在要设置底纹效果的段落，在"底纹"选项卡的"应用于"下拉列表框中选择"段落"，并设置填充、图案等其他效果。段落底纹效果如图 4-17 所示。

道教名观--永乐宫

永乐宫原名大重阳万寿宫，为我国四大道观之一。始建于公元 14 世纪。道教由东汉人张道陵创立，奉春秋时期的思想家李耳（即老子）为教祖。唐太宗李世民自称是李耳的后裔，他在位时采取了兴道抑佛的宗教政策，宋代有几位帝王也提倡道教，于是道教在唐宋时期逐渐兴盛。元太祖成吉思汗对道徒丘处机极为器重，曾下令免除丘处及其管辖的观院道士的一切赋税，致使道教在元代时期盛极一时，永乐宫就建造于此时。

图 4-17　段落底纹效果

6. 格式刷

如果需要将设置好的文字或段落格式应用于其他文字或段落，可以单击"开始"选项卡中的"剪贴板"组中的"格式刷"按钮 格式刷。先选定设置好格式的文字或段落，单击"格式刷"按钮，然后用鼠标拖曳经过要应用此格式的文字或段落，可以完成一次格式复制。如果需要多次复制格式，先选定设置好格式的文字或段落，双击"格式刷"按钮，就可实现多次格式复制。若要取消复制操作，再次单击"格式刷"按钮即可。

4.3.3　页面格式

页面排版主要包括页面设置、页眉和页脚、脚注和尾注、特殊格式设置(分栏、首字下沉)等。

1．页面设置

页面设置包括设置纸张大小、页边距、每页容纳的行数和每行容纳的字数等。单击"页面布局"选项卡中的"页面设置"组中的相应命令按钮可以进行页面设置，也可以单击"页面设置"组右下角的对话框启动器，打开"页面设置"对话框进行页面设置，如图 4-18 所示。

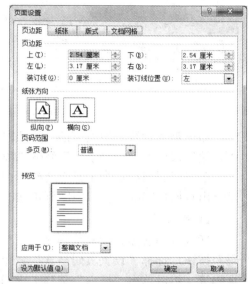

图 4-18　"页面设置"对话框

(1) "页边距"选项卡：用于设置上、下、左、右的页边距，装订线位置及纸张方向等。

(2) "纸张"选项卡：可以设置纸张类型和方向，一般缺省值为 A4 纸。若要设置纸张为特殊规格，可以选择"自定义大小"选项，并通过高度和宽度自定义纸张的大小。

(3) "版式"选项卡：可以设置页眉和页脚的位置和类型，如奇偶页不同、首页不同等。

(4) "文档网格"选项卡：用于设置每页容纳的行数和每行容纳的字数、文字的排列方向等。

通常，页面设置作用于整个文档，如果对部分文档进行页面设置，应在"应用于"下拉列表中选择范围。

2．插入分页符和分节符

1) 分页符

用页面视图编辑文档，文档内容超过页面的大小后自动分页，也可以根据需要选择位置手工分页。单击"页面布局"选项卡中的"页面设置"组中的"分隔符"按钮，选择"分页符"命令插入分页符。

2) 分节符

节是 Word 文档的组成单位之一，用于改变文档的布局。可以将文档分成几节，不同的节用分节符分隔，然后根据需要设置每节的格式。单击"页面布局"选项卡中的"页面设置"组中的"分隔符"按钮，选择"分节符"命令插入分节符。

3．页眉页脚

在文档排版打印时，通常在每页的顶部和底部加入一些说明性信息，称为页眉和页脚。这些信息可以是文字、图形、图片、日期或时间、页码等。

1) 插入页眉、页脚

单击"插入"选项卡中的"页眉和页脚"组中的"页眉"或"页脚"按钮，选择内置格式，也可以选择"编辑页眉"或"编辑页脚"命令，进入页眉或页脚编辑区。此时正文呈浅灰色，表示正文不可编辑。窗口功能区会出现"页眉和页脚工具"选项卡，如图 4-19 所示。可以根据需要插入日期和时间、图片、剪贴画等，也可以设置页眉页脚的类型和位置。

图 4-19　"页眉和页脚工具"选项卡

如果需要设置页眉页脚的文字或段落格式，可以先选中页眉页脚的文字或段落，单击"开始"选项卡中的"字体"组或"段落"组中的相应命令按钮。

单击"页眉和页脚工具"选项卡中的"关闭页眉和页脚"按钮或双击正文部分，就可以退出页眉页脚的编辑状态回到正文的编辑状态。

2）插入页码

插入页码前需先设置页码格式。单击"插入"选项卡中的"页眉和页脚"组中的"页码"按钮，选择"设置页码格式"命令，打开"页码格式"对话框，设置编号格式、起始页码等。然后单击"插入"选项卡中的"页眉和页脚"组中的"页码"按钮，选择"页面顶端"或"页面底端"命令插入页码。

如果要删除页眉和页脚，先双击页眉页脚，进入页眉页脚编辑状态，选中要删除的内容，按 Delete 键。也可以单击"插入"选项卡中的"页眉和页脚"组中的"页眉"按钮，选择"删除页眉"命令。使用同样的方法也可以删除页脚和页码。

可以在整个文档中使用同一个页眉和页脚，也可以在文档不同的部分使用不同的页眉和页脚，例如首页不同和奇偶页不同，可以通过单击"页眉和页脚工具"选项卡中的"选项"组中的相应复选框实现。

4．首字下沉

首字下沉是报纸杂志中经常用到的排版方式，它是将某段落的第一个字放大数倍，以引导阅读。将光标定位于需要首字下沉的段落中，单击"插入"选项卡中的"文本"组中的"首字下沉"按钮，在下拉菜单中选择"首字下沉选项"，打开"首字下沉"对话框，然后按照需要选择"下沉"或"悬挂"，并设置字体、下沉行数及与正文的距离，如图 4-20 所示。

图 4-20　"首字下沉"对话框

5．分栏

分栏排版在编辑报纸、杂志时经常用到，它是将一页纸的版面分为几栏，使得页面更生动和具有可读性。选中要分栏的段落，单击"页面布局"选项卡中的"页面设置"组中的"分栏"按钮，选择"更多分栏"命令，弹出"分栏"对话框，选择栏数、栏宽、栏间距等选项，单击"确定"按钮，如图 4-21 所示。

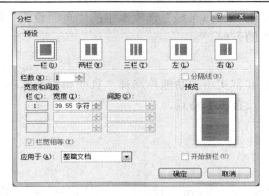

图 4-21　"分栏"对话框

6．脚注和尾注

脚注和尾注都是一种注释方式，用于对文档解释、说明或提供参考资料。脚注通常出现在页面的底部，作为文档某处内容的说明；而尾注一般位于文档的末尾，用于说明引用文献的来源。在同一个文档中可以同时包括脚注和尾注。

脚注和尾注由注释引用标记和与其对应的注释文本组成。Word 自动为标记编号，也可以创建自定义的标记。添加、删除或移动自动编号的注释时，Word 将对注释引用标记进行重新编号。在注释中可以使用任意长度的文本，并像处理任意其他文本一样设置注释文本格式。

在页面视图中，将光标定位在需要插入脚注或尾注的位置，单击"引用"选项卡中的"脚注"组中的"插入脚注"按钮或"插入尾注"按钮，键入注释文本。如果需要对脚注或尾注的默认格式进行修改，则需单击"脚注"组右下角的对话框启动器，打开"脚注和尾注"对话框，如图 4-22 所示。

图 4-22　"脚注和尾注"对话框

7．页面背景

页面背景主要用于为 Word 文档添加背景，可以为背景应用纯色、渐变、图案、图片或纹理。单击"页面设置"选项卡中的"页面背景"组中的"页面颜色"按钮，选择任意颜色，也可以选择"填充效果"命令，打开"填充效果"对话框设置各种页面背景，如图 4-23 所示。单击"页面设置"选项卡中的"页面背景"组中的"水印"按钮，选择"自定义水印"命令，打开"水印"对话框，设置图片水印和文字水印效果。

图 4-23　"填充效果"对话框

8．文字方向

通常情况下，文档都是从左至右水平横排的，但是有时需要特殊效果，如古文、古诗的排版需要文档竖排。单击"页面布局"选项卡中的"页面设置"组中的"文字方向"按钮，可以设置页面中文字的方向。

9．稿纸格式

设置稿纸格式是日常非常实用的功能，选择"页面布局"选项卡中的"稿纸"组中的"稿纸设置"按钮，可以设置稿纸格式。

4.3.4　其他格式

1．字数统计

字数统计功能可以统计当前 Word 文档字数，统计结果包括字数、字符数(不记空格)、字数(记空格)三种类型。单击"审阅"选项卡中的"校对"组中的"字数统计"按钮，打开"字数统计"对话框，对话框中显示统计结果。

2．中文简繁转换

单击"审阅"选项卡中的"中文简繁转换"组中的按钮，可以实现简体和繁体字的转换。

3．批注

在修改 Word 文档时如果遇到一些不能确定是否要改的地方，可以通过插入 Word 批注的方法暂时做记号。审阅 Word 文档的过程中审阅者对作者提出一些意见和建议时，也可以通过 Word 批注表达自己的意思。在 Word 文档中选中需要添加批注的文字，单击"审阅"选项卡中的"批注"组中的"新建批注"按钮，输入批注内容。

4.3.5　美化"永乐宫简介"文档

杨柳将"永乐宫简介"文档进行排版，制作要求和步骤如下。

1．字符格式

(1) 将标题"道教名观—永乐宫"文字设置为二号、加粗，字体颜色为"蓝色，强调文字颜色 1，深色 25%"，字符间距加宽 2 磅。

选中标题"道教名观—永乐宫"，单击"开始"选项卡中的"字体"组右下角的对话框启动器，打开"字体"对话框，在字体选项卡中选择字号为二号、字形为加粗、字体颜色为"蓝色，强调文字颜色 1，深色 25%"，在高级选项卡中设置间距为加宽 2 磅。

(2) 将正文文字字号设置为小四号。

选中正文文字，单击"开始"选项卡中的"字体"组右下角的对话框启动器，打开"字体"对话框，在字体选项卡中选择字号为小四号。

2．段落格式

(1) 将标题段落设置为居中对齐，正文设置为两端对齐。

(2) 将正文段落设置为首行缩进 2 个字符。

(3) 设置标题段落段前段后间距均为 1 行。

(4) 设置正文段落为 1.5 倍行距。

选中标题段落，单击"开始"选项卡中的"段落"组右下角的对话框启动器，打开"段落"对话框，设置对齐方式为居中对齐，段前段后间距为 1 行；选中正文段落，在"段落"对话框中设置对齐方式为两端对齐，缩进特殊格式为首行缩进 2 个字符，行距为 1.5 倍行距。

3．页面格式

(1) 设置纸张大小为 A4，21 × 29.7 厘米。

单击"页面布局"选项卡中的"页面设置"组中的纸张大小按钮，选择 A4，21 × 29.7 厘米。

(2) 设置页边距及页眉、页脚的位置，页边距为上：2 厘米，下：2 厘米，左：3 厘米，右：3 厘米；页眉距边界：1.5 厘米；页脚距边界：1.5 厘米。

单击"页面布局"选项卡右下角的对话框启动器，打开"页面设置"对话框，单击"页边距"选项卡，设置页边距上：2 厘米、下：2 厘米、左：3 厘米、右：3 厘米。单击"版式"选项卡，设置页眉距边界：1.5 厘米，页脚距边界：1.5 厘米。

(3) 设置页眉和页脚，页眉："永乐宫简介"(居中对齐)；页脚：页码(居中对齐)。

单击"插入"选项卡中的"页眉页脚"组中的"页眉"或"页脚"按钮，选择内置格式，也可以选择"编辑页眉"或"编辑页脚"命令，进入页眉编辑区，输入文字"永乐宫简介"。

单击"插入"选项卡中的"页眉页脚"组中的"页码"按钮，选择"页面顶端"或"页面底端"命令，在打开的子菜单中选择"普通数字 2"。

(4) 为正文第一段设置首字下沉两行，距正文 1 厘米。

光标定位于正文第一段，单击"插入"选项卡中的"文本"组中的"首字下沉"按钮，在下拉菜单中选择"首字下沉选项"，打开"首字下沉"对话框，设置首字下沉两行，距正文 1 厘米。

(5) 设置文字水印页面背景，文字为"永乐宫简介"，水印版式为斜式。

单击"页面设置"选项卡中的"页面背景"组中的"水印"按钮，选择"自定义水印"命令，打开"水印"对话框，设置文字水印效果为"永乐宫简介"，水印版式为斜式。

4.4　图 文 混 排

Word 支持图形处理，具有强大的图文混排功能。在 Word 2010 中，使用两种基本类型的图形来增强文档的效果：图片和图形对象。图片包括剪贴画(扩展名为 .wmf)、其他图形文件(扩展名为 .tif，.jpg，.gif，.bmp 等)、截取的屏幕图像或界面图标等，图形对象包括利用"绘图"工具栏绘制的图形、文本框、艺术字等。

4.4.1　插入图片

1．插入图片文件

在文档中插入图片，光标先置于要插入图片的位置，然后单击"插入"选项卡中的"插图"组中的"图片"按钮，打开"插入图片"对话框，选择要插入的图片。

2．插入剪贴画

在文档中插入剪贴画，光标先置于要插入剪贴画的位置，然后单击"插入"选项卡中的"插图"组中的"剪贴画"按钮，在窗口右侧打开"剪贴画"任务窗格，如图 4-24 所示，搜索和选择要插入的剪贴画。

图 4-24　"剪贴画"任务窗格

3．编辑图片和剪贴画

1) 缩放图片

单击要缩放的图片，将图片选中，图片上显示尺寸控制点。拖曳尺寸控制点，可以放大或缩小图片。如果需要准确缩放图片，在"格式"选项卡中的"大小"组中设置图片的高度和宽度。也可以单击"格式"选项卡中的"大小"组右下角的箭头，打开"布局"对话框，如图 4-25 所示，设置高度和宽度。如果纵横比发生变化，需要取消锁定纵横比。

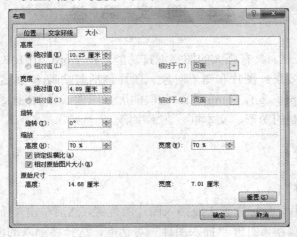

图 4-25　"布局"对话框

2）裁剪图片

选中图片，单击"格式"选项卡中的"大小"组中的"裁剪"按钮，可以根据需要将图片裁剪。

3）图片的环绕方式

文档插入图片后，常常会把周围的正文挤开，形成文字对图片的环绕。文字对图片的环绕方式主要分为两类：一类是将图片视为文字对象，与文档中的文字一样占有实际位置，如嵌入型；另一类是将图片视为区别于文字的外部对象处理，如四周型、紧密型、衬于文字下方、浮于文字上方、上下型和穿越型。选中图片，单击"格式"选项卡中的"排列"组中的"自动换行"按钮，选择需要的环绕方式。

4）图片的对齐和叠放次序

如果想要文档中的多个图片位置对齐，首先将多个图片选中，单击"格式"选项卡中的"排列"组中的"对齐"按钮进行设置。如果多个图片有重叠，可以单击"格式"选项卡中的"排列"组中的"上移一层"和"下移一层"按钮改变图片的叠放次序。

4.4.2　插入图形对象

1．插入艺术字

艺术字以普通文字为基础，通过添加阴影，改变文字的大小和颜色等，把文字变成各种预定义的形状来突出和美化文字。

单击"插入"选项卡中的"文本"组中的"艺术字"按钮，添加艺术字。生成艺术字后，通过"格式"选项卡，可以改变艺术字的形状样式、艺术字样式、大小和排列方式等。

2．插入文本框

文本框是指一种可移动、可调大小的文字或图形容器。使用文本框，可以在一页上放置数个文字块，可使文字按与文档中其他文字不同的方向排列。单击"插入"选项卡中的"文本"组中的"文本框"按钮，可以插入内置文本框，也可以选择绘制文本框，绘制的文本框包含横排和竖排两种。生成文本框后，单击框内部可以输入文字，左键拖动外框可以移动文本框。选中文本框，通过"格式"选项卡，可以改变文本框的形状样式、艺术字样式、大小和排列方式等。

3．插入图形

单击"插入"选项卡中的"插图"组中的"形状"按钮，可以绘制各种线条和形状。要在自选图形中添加文字，如果是首次添加，右击图形，单击快捷菜单中的"添加文字"命令；如果是在已有文字中增加文字，在图形中单击，然后键入文字。

4．插入 SmartArt

SmartArt 图形是信息和观点的视觉表示形式。可以通过从多种不同布局中进行选择来创建 SmartArt 图形，从而快速、轻松、有效地传达信息。单击"插入"选项卡中的"插图"组中的"SmartArt"按钮，打开"选择 SmartArt 图形"对话框，插入 SmartArt 图形，如图 4-26 所示。插入 SmartArt 图形后，会出现"设计"和"格式"选项卡。"设计"选项卡可以对图形的布局、样式等进行设置，"格式"选项卡可以改变图形的形状样式、艺术字样式等。

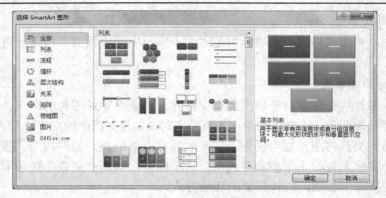

图 4-26 "选择 SmartArt 图形"对话框

4.4.3 制作"古庙会活动海报"

为推广"三月三古庙会"活动,杨柳制作了永乐宫第 28 届三月三古庙会活动的海报,效果如图 4-27 所示。

图 4-27 古庙会活动海报

制作要求和步骤如下:

(1) 新建 Word 文档,命名为:"永乐宫庙会海报.docx"。

(2) 设置纸张大小为 B5。

(3) 设置纸张方向为横向。

(4) 设置页边距为上:2 厘米,下:2 厘米,左:3 厘米,右:3 厘米。

(5) 将"海报背景"图片设置为背景图片。

单击"页面布局"选项卡中的"页面设置"组中的"页面颜色"按钮,选择"填充效果",打开"填充效果"对话框,在"图片"选项卡中单击"选择图片"按钮,选择"海报背景"图片,将其设置为背景。

(6) 插入艺术字"永乐宫第 28 届三月三古庙会",艺术字格式为"白色,暖色粗糙棱台",并设置字号为"初号"、字体为"黑体"。将艺术字的版式设置为"四周型环绕"。

单击"插入"选项卡中的"文本"组中的"艺术字"按钮，选择"白色，暖色粗糙棱台"样式。输入文字内容"永乐宫第 28 届三月三古庙会"。选中艺术字，在"开始"选项卡中的"字体"组中，设置字号为"初号"、字体为"黑体"。单击"格式"选项卡中的"排列"组中的"自动换行"按钮，将艺术字的环绕方式设置为"四周型环绕"。

(7) 插入文本框，输入文字"4 月 20 日至 4 月 29 日邀您共赴古庙会……敬请各位游客届时光临！"，字体设置为"楷体"，将文字"4 月 20 日至 4 月 29 日"设置为"白色、二号、加粗"，其余文字设置为"黑色、三号、加粗"。

单击"插入"选项卡中的"文本"组中的"文本"按钮，选择"绘制文本框"。左键拖动生成文本框后，单击框内部输入文字"4 月 20 日至 4 月 29 日邀您共赴古庙会……敬请各位游客届时光临！"。单击文本框的外框线选中文本框后，单击"格式"选项卡中"形状样式"组中的"形状填充"按钮，选择"无填充颜色"；单击"格式"选项卡中"形状样式"组中的"形状轮廓"按钮，选择"无轮廓"。在"开始"选项卡中的"字体"组中，设置字体为"楷体"。选中文字"4 月 20 日至 4 月 29 日"后，设置文字颜色为"白色"、字号为"二号"、字形为"加粗"。

(8) 插入四张图片，将图片的版式设置为"四周型环绕"，并分别设置图片格式为"柔化边缘矩形"和"柔化边缘椭圆"，如图 4-27 所示。将矩形图片适当裁剪后置于底层。将矩形图片高度设置为 7 厘米，其他图片高度设置为 5.5 厘米。

单击"插入"选项卡中的"插图"组中的"图片"按钮，打开"插入图片"对话框，选择要插入的图片，依次插入 4 张图片。选中图片后，单击"格式"选项卡中的"排列"组中的"自动换行"按钮，将图片设置为"四周型环绕"。在"格式"选项卡中的"图片样式"组中设置图片样式为"柔化边缘矩形"或"柔化边缘椭圆"。

选中矩形图片，单击"格式"选项卡中的"大小"组中的"裁剪"按钮，对图片进行适当裁剪后，单击"格式"选项卡中的"排列"组中的"下移一层"按钮右侧的下拉按钮，选择"置于底层"，在"大小"组中设置图片的高度为 7 厘米。按照上述方法，设置其他图片的高度为 5.5 厘米。

4.5　表　　格

表格具有分类清晰、方便宜用等优点，在 Word 文档中常常会制作、编辑各种类型的表格。Word 2010 提供的表格处理功能可以方便地处理各种表格，适用于一般文档中包括的简单表格。

4.5.1　插入表格

表格由若干行和若干列组成，行列的交叉称为单元格。单元格内可以输入字符、图形，也可以插入另一个表格。

1. 快速创建表格

单击"插入"选项卡中的"表格"组中的"表格"按钮，选中"快速表格"命令，选择内置表格。

2．插入规则表格

单击"插入"选项卡中的"表格"组中的"表格"按钮，选中"插入表格"命令，打开"插入表格"对话框，如图4-28所示，选择表格尺寸和类型，单击"确定"按钮。

3．插入不规则表格

单击"插入"选项卡中的"表格"组中的"表格"按钮，选中"绘制表格"命令，可以绘制任意不规则表格。表格绘制完成后，单击"设计"选项卡中的"绘图边框"组中的"绘制表格"按钮，取消绘制状态。

图4-28　"插入表格"对话框

4.5.2　编辑表格

1．选中

(1) 选中单元格。单元格内的最左侧为单元格的选择区(鼠标为右上黑箭头)。单击单元格的选择区，选中该单元格；双击单元格的选择区，则选中整行。

(2) 选中行、列。表格的左外侧为行的选择区，单击行选择区，选中该行。在行选择区上下拖曳鼠标，选中多行或整个表格。

表格的上方为列选择区，光标移到选择区变成向下的黑箭头，单击列选择区，选中该列。在列选择区平行拖曳鼠标，选中多列或整个表格。

(3) 选中表格。单击表格左上角的符号⊞，可以选中整个表格。

2．调整行高和列宽

(1) 把鼠标指针移动到单元格的边框上，光标变成╪或╫时，拖曳鼠标改变边框的位置，边框位置改变了，表格的高度或宽度也随之改变。

(2) 自动调整表格尺寸。选中表格后，单击"布局"选项卡中的"单元格大小"组中的"自动调整"按钮，选择"根据内容自动调整表格"、"根据窗口自动调整表格"或"固定列宽"等命令，如图4-29所示。

(3) 精确调整表格尺寸。单击"布局"选项卡中的"表"组中的"属性"按钮，打开"表格属性"对话框，修改行高或列宽，如图4-30所示。也可以在"布局"选项卡中的"单元格大小"组中设置行高和列宽。

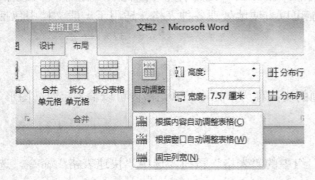

图4-29　自动调整表格尺寸

图4-30　"表格属性"对话框

3．插入或删除行、列

插入行和列可以通过单击"布局"选项卡中的"行和列"组中的相应命令按钮来实现。如果想插入多行或多列，先选择多行或多列，再插入行和列。

单击"布局"选项卡中的"行和列"组中的"删除"按钮，可以删除单元格、行、列和整个表格。

4．编辑单元格内容

单击某个单元格，输入内容。如果要删除单元格内容，可以选中要清除内容的单元格，按 Delete 键。

5．拆分和合并表格、单元格

1) 拆分和合并单元格

拆分单元格是将选中的单元格拆分成多个单元格。首先选中要拆分的单元格，然后单击"布局"选项卡中的"合并"组中的"拆分单元格"按钮，打开"拆分单元格"对话框进行设置。

合并单元格是将选中的多个单元格合并成一个单元格。首先选中要合并的多个单元格，然后单击"布局"选项卡中的"合并"组中的"合并单元格"按钮。

2) 拆分和合并表格

可以将一个表格拆分为多个表格。光标先定位在拆分位置，然后单击"布局"选项卡中的"合并"组中的"拆分表格"按钮。也可以将两个表格合并为一个表格，只需删除两个表格之间的空行即可。

6．表格和文本的相互转换

1) 文本转换成表格

按规律分隔的文本可以转换成表格，文本的分隔符可以是逗号、制表符、段落标记或其他字符。选定要转换成表格的文本，单击"插入"选项卡中的"表格"组中的"表格"按钮，选中"文本转换成表格"命令。

2) 表格转换成文本

将表格转换成文本，可以指定逗号、制表符、段落标记或其他字符作为转换时分隔文本的字符。选定要转换成文本的表格，单击"布局"选项卡中的"数据"组中的"转换为文本"按钮，打开"表格转换为文本"对话框，如图 4-31 所示。选择"文字分隔符"下所需的字符，作为替代列边框的分隔符。

图 4-31　"表格转换成文本"对话框

4.5.3　美化表格

1．表格内文字和表格的对齐方式

1) 表格内文字的对齐方式

首先选中要设置格式的单元格，然后单击"布局"选项卡中的"对齐方式"组中的相应命令按钮，选择所需的对齐方式，如图 4-32 所示。

图 4-32　对齐方式

2) 表格的对齐方式

首先选中要设置格式的表格，然后单击"布局"选项卡中的"表"组中的"属性"按钮，打开"表格属性"对话框，选择对齐方式，如图 4-33 所示。

图 4-33　表格对齐方式

2．表格自动套用格式

Word 为用户提供了多种预定义格式，有表格的边框、底纹、字体、颜色等，使用它们可以快速格式化表格。通过单击"设计"选项卡中的"表格样式"组中的各种样式进行设置。

3．边框和底纹

单击"设计"选项卡中的"表格样式"组中的"边框"和"底纹"按钮可以设置表格的边框和底纹。

4．标题行重复

如果在后续各页上需要重复表格标题，则先选定要作为表格标题的一行或多行(选定内容必须包括表格的第一行)，再单击"布局"选项卡中的"数据"组中的"重复标题行"按钮。

5．设置表格与文字的环绕

表格和文字的排版有"环绕"和"无"两种方式，可以单击"布局"选项卡中的"表"组中的"属性"按钮，打开"表格属性"对话框，选择文字环绕方式。

4.5.4　表格的计算和排序

1．表格的计算

在表格中可以完成一些简单的计算，如求和、求平均值、统计等，可以通过 Word 提供的函数快速实现。这些函数包括求和(Sum)、平均值(Average)、最大值(Max)、最小值(Min)、条件统计(If)等。表格在计算过程中经常要用到单元格地址，用字母后面跟数字的方式表示单元格地址，其中字母表示单元格所在列号，依次用字母 A，B，C，…表示，数字表示行号，依次用数字 1，2，3，…表示，如 B3 表示第 2 列第 3 行的单元格。表 4-1 列出了作为函数自变量的单元格表示方法。

表 4-1　单元格表示方法

函数自变量	含　　义
LEFT	左边单元格
ABOVE	上边单元格
单元格 1：单元格 2	从单元格 1 到单元格 2 矩形区域内的所有单元格。例如，A1：B2 表示 A1，B1，A2，B2 四个单元格中的数据参与函数所规定的计算
单元格 1，单元格 2，…	单元格 1 和单元格 2，…的所有单元格。例如，A1，B2 表示 A1 和 B2 两个单元格中的数据参与函数所规定的计算。

在表格的单元格中可以插入公式，并计算出结果。插入公式的步骤如下：

(1) 单击要放置计算结果的单元格。

(2) 单击"布局"选项卡中的"数据"组中的"公式"按钮，打开公式对话框，如图 4-34 所示。

(3) 选择"粘贴函数"下所需的公式，如单击 SUM 用以求和。在公式的括号中键入单元格地址，可引用单元格的内容。例如，单元格 A1 和 B4 中的数值相加时，应输入公式"=SUM(A1，B4)"。

图 4-34　"公式"对话框

Word 是将计算结果作为一个域插入选定单元格的。如果所引用的单元格有所改变，先选定该域，再按下 F9 键，即可更改计算结果。

2．表格的排序

除计算外，Word 还可对表格数据按数值、笔画、拼音、日期等方式以升序或降序排列。排序是将表格中的数据按照排序依据的字段，升序或降序重新进行排列，每行(一条记录)数据保持不变。

对列表或表格进行排序的方法是：选定要排序的列表或表格，单击"布局"选项卡中的"数据"组中的"排序"按钮，打开"排序"对话框，如图 4-35 所示。表格排序的关键字最多有 3 个：主要关键字、次要关键字和第三关键字。如果按主要关键字排序时遇到相同的数据，则可以根据次要关键字排序。选择所需排序选项后，单击"确定"按钮。

图 4-35　"排序"对话框

4.5.5　制作"来宾登记表"

为统计来宾人数,杨柳制作了"三月三古庙会"活动开幕式来宾登记表,效果如图4-36所示。

来宾登记表						
序号	时间	姓名	工作单位	职务	联系方式	备注

图 4-36　来宾登记表

制作要求和步骤如下:

(1) 新建 Word 文档,命名为"来宾登记表.docx"。设置纸张方向为"横向"。

(2) 插入 13 行 7 列的表格。

单击"插入"选项卡中的"表格"组中的"表格"按钮,选中"插入表格"命令,打开"插入表格"对话框,输入行数为 13,列数为 7。

(3) 设置表格第 1 行的行高为 1.5 厘米,其余行的行高为 1 厘米;设置第 1 列的列宽为 2 厘米,第 2、3、5、7 列的列宽为 3 厘米,第 4 列的列宽为 6 厘米,第 6 列的列宽为 4 厘米。

选中第 1 行,在"布局"选项卡中的"单元格大小"组中设置高度为 1.5 厘米。选中其余行,按上述方法设置高度为 1 厘米。选中第 1 列,在"布局"选项卡中的"单元格大小"组中设置宽度为 2 厘米,按上述方法设置其他各列的宽度。

(4) 将第一行所有列合并为一个单元格。

选中第一行,单击"布局"选项卡中的"合并"组中的"合并单元格"按钮。

(5) 在表格中输入文字,如图 4-36 所示。设置第一行的文字为三号字体、字形加粗,第二行文字字形为加粗。

选中第一行,在"开始"选项卡中的"字体"组中,设置字号为"三号"、字形为"加粗"。选中第二行,按照上述方法设置字形为"加粗"。

(6) 设置表格中所有单元格对齐方式为水平居中,设置表格在页面中的对齐方式为居中。

选中表格,单击"布局"选项卡中的"对齐方式"组中的水平居中按钮,可设置单元格的对齐方式。选中表格,单击"布局"选项卡中的"表"组中的"属性"按钮,打开"表格属性"对话框,在表格选项卡的对齐方式中选择居中,可设置表格的对齐方式。

(7) 设置表格的外框和第一行单元格的边框为双实线,第二行的底纹为"白色,背景 1,

深色 15%"。

选中表格，单击"设计"选项卡中的"表格样式"组中的"边框"按钮右侧的下拉按钮，选择"边框和底纹"命令，打开"边框和底纹"对话框。在"边框"选项卡中，选择样式为双实线，选择设置中的"方框"。选中第一行，按照上述方法在"边框"选项卡中选择样式为双实线，单击预览中的下外框线按钮。选中表格第二行，单击"设计"选项卡中的"表格样式"组中的"底纹"按钮，选择"白色，背景 1，深色 15%"。

4.6 打 印 文 档

文档经编辑排版完成后，便可以打印。打印前若想浏览文档的整体效果，可使用打印预览功能。单击"文件"选项卡中的"打印"命令，在窗口右侧可以查看打印预览效果，如图 4-37 所示。打印预览满意后，可以设置打印选项再打印，通常需要设置的打印选项有打印份数、打印范围和是否双面打印等。

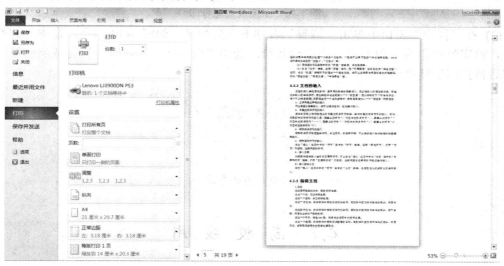

图 4-37　打印预览

1．打印范围

在"打印"窗口中单击"打印所有页"右侧的下三角按钮，如图 4-38 所示。可以在列表中选择以下几种打印范围：

(1) "打印所有页"选项是打印当前文档的全部页面。

(2) "打印当前页面"选项是打印光标所在的页面。

(3) "打印所选内容"选项只打印选中的文档内容，但事先必须选中一部分内容才能使用该选项。

图 4-38　打印范围

（4）"打印自定义范围"选项，是打印指定页码所在的页面。

还可以选择只打印奇数页或偶数页。

2．打印方式

（1）在"打印"窗口中单击"单面打印"右侧的下三角按钮，可以在列表中选择单面打印、双面打印、手动双面打印等方式，如图 4-39 所示。

图 4-39　单面或双面打印

（2）在"打印"窗口中单击"调整"右侧下三角按钮，如图 4-40 所示，选中"调整"选项，将完整打印第 1 份后再打印后续几份；选中"取消排序"选项，则完成所有第一页打印后再打印后续页码。

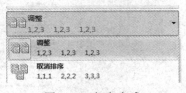

图 4-40　打印方式

4.7　高级应用

为了提高排版效率，Word 2010 提供了一些高效排版功能，包括样式、目录、邮件合并、题注和交叉引用等。

4.7.1　样式

样式是一组已命名的字符和段落格式的组合。例如，一篇文档有各级标题、正文、页眉和页脚等，它们分别有各自统一的字符格式和段落格式，这些格式可以定义为不同的样式。应用样式可以轻松、快捷地编排具有统一格式的段落，使文档格式严格保持一致。而且样式便于修改，如果文档中的多个段落使用了统一格式，只要修改样式就可以修改文档中带有此样式的所有段落。

1．使用已有样式

选中需要设置样式的段落，在"开始"选项卡中的"样式"组中的快速样式库中选择已有的样式。也可以单击"开始"选项卡中的"样式"组右下角的对话框启动器，打开"样式"任务窗格，在列表框中选择已有的样式，如图 4-41 所示。

2．新建样式

可以根据需要新建样式。单击"样式"任务窗格左下角的"新建"样式按钮 ，打开"根据格式设置创建新样式"对话框，如图 4-42 所示，然后输入样式名称，选择样式类型、样式基准，设置样式格式。新建样式后，就可以像使用已有样式一样直接使用新样式了。

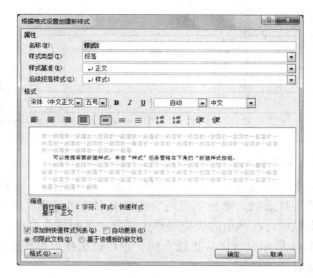

图 4-41 "样式"任务窗格   图 4-42 "根据格式设置创建新样式"对话框

3．修改和删除样式

如果对已有样式不满意，可以进行更改和删除。更改样式后，所有应用了该样式的文本都会随之改变。在"样式"任务窗格中，右击需要修改的样式名，在打开的快捷菜单中选择"修改"命令，在打开的"修改样式"对话框中设置所需的格式。如果需要删除样式，在"样式"任务窗格中，右击需要修改的样式名，在打开的快捷菜单中选择删除命令。

4.7.2 目录

在书籍、论文中，目录是必不可少的重要内容。Word 2010 提供了自动创建目录功能来创建书籍或论文目录。首先在文档中正确地应用标题样式，将各级标题用样式中的"标题"统一格式化，然后再创建目录。一般，目录分为三级，使用相应的三级"标题 1"、"标题 2"、"标题 3"样式来格式化，也可以使用其他几级标题样式或者自己创建的标题样式。

1．创建目录

将光标定位到要插入目录的位置，单击"引用"选项卡中的"目录"组中的"目录"

按钮，选择内置自动目录，也可以单击"插入目录"命令，打开"目录"对话框，单击"目录"选项卡，如图 4-43 所示，设置目录格式。

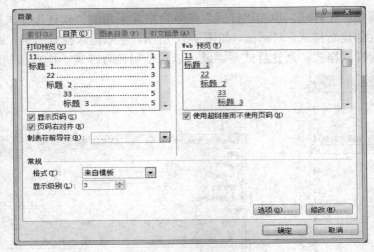

图 4-43　"目录"对话框

2. 更新目录

如果书籍或论文内容在编制目录后发生了变化，Word 2010 可以方便地对目录进行更新。单击目录后，单击"引用"选项卡中的"目录"组中的"更新目录"按钮，或在目录上右击鼠标，在弹出的快捷菜单中选择"更新域"命令，都可以打开"更新目录"对话框，如图 4-44 所示。可以只更新页码，也可以选择"更新整个目录"选项，单击"确定"按钮完成对目录的更新。

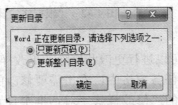

图 4-44　"更新目录"对话框

4.7.3　制作永乐宫综述

为了让大家对永乐宫有更深入的了解，杨柳制作了永乐宫综述，如图 4-45 所示。

制作要求和步骤如下：

(1) 新建 Word 文档，命名为："永乐宫综述.docx"。

(2) 输入文字内容，并插入相应的图片。所有段落设置首行缩进 2 个字符。

(3) 制作封面。在第一页前插入"透视"封面，输入标题文字"永乐宫综述"，删除原始图片和其他对象，插入指定图片，效果如图 4-45 所示。

单击"插入"选项卡中的"页"组中的"封面"按钮，选择"透视"封面，在封面上输入标题，并删除原始图片和其他对象。单击"插入"选项卡中的"插图"组中的"图片"按钮，打开"插入图片"对话框，选择要插入的图片。

永乐宫综述

目录

1 永乐宫概况 2
2 永乐宫布局 2
　2.1 三清殿 3
　2.2 纯阳殿 3
　2.3 重阳殿 4
3 历史沿革 4
4 永乐宫乔迁经历 5
5 永乐宫壁画 6
　5.1 朝元图 6
　5.2 二仙论道图 7
6 永乐宫美食 7

1 永乐宫概况

2 永乐宫布局

2.1 三清殿

2.2 纯阳殿

2.3 重阳殿

3 历史沿革

4 永乐宫乔迁经历

5 永乐宫壁画

5.1 朝元图

5.2 二仙论道图

6 永乐宫美食

6.1 荛城麻片

6.2 荛城香菜

6.3 泡泡油糕

7 永乐宫旅游提示

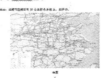

图 4-45　永乐宫综述

(4) 样式设置。将文档中以 1、2、……开头的段落设置为"标题 1"样式，字号为二号；以 2.1、2.2、……开头的段落设置为"标题 2"样式，字号为三号。

单击"开始"选项卡中的"样式"组右下角的对话框启动器，打开"样式"任务窗格，在列表框中选择"标题 1"右侧的下拉箭头，选择"修改"命令，打开"修改样式"对话框，将字体设置为二号。在列表框中选择"标题 2"右侧的下拉箭头，选择"修改"命令，打开"修改样式"对话框，将字体设置为三号。

分别选中以 1、2、……开头的段落，单击"样式"窗口中的标题 1，分别选择以 2.1、2.2、……开头的段落，单击"样式"窗口中的标题 2。

(5) 创建目录。在正文前插入一个空白页作为目录页，在第一行输入文字"目录"，字号为"三号"，字形为"加粗"，并设置居中对齐，在第二行自动生成目录，效果如图 4-45 所示。

光标置于正文第一个字前，单击"页面布局"选项卡中的"页面设置"组中的"分隔符"按钮，选择"分页符"。在空白页第一行输入文字"目录"，设置字号为"三号"、字形为"加粗"、居中对齐。

光标置于目录页第二行，单击"引用"选项卡中的"目录"组中的"目录"按钮，选择"插入目录"命令，打开"目录"对话框，单击"目录"选项卡，插入自动目录。

(6) 设置页眉页脚。设置封面无页眉和页脚；目录页页眉为"永乐宫综述•目录"，无页脚；正文页眉为"永乐宫综述"，页脚为页码，编号从 1 开始，格式为"1，2，3……"，居中显示。

光标置于目录页第一个字前，单击"页面布局"选项卡中的"页面设置"组中的"分隔符"按钮，选择"下一页分节符"。光标置于正文第一个字前，按上述方法，插入"下一页分节符"，将正文分为三节。

光标定位于目录页，单击"插入"选项卡中的"页眉页脚"组中的"页眉"按钮，选择编辑页眉命令，进入页眉编辑区。单击"设计"选项卡中的"导航"组中的"链接到前一条页眉"按钮，断开第二节与第一节页眉的链接。单击进入页脚编辑区，单击"设计"选项卡中的"导航"组中的"链接到前一条页眉"按钮，断开第二节与第一节页脚的链接。

光标定位于第三页，单击"设计"选项卡中的"导航"组中的"链接到前一条页眉"按钮，断开第三节与第二节页眉的链接。在第二页页眉编辑区，输入页眉文字"永乐宫综述•目录"。在第三页页眉编辑区，输入页眉文字"永乐宫综述"。

光标定位于第三页页脚编辑区，单击"设计"选项卡中的"页眉和页脚"组中的"页码"按钮，选择"设置页码格式"命令，打开"页码格式"对话框，设置页码格式为"1，2，3……"，起始页码为 1。单击"设计"选项卡中的"页眉和页脚"组中的"页码"按钮，选择"页面底端"命令，选择"普通数字 2"，插入页码。

设置完成后，单击"设计"选项卡中的"关闭"组中的"关闭页眉和页脚"按钮，退出页眉页脚编辑状态。

4.7.4　邮件合并

"邮件合并"是指在邮件文档(主文档)的固定内容中，合并与发送信息相关的一组通信资料，从而批量生成需要的邮件文档，以此大大提高工作效率。

"邮件合并"功能除了可以批量处理信函、信封等与邮件相关的文档外，还可以轻松地批量制作标签、工资条、成绩单等。

如果需要制作数量比较大且文档内容分为固定不变的部分和变化的部分，变化的内容来自数据表中含有标题行的数据记录表。例如打印信封，寄信人信息是固定不变的，而收信人信息是变化的部分。只要理解了邮件合并的过程，就可以得心应手地利用邮件合并来完成批量作业。

邮件合并的基本过程包括以下三个步骤。

1．建立主文档

主文档是指邮件合并内容中固定不变的部分，如信函中的通用部分、信封上的落款等。建立主文档的过程就和新建一个 Word 文档一样，在进行邮件合并之前它只是一个普通的文档。唯一不同的是，如果正在为邮件合并创建一个主文档，需要考虑在合适的位置留下数据填充的空间。另外，写主文档的时候也需要考虑是否对数据源的信息进行必要的修改，以符合书信写作的习惯。

2．准备数据源

数据源就是数据记录表，其中包含相关的字段和记录内容。一般情况下，考虑使用邮件合并来提高效率正是因为已经有了相关的数据源，如 Excel 表格、Outlook 联系人或 Access 数据库。如果没有提供数据源，也可以新建一个数据源。

需要注意的是，在实际工作中可能会在 Excel 表格中加一行标题。如果作为数据源，应该先将标题删除，得到以字段名为第一行开始的一张 Excel 表格，以便使用这些字段名来引用数据表中的记录，在 Excel 中建立的数据源，如图 4-46 所示。

	A	B	C	D
1	姓名	职务	单位	
2	王红运	县委书记	县委	
3	李华民	县长	县政府	
4	江汉民	县委副书记	县委	
5	赵玉满	副县长	县政府	
6	王秀忠	宣传部长	县委	
7				
8				

图 4-46　Excel 表格

3．将数据源合并到主文档中

利用邮件合并工具，可以将数据源合并到主文档中，得到目标文档。合并完成文档的份数取决于数据表中记录的条数。下面以批量制作邀请函为例讲解具体的操作步骤。

4.7.5　批量制作邀请函

为了推广"三月三古庙会"活动，需要向很多人发出永乐宫第 28 届古庙会开幕式的邀请函，因此杨柳需要运用邮件合并功能制作多份邀请函。

运用邮件合并功能制作内容相同、收件人不同的多份邀请函。制作效果如图 4-47 所示。

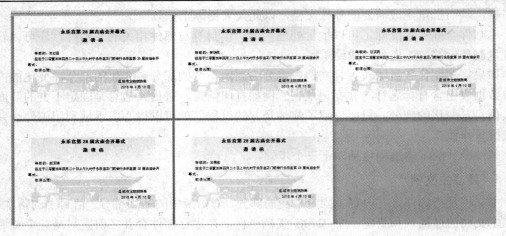

图 4-47　邀请函

制作要求和步骤如下：

(1) 新建 Word 文档，命名为："邀请函.docx"。

(2) 设置纸张方向为"横向"。

(3) 输入邀请函的标题和其余文字内容。标题文字设置为"一号、黑体、加粗"，居中显示，其余文字设置为"小二、黑体"。正文段落首行缩进 2 个字符。效果如图 4-48 所示。

(4) 将永乐宫图片设置为邀请函的图片水印。

(5) 在"尊敬的"文字之后，插入邀请人姓名，邀请人姓名在"重要客户名录.xlsx"文件中，每页邀请函中只能包含 1 位邀请人的姓名。具体步骤如下：

① 单击"邮件"选项卡中的"开始邮件合并"组中的"开始邮件合并"按钮，在展开的下拉列表中选择"邮件合并分步向导"，启动"邮件合并"任务窗格，如图 4-49 所示。

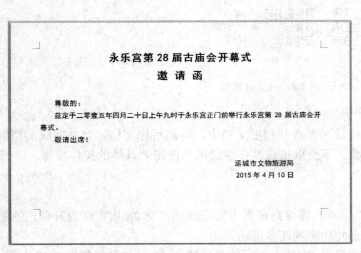

图 4-48　邀请函

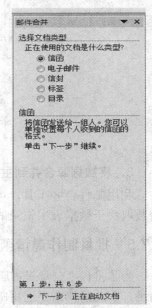

图 4-49　"邮件合并"任务窗格

② 在"邮件合并"任务窗格的"选择文档类型"中选择"信函"，单击"下一步：正在启动文档"。

③ 在"邮件合并"任务窗格的"选择开始文档"中选择"使用当前文档"，单击"下一步：选取收件人"。

④ 在"邮件合并"任务窗格的"选择收件人"中，选择"使用现有列表"，单击"浏览"。在启动的"读取数据源"对话框中，选择"重要客户名录.xlsx"文档，单击"打开"按钮。在弹出的"选择表格"对话框中选择工作表 sheet1，单击"确定"按钮。

启动"邮件合并收件人"对话框，如图 4-50 所示，保持默认设置(勾选所有收件人)，单击"确定"按钮。

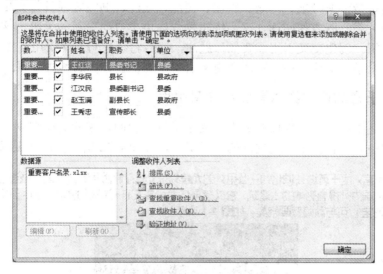

图 4-50　"邮件合并收件人"对话框

⑤ 在"邮件合并"任务窗格中，单击"下一步：撰写信函"。

将光标定位于"尊敬的"文字之后，在"邮件合并"任务窗格的"撰写信函"中选择"其他项目"，打开"插入合并域"对话框，如图 4-51 所示。选择"姓名"，单击"插入"按钮，然后单击"关闭"按钮。

图 4-51　"插入合并域"对话框

⑥ 在"邮件合并"任务窗格的"撰写信函"中，单击"下一步：预览信函"。

在"预览信函"选项组中，通过 ≫、≪ 按钮可以切换不同的收件人。

⑦ 单击"下一步：完成合并"。

完成邮件合并后，还可以对单个信函进行编辑和保存。在"邮件合并"任务窗格中，单击"编辑单个信函"，或者单击"邮件"选项卡中的"完成"组中的"完成并合并"按钮，在下拉列表中选择"编辑单个文档"选项都可以启动"合并到新文档"对话框。在"合并到新文档"对话框中选择全部，单击"确定"按钮，生成一个新的文档。

4.7.6　题注和交叉引用

1．题注

如果文档中含有大量图片和表格，为了能更好地管理这些图片和表格，可以为图片和表格添加题注。一幅图片或表格的题注是出现在图片下方或上方的一段简短描述，添加了题注的图片或表格会获得一个编号，并且在删除或添加图片和表格时，所有的图片和表格编号会自动改变，以保持编号的连续性。

2．交叉引用

交叉引用是指将编号项、标题、脚注、尾注、题注、书签等项目与其相关正文或说明内容建立对应关系，既方便阅读，又为编辑操作提供了自动更新的手段。这里以题注的交叉引用为例介绍。创建交叉引用前要插入题注，然后将将题注与交叉引用连接起来。

下面以在永乐宫综述中插入题注和交叉引用为例讲解具体的操作步骤。

4.7.7　在永乐宫综述中插入题注和交叉引用

永乐宫综述中引用了许多图片并在正文中进行了说明，因此杨柳需要在永乐宫综述中为图片插入题注，在正文中插入题注的交叉引用，如图 4-52 所示。制作要求和步骤如下：

永乐宫，位于芮城县城北约三公里处的龙泉村东，建在原西周的古魏国都城遗址上。这是一处在国内外很有影响的古建筑，它以壁画艺术闻名天下。这里的壁画，是中国现存壁画艺术的瑰宝，可与敦煌壁画媲美。如**图 1-1** 所示。

图 1-1 永乐宫壁画

图 4-52　题注和交叉引用举例

1．为图片插入题注

(1) 删除永乐宫综述中各级标题的编号，如 1、2、1.1、1.2 等。

(2) 如果希望题注的编号与章节编号统一，则应先为各级标题设置样式，然后在多级列表的"定义新的多级列表"中将级别链接到样式，再插入题注。

光标置于正文第 1 页标题"永乐宫概况"文字之前，单击"开始"选项卡中的"段落"组中的"多级列表"按钮，选择"定义新的多级列表"，打开"定义新多级列表"对话框，点击"更多"按钮，如图 4-53 所示。

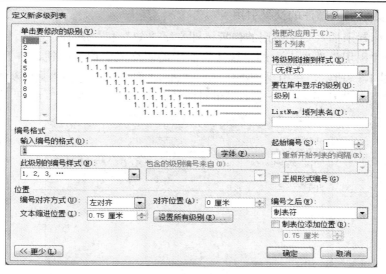

图 4-53 "定义新多级列表"对话框

在"单击要修改的级别："中选择 1，然后在"将级别链接到样式："中选择"标题 1"，在"单击要修改的级别："中选择 2，然后在"将级别链接到样式："中选择"标题 2"，按照同样的方法继续将级别链接到样式。

(3) 光标定位于图的题注文字前，单击"引用"选项卡中的"题注"组中的"插入题注"按钮，打开"题注"对话框，如图 4-54 所示。也可以右键单击需要添加题注的图片或表格，在打开的快捷菜单中选择"插入题注"命令。

(4) 在"题注"对话框中的"标签"中选择"图"。如果没有"图"的标签，单击"新建标签"按钮，打开"新建标签"对话框，如图 4-55 所示，输入"图"，单击"确定"按钮后，新建的标签就添加到标签中，然后在"题注"对话框中的"标签"中选择"图"的标签。

(5) 在"题注"对话框中的"标签"中选择"编号"按钮，打开"题注编号"对话框，如图 4-56 所示。选择编号格式为"1，2，3，…"，章节起始样式为"标题 1"，分隔符为"连字符"。选中"包含章节号"复选框，则编号中会出现章节号。

  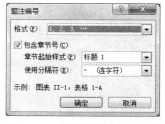

图 4-54　"题注"对话框　　图 4-55　"新建标签"对话框　　图 4-56　"题注编号"对话框

(6) 插入题注后，设置题注格式。单击"开始"选项卡中的"样式"组中右下角的对话框启动器，打开"样式"任务窗格。单击"题注"右侧的下拉箭头，点击"修改"，打开"修改样式"对话框，设置题注格式，字号为"小五"，对齐方式为"居中"。

按照上述方法为后续的图或表继续插入题注时，自动引用上次设置的格式。

2. 在正文中插入题注的交叉引用

(1) 将光标置于插入交叉引用的位置，即文字"如"和"所示"之间。

(2) 单击"引用"选项卡中的"题注"组中的"交叉引用"按钮，打开"交叉引用"对话框，如图 4-57 所示。在引用类型中选择"图"，引用内容选择"只有标签和编号"，在"引用哪一个题注"中选择一个交叉引用对应的题注，单击"插入"按钮。

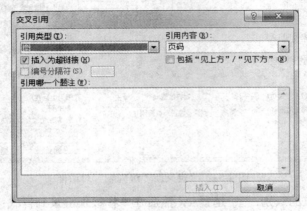

图 4-57　"交叉引用"对话框

按照以上方法插入所有题注的交叉引用。当题注的交叉引用发生变化后，不会自动调整，需要用户自己设置"更新域"。用鼠标指向该"域"右击，在快捷菜单中选择"更新域"命令，即可更新域中的自动编号；若有多处，可以全选(Ctrl + A)后再更新。更新域也可以使用快捷键 F9 设置。

第 5 章　电子表格处理软件 Excel 2010

Excel 2010 是 Microsoft Office 2010 办公集成软件中的一个组件，是目前市场上最流行的、功能最强大的电子表格制作软件。Excel 2010 是一种专门用于数据处理和报表制作的应用程序，具有直观、操作简单、数据即时更新、数据分析函数丰富等特点，因此在与数据报表有关的人事、财务、税务、统计、计划分析等许多领域都得到了广泛的应用。

5.1　认识 Excel 2010

Excel 2010 具有强大的功能及与 Windows 一致的友好图形用户界面，以工作簿来管理数据文件，用工作表来管理数据文件中的数据集合，以单元格作为数据处理的基本单位，通过公式实现工作表内数据计算的自动化。

5.1.1　引言——"学生信息管理"

李华在一所学校担任教学秘书，学生电子档案的管理和学生成绩的计算与分析是她每学年必做的工作。新生入学前，需要建立学生档案表；学期中，常常要查询学生档案信息；考试期间，需要建立学生成绩表、自动计算学生成绩、用图表直观反映学生成绩以及进行排序、筛选、分类汇总、制作数据透视表等数据管理操作。

李华使用 Excel 2010 就能很轻松地完成这些任务，让我们跟随李华一起走近 Excel 2010，熟悉 Excel 2010 的工作环境。

5.1.2　Excel 2010 概述

Excel 2010 具有强大的数据组织、计算、分析和统计功能，可以通过图表和图形等多种形式对处理结果加以形象地显示，更能够方便地与 Office2010 的其他组件相互调用数据，实现资源共享。

1. Excel 的功能

(1) 编辑表格。Excel 2010 具有很强的表格制作和表格编辑功能，用它可以方便地建立各种电子表格，输入各种类型的数据，并且具有强大的自动填充功能。

(2) 数据计算。Excel 2010 提供了各类函数，利用这些函数可以完成各种复杂的计算。

(3) 图表显示。用 Excel 2010 可以将表格中数据之间的关系表现成柱形图、直方图、饼图等，可以根据要求将数据和图表放置在一张表格上，比较直观地反映数据内容。

(4) 数据管理与分析。Excel 2010 的每一张工作表最大可由 1 048 576 行和 16 384 列组成，这样大的工作表可以满足大多数数据处理业务，将数据输入到工作表以后，可以对数据进行排序、筛选、分类汇总、制作数据透视表等统计分析操作。

(5) 打印输出。利用系统提供的丰富的格式化命令，如设定页面格式、字体格式、边框格式、背景格式等，进行格式设置并可按设置的格式打印输出。

2．Excel 2010 的新增功能

(1) 迷你图。迷你图是 Excel 2010 中的新功能，用户可使用它在一个单元格中创建小型图表来快速展现数据变化趋势。这是一种突出显示重要数据趋势的快速简便的方法，可为用户节省大量的时间。

(2) 切片功能。Excel 2010 提供了全新切片和切块功能。切片器功能在数据透视表视图中提供了丰富的可视化功能，方便用户动态分割和筛选数据以显示所需要的内容。使用搜索筛选器，可用较少的时间审查数据表和数据透视表视图中的大量数据集，腾出更多时间用于分析数据。

(3) 屏幕截图。Excel 2010 提供了在线截图功能，单击"插入"选项卡中的"插图"组中的"屏幕截图"按钮，即可看到当前屏幕上的所有软件窗口，通过单击某软件窗口图可将其复制到 Excel 中，用户也可以自定义屏幕截图区域。

(4) 粘贴预览。Excel 2010 提供了粘贴预览功能，实现复制操作后，右击鼠标键即可显示粘贴选项，当鼠标停留在相关选项上时，表格中即会出现相关粘贴后的样式预览。

(5) 自定义插入公式。Excel 2010 在插入中提供了自定义插入公式功能，单击"插入"选项卡中的"符号"组中的"公式"按钮，弹出自定义设置公式窗口，用户可通过软件提供的复杂数据符号来创建复杂的数学公式。

(6) 文件信息。Excel 2010 在"文件"菜单中提供了大量的文件信息。在"信息"中提供了已打开文档的相关信息，如文件位置、大小、图像预览，创建时间、版本、权限等；在"最近所用文件"中可以查看 Excel 最近的操作记录；在"新建"中还可以选择创建文件的类型等。

5.1.3　Excel 2010 的工作界面

Excel 2010 的启动与退出与 Word 2010 类似。启动 Excel 2010 后，可以看到 Excel 2010 的工作窗口与 Word 2010 的窗口很相似，很多组成部分的功能和用法与 Word 2010 相同，在此不再赘述。Excel 2010 的工作界面如图 5-1 所示。

1．工作簿

Excel 2010 创建的文件称为"工作簿"，其扩展名为 .xlsx。一个工作簿由多张工作表构成，默认包含 3 张工作表，名称分别为 Sheet1、Sheet2、Sheet3，显示在工作界面的左下角，称为"工作表标签"。单击工作表标签可以在不同的工作表之间切换。工作表的名字可以修改，工作表的个数也可以增减。

2．工作表

工作簿相当于一个账册，工作表则相当于账册中的一页。工作表是一个由若干行与列交叉构成的表格，每一行与每一列都有一个单独的标号来标识。行号用阿拉伯数字 1、2、3、……表示，列标用英文字母 A、B、C、……表示。

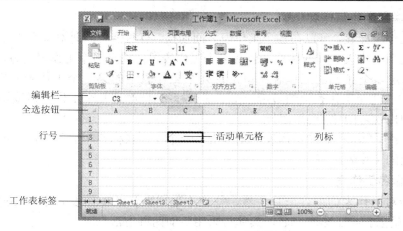

图 5-1　Excel 2010 的工作界面

3．单元格

工作表中行列交汇处的格子称为"单元格"，是构成工作表的基本单位，用户输入的数据就保存在单元格中，它可以保存字符串、数值、文字、公式等。每一个单元格通过"列标+行号"来表示单元格的位置，称为"单元格地址"。例如，A1 表示第 A 列第 1 行的单元格，称 A1 为该单元格的地址。单元格区域是由多个单元格组成的矩形区域，常用左上角和右下角单元格的名称来标识，中间用"："间隔，例如，"A1:B3"表示的区域由 A1、B1、A2、B2、A3、B3 共 6 个单元格组成。不连续区域之间用"，"间隔，例如，"A1:B2，B3:C4"表示的区域由 A1、B1、A2、B2、B3、C3、B4、C4 共 8 个单元格组成。

正在使用的单元格称为"活动单元格"，其外框线和其他单元格的外框线不同，呈现为粗黑线，可以向活动单元格中输入数据或公式。活动单元格的地址显示在名称框中，内容同时显示在活动单元格和编辑栏中。

单击"全选"按钮，可以选择工作表中的所有单元格。

4．编辑栏

编辑栏用来显示和编辑数据、公式，由名称框、操作按钮和编辑框三部分组成。名称框用来显示当前活动单元格的地址，也可通过它选择待操作的单元格。操作按钮 ✕ 用来取消当前的操作，操作按钮 ✓ 用来确认当前的操作，单击操作按钮 *f* 可以插入函数。编辑框中显示活动单元格的数据和公式。

5.2　制作工作簿

使用 Excel 2010 可以建立工作簿和工作表。工作簿的建立与 Word 2010 文档建立类似，在此不再赘述。工作表的建立主要包括工作表的创建、编辑等操作。

5.2.1　工作表的基本操作

新建立的工作簿默认有 3 张工作表。用户可以根据需要对工作表进行相关操作，如添加、删除、重命名、复制、移动和隐藏等。

1．切换和选定工作表

单击工作表标签，可以在各个工作表之间切换。有时需要同时对多个工作表进行操作，如：输入几个工作表共同的标题，删除多个工作表等。选定多个工作表的方法如下：

(1) 选定多个相邻的工作表。单击这几个工作表中的第一个工作表标签，然后按住 Shift 键单击这几个工作表中的最后一个工作表标签。此时这几个工作表标签均以白底显示，工作簿标题出现"[工作组]"字样。

(2) 选定多个不相邻的工作表，先单击第一个工作表标签，然后按住 Ctrl 键依次单击其他要选定的工作表标签。

2．重命名工作表

为了能对工作表的内容一目了然，往往不采用默认的工作表名称 Sheet1、Sheet2 和 Sheet3，而是重新给工作表命名，具体可采用下面两种方法：

(1) 指向要重命名的工作表标签单击右键，在快捷菜单中选择"重命名"命令，输入新的名称后回车确定。

(2) 鼠标双击要重命名的工作表标签，输入新的名称后回车确定。

3．插入工作表

如果工作簿内默认的 3 个工作表不够用，需要插入新工作表，可采用以下三种方法：

(1) 指向任意一个工作表标签单击右键，在快捷菜单中选择"插入"命令，选择"常用"选项卡中的"工作表"，单击"确定"。

(2) 单击工作表标签右侧的"插入工作表"按钮 　 (快捷键是 Shift + F11)。

(3) 单击"开始"选项卡中的"单元格"组中的"插入"按钮 　，选择"插入工作表"。

4．删除工作表

如果工作簿中包含多余的工作表，可以将其删除，可采用以下两种方法：

(1) 指向要删除的工作表标签单击右键，在快捷菜单中选择"删除"命令。

(2) 单击"开始"选项卡中的"单元格"组中的"删除"按钮 　，选择"删除工作表"。

工作表删除后不可恢复，所以删除时要谨慎，避免误删操作。

5．移动和复制工作表

工作表的移动和复制可以在工作簿内或工作簿之间进行。

1) 在同一工作簿内移动或复制工作表

(1) 鼠标拖动法。

① 移动：单击要移动的工作表标签，沿着标签行拖动工作表标签到目标位置。

② 复制：单击要复制的工作表标签，按住 Ctrl 键沿着标签行拖动工作表标签到目标位置。

(2) 菜单操作法。

① 指向要移动或复制的工作表标签单击右键，在快捷菜单中选择"移动或复制(M)…"命令，打开"移动或复制"对话框。

② 在"下列选定工作表之前"栏中选定插入位置，单击"确定"按钮。(若复制，则先选中"建立副本"复选框，再单击"确定"按钮。)

2) 在不同工作簿间移动或复制工作表

打开需要操作的多个工作簿文件，进行如下操作：

(1) 指向要移动或复制的工作表标签单击右键，在快捷菜单中选择"移动或复制(M)…"命令，打开"移动或复制"对话框。

(2) 在"工作簿"栏中选中目标工作簿，如果要把所选工作表生成一个新的工作簿，则可选择"新工作簿"。

(3) 在"下列选定工作表之前"栏中选定插入位置，单击"确定"按钮。若复制，则先选中"建立副本"复选框，再单击"确定"按钮。

5.2.2　工作表的建立

1．输入数据

在 Excel 2010 工作表的单元格中可输入常量(包括文本、数值和日期时间等)和公式两种类型的数据。输入数据通常有以下三种方法：

方法一：单击要输入数据的单元格，在该单元格中输入数据。

方法二：双击要输入数据的单元格，当光标形状变为Ⅰ型时输入数据。

方法三：单击单元格，在编辑栏内输入数据，然后用鼠标单击控制按钮"取消"或"确定"输入的内容。

输入结束后，可以用 Enter 键、Tab 键或方向控制键定位到其他单元格继续输入数据。

1) 数值数据的输入

数值数据是由数字字符(0～9)和特殊字符(+、−、(、)、,、、/、$、%、E、e、.(小数点)、空格等)组成。默认情况下数值数据在单元格中以右对齐方式显示。在输入数值数据时，可参照下面的规则：

(1) 如果输入一个超过列宽的数值时，系统会自动采用科学计数法的方式显示，如"2.4E+5"。如果出现"####"标记时，说明列宽不足以显示数据，可以通过调整单元格的列宽使其正常显示。

(2) 如果要输入正数，则直接输入数值即可，正号"+"可忽略。

(3) 如果要输入负数，必须在数字前加一个负号"−"或者给数字加一个圆括号。例如，输入"−1"或者"(1)"都会得到 −1。

(4) 如果要输入百分数，可直接在数字后面加上百分号"%"。例如，要输入 50%，则在单元格中先输入 50，再输入"%"。

(5) 如果要输入小数，直接输入带小数点的数值即可。

(6) 如果要输入分数，则应先输入一个 0，再输入空格，而后输入分数，否则会被系统当作时间。如 3/4，应输入"0 3/4"。

2) 文本数据的输入

文本数据包括汉字、英文字母、数字字符串、空格以及其他符号。默认情况下文本以左对齐方式显示。

如果输入的数据超过单元格的宽度，若右侧相邻的单元格没有数据，则超出部分会显示在该相邻单元格内；若右侧相邻的单元格有数据，则截断显示(并没有删除)。

如果要把纯数字的数据作为文本处理，则在输入的数字前加一个英文单引号"'"，该数据将被视为文本。例如，输入运城的邮政编码 044000，则要输入"'044000"，单元格中将显示 044000，此时的 044000 是文本而不是数值。

如果在单元格中输入的数据需要换行，则需要使用组合键 Alt + Enter 输入硬回车。

3）日期和时间数据的输入

Excel 2010 将日期和时间数据作为数值处理。当在单元格中输入可识别的日期或时间数据时，单元格的格式就会自动从常规格式转换为相应的日期或时间格式，而不需要去设定该单元格为日期或时间格式。

如果设定某一单元格为日期或时间格式，在此单元格中输入的数值自动转换为自 1900 年 1 月 1 日后的该数值的日期格式。如输入 12，显示为 1900 年 1 月 12 日的日期格式。

常用"/"或者"-"来分隔日期的年、月、日部分，如：2015/1/1 或 2015-1-1；输入时间数字用冒号(:)分隔。Excel 2010 中的时间采用 24 小时制，如果用 12 小时制，则在时间数字后空一格，输入 AM(A)或 PM(P)分别表示上午或下午。

可以用组合键 Ctrl +; 输入当前日期，用组合键 Ctrl + Shift + ; 输入当前时间。

2. 填充数据

Excel 2010 有填充数据功能，可以快速录入多个数据或一个数据序列。

1）用组合键填充相同数据

如果要在多个单元格中输入相同的数据，可以先选定这些单元格区域，然后在活动单元格中输入要填充的数据，再按下组合键 Ctrl + Enter 就可以完成数据的填充。

2）使用"填充柄"填充数据

当选中单元格时，在单元格黑框右下角的小黑方块就是"填充柄"。当鼠标指向填充柄时，鼠标指针会变为实心十字，这时拖动鼠标就可以填充相应的内容。

使用填充柄填充数据有三种情况：

(1) 如果选定单元格中的内容不是已定义的序列数据或是数值数据，拖动填充柄时将实现文本的复制操作。例如，在某一单元格中输入"计算机"，拖动填充柄时将依次填充"计算机"。

(2) 如果选定单元格中的内容是已定义的序列数据或是文本格式的数值数据，拖动填充柄时将自动填充序列。例如，在某一单元格中输入"星期一"，拖动填充柄时将依次填充"星期二、星期三、……"。

(3) 如果在相邻单元格输入存在趋势的数据，拖动填充柄时，系统自动预测数据序列进行填充。例如，在某一单元格输入数字 1，在相邻单元格中输入数字 3，选中这两个单元格后拖动填充柄，在单元格区域中填充出等差序列 1、3、5、7……

3）使用"序列"对话框填充数据序列

(1) 在单元格中输入序列的初值。

(2) 单击"开始"选项卡中的"编辑"组中的"填充"按钮 ，选择"系列"，弹出"序列"对话框，如图 5-2 所示。

(3) 在对话框中选取序列产生的位置和类型，并设置序列的步长值和终止值。

(4) 单击"确定"按钮。

4）自定义序列

已定义序列中的数据可以实现自动填充，实际应用中可将需要多次输入的职称、商品名称、课程科目等数据系列添加到自定义序列中，节省输入工作量，提高效率。添加自定义序列的具体操作步骤如下：

(1) 单击"文件"选项卡中的"选项"命令，打开"Excel 选项"对话框。

(2) 单击"高级"标签，在"常规"栏中单击"编辑自定义列表"按钮，打开"自定义序列"对话框。

(3) 对话框中显示已经定义的各种填充序列，选中"新序列"并在"输入序列"框中输入填充序列，如"助教、讲师、副教授、教授"。

(4) 单击"添加"按钮，新定义的填充序列出现在"自定义序列"框中，如图 5-3 所示。

(5) 单击"确定"按钮。如果工作表中已经输入了自定义序列，可以在"自定义序列"对话框中使用"导入"按钮将新序列导入自定义序列。

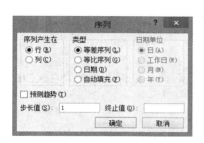

图 5-2　"序列"对话框

图 5-3　"自定义序列"对话框

5.2.3　工作表的编辑

工作表的编辑主要包括工作表中数据的编辑，单元格、行、列的插入、删除和移动、复制等操作。工作表的编辑遵循"先选定，后操作"的原则。

1．选定工作表中的对象

工作表中常用的选定操作如表 5-1 所示。

表 5-1　常用的选定操作

对象	操　　作
单元格	单击单元格
连续区域	① 从区域的左上角拖动到右下角 ② 单击左上角单元格，按住 Shift 键单击右下角单元格
不连续区域	按住 Ctrl 键选择各个单元格区域
整行或整列	单击工作表相应的行号或列标
相邻行或列	在行号或列标区域拖动鼠标
整个表格	① 单击工作表左上角的全选按钮 ② 用 Ctrl + A 组合键

2．编辑单元格内容

1) 修改单元格内容

如果在输入时出现了错误，可采用下面两种方法修改单元格中的内容。

（1）单击要修改的单元格，在编辑栏中直接修改。

（2）双击要修改的单元格，则插入点定位在单元格中，在单元格中直接修改。

2）清除单元格内容

一个单元格包含内容、格式和批注等数据。清除是针对单元格中的数据，单元格仍保留在原位置。可采用下面三种方法清除单元格内容。

（1）选定要清除内容的单元格，按键盘上的 Delete 键。此方法只能清除所选区域内的内容，不能清除格式。

（2）选定要清除内容的单元格，单击"开始"选项卡中的"编辑"组中的"清除"按钮 ✐，选择"清除内容"。如果要清除格式、批注、超链接等数据，可选择相应的选项完成相应的清除操作。

（3）鼠标指向要清除内容的单元格单击右键，在弹出的快捷菜单中选择"清除内容"。

3）移动或复制单元格内容

（1）鼠标拖动法。

① 选定要移动（复制）的单元格区域。

② 将鼠标指针移动到选定单元格区域的边框线上，然后按住鼠标左键拖动（按 Ctrl 键拖动）到目标位置。

（2）使用剪贴板法。

① 选定要移动（复制）的单元格区域。

② 单击"开始"选项卡中的"剪贴板"组中的"剪切"（"复制"）按钮。

③ 选定目标单元格。

④ 单击"开始"选项卡中的"剪贴板"组中的"粘贴"按钮。

3. 编辑工作表中的对象

1）插入单元格

（1）单击某单元格，使之成为活动单元格。

（2）单击"开始"选项卡中的"单元格"组中的"插入"按钮 ▦。

（3）选择"插入单元格"，出现如图 5-4 所示的"插入"对话框。希望选定单元格内容向右移动，则在"插入"对话框选择"活动单元格右移"。希望选定单元格内容向下移动，则选择"活动单元格下移"。

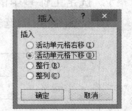

图 5-4　"插入"对话框

（4）单击"确定"按钮。

2）删除单元格

删除不同于清除，清除是清除数据，而删除不但删去了数据，而且用右边或下方的单元格把原来的单元格覆盖。

（1）单击要删除的单元格。

（2）单击"开始"选项卡中的"单元格"组中的"删除"按钮 ▦。

（3）选择"删除单元格"，出现如图 5-5 所示的"删除"对

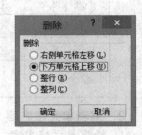

图 5-5　"删除"对话框

话框。根据需要选择相应选项。

(4) 单击"确定"按钮。

3) 插入行和列

(1) 单击某行(列)的任一单元格。

(2) 单击"开始"选项卡中的"单元格"组中的"插入"按钮。

(3) 选择"插入工作表行"("插入工作表列"),将在该行(列)之前插入一行(列)。
如果一次要插入多行(列),可选中多行(列)后插入。

4) 删除行和列

(1) 选择要删除的行(列)。

(2) 单击"开始"选项卡中的"单元格"组中的"删除"按钮。

(3) 选择"删除工作表行"("删除工作表列")。

5) 移动和复制行(列)

(1) 选择要移动(复制)的行(列)。

(2) 单击"开始"选项卡中的"剪贴板"组中的"剪切"("复制")按钮。

(3) 单击目标行(列)中单元格。

(4) 单击"开始"选项卡中的"剪贴板"组中的"粘贴"按钮。

5.2.4　创建"学生信息管理"工作簿

为高效、便捷地进行学生管理,李华按如下过程创建了一个有关学生档案、学生成绩、计算机成绩等的工作簿文件。

1. 创建工作簿

创建一个名为"学生信息管理"的工作簿文件。操作步骤如下:

(1) 启动 Excel 2010,新建一个工作簿文件。

(2) 单击"文件"选项卡中的"保存"命令,选择保存位置,在"文件名"框中输入"学生信息管理"(不必输入扩展名),单击"保存"按钮。

2. 创建工作表

在"学生信息管理"工作簿中,创建"学生档案表"、"计算机成绩表"、"学生成绩表"、"学生档案信息查询"和"各等级人数统计"共 5 个工作表。操作步骤如下:

(1) 双击"sheet1"工作表标签,输入"学生档案表"后按回车。同样的方法将"sheet2"重命名为"计算机成绩表",将"sheet3"重命名为"学生成绩表"。

(2) 单击工作表标签右侧的"插入工作表"按钮,插入两个工作表,并将其分别命名为"学生档案信息查询"和"各等级人数统计"。

3. 输入数据并编辑工作表

输入"学生档案表"工作表的数据,数据如图 5-6 所示,对工作表进行适当的编辑操作。

操作步骤如下:

(1) 单击 A1 单元格,输入工作表标题"学生档案表",按回车键。

(2) 单击 A2 单元格，输入列标题"序号"，按回车键。用同样的方法输入 B2:J2 中的其他列标题。

(3) 单击 A3 单元格，输入"'01"，按回车键，拖动 A3 单元格右下角的填充柄到 A22 单元格，完成序号的输入。

(4) 单击 F3 单元格，输入"'410205199412278211"，按回车键。用同样的方法输入 F4:F22 中的其他身份证号码。

(5) 用和(1)类似的方法输入姓名、性别、系别和助学金数据。

序号	学号	姓名	性别	系别	身份证号码	出生日期	年龄	助学金	是否英语系的男生
01	2015141111	任丹丹	女	生科系	410205199412278211			4500	
02	2015031322	黄峰刚	男	英语系	420316199409283216			3900	
03	2015141116	封凯祥	男	生科系	110105199603040128			2600	
04	2015031303	胡勇	男	英语系	370108199502213159			4000	
05	2015011206	唐巧珍	女	中文系	110105199410020109			3000	
06	2015141101	张红静	女	生科系	110102199505120123			2800	
07	2015031309	杜洋洋	男	英语系	310108199712121139			3800	
08	2015141105	韩艳玲	女	生科系	372208199510090512			3800	
09	2015031310	李响	男	英语系	110101199609021144			3500	
10	2015141119	蔡文	女	生科系	110108199712120129			3500	
11	2015031315	马丽娟	女	英语系	551018199607311126			2800	
12	2015031302	李晓	女	英语系	372208199510070512			3480	
13	2015141120	李贺贺	男	生科系	410205199508278000			2700	
14	2015031312	胡丽梅	女	英语系	110106199504040127			2500	
15	2015011214	李思坤	男	中文系	610308199611020379			2850	
16	2015011218	连永峰	男	中文系	327018199610123015			2800	
17	2015011213	赵洋	男	中文系	110103199511090028			3200	
18	2015031317	刘琪	男	英语系	210108199612031129			3300	
19	2015141123	张宇	男	生科系	302204199508090312			2800	
20	2015011208	白玉娟	女	中文系	110106199409121104			2800	

图 5-6　"学生档案表"工作表数据

4．保存工作簿

单击"文件"选项卡中的"保存"命令。

5.3　格式化工作表

一个好的工作表除了保证数据的正确性外，还应该有整齐、鲜明的外观，可通过格式化工作表使其美观。工作表的格式化主要包括数据格式化、设置对齐方式、添加边框底纹、改变行高列宽、条件格式化以及自动套用格式等。

5.3.1　设置单元格格式

要设置单元格格式，先选中需要格式化的单元格区域，打开如图 5-7 所示的"设置单元格格式"对话框。用以下三种方法可以打开对话框：

方法一：单击"开始"选项卡中的"单元格"组中的"格式"按钮 ，选择"设置单元格格式"。

方法二：单击"开始"选项卡中的"字体"（"对齐方式"、"数字"）组右下角的对话框启动器 。

方法三：鼠标右击单元格，在快捷菜单中选择"设置单元格格式"。

对话框中有数字、对齐、字体、边框、填充等选项卡，用户可以根据需要在对话框中设置有关信息进行相应的格式化。

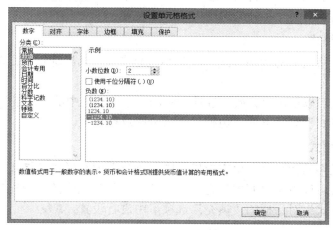

图 5-7　"设置单元格格式"对话框

1．设置数字格式

通常情况下，输入到单元格中的数字不包含任何特定的数字格式。由于 Excel 的主要操作对象是数字，因此经常要对各种类型的数字进行相应的格式设置。

在 Excel 中，可以设置不同的小数位数、百分号、货币符号、是否使用千位分隔符等来表示同一个数，如 1234.56、123456%、￥1234.56、1,234.56 等。这时单元格中显示的是格式化后的数字，编辑框中显示的是系统实际存储的数据。

Excel 提供了大量的数字格式，包括常规、数值、货币、会计专用、日期、时间、百分比、分数、科学记数、文本、特殊等类别。其中，常规是系统的默认格式。

设置数据格式时，可以单击"开始"选项卡中的"数字"组中的有关按钮，也可以在"设置单元格格式"对话框的"数字"选项卡中进行设置。

2．设置对齐方式

在 Excel 中，不同类型的数据在单元格中以某种默认方式对齐。例如，文本左对齐，数值、日期和时间右对齐等。如果对默认的对齐方式不满意，可以改变数据的对齐方式。

设置字体格式时，可以单击"开始"选项卡中的"对齐方式"组中的有关按钮，也可以在"设置单元格格式"对话框的"对齐"选项卡中进行设置。

(1) 在"对齐"选项卡中的"文本对齐方式"项可设置"水平对齐"(靠左、居中、靠右、填充、两端对齐、分散对齐和跨列居中)和"垂直对齐"(靠上、居中、靠下、两端对齐和分散对齐)。

(2) 在"方向"项可以直观地设置文本按某一角度方向显示。

(3) 在"文本控制"项可以设置"自动换行"、"缩小字体填充"和"合并单元格"。当输入的文本过长时，一般就设置它自动换行。一个区域中的单元格合并后，这个区域就成为一个整体，并把左上角单元的地址作为合并后的单元格地址。

3．设置字体格式

可以设置单元格内容的字体(宋体等)、字形(加粗、倾斜等)、字号、颜色、下划线和特殊效果(上标、下标等)等格式。

设置字体格式可以单击"开始"选项卡中的"字体"组中的有关按钮，也可以在"设置单元格格式"对话框的"字体"选项卡中进行设置。

4. 设置边框格式

可以设置单元格边框的线条样式、线条颜色等格式，如果选定的是单元格区域，则有外边框和内边框之分。

设置边框格式可以单击"开始"选项卡中的"字体"组中的"边框"按钮 ⊞，也可以在"设置单元格格式"对话框的"边框"选项卡中进行设置。

5. 设置填充格式

可以设置单元格的背景色、填充效果、图案颜色和图案样式等格式。

设置填充格式可以单击"开始"选项卡中的"字体"组中的"填充"按钮 ◇，也可以在"设置单元格格式"对话框的"填充"选项卡中进行设置。

5.3.2　设置条件格式

条件格式可以使数据在满足不同的条件时，显示不同的格式。例如，设置学生成绩小于 60 的用红色、倾斜、加粗显示，大于等于 60 的成绩默认显示。

设置条件格式的步骤如下：

(1) 选定要使用条件格式的单元格区域。

(2) 单击"开始"选项卡中的"样式"组中的"条件格式"按钮，在下拉菜单中进行选择，如选择"突出显示单元格规则"。

(3) 在下一级菜单中做出选择，如选择"小于"，出现"小于"对话框，如图 5-8 所示。

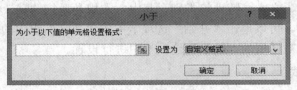

图 5-8　"小于"对话框

(4) 在左边的文本框输入 60，在右边的"设置为"下拉列表框中选择"自定义格式"，打开"设置单元格格式"对话框，在对话框中设置字体颜色为红色、字形为倾斜、加粗后，单击"确定"按钮。

如果要清除已设置的条件格式，选择单元格区域，单击"开始"选项卡中的"样式"组中的"条件格式"按钮，在下拉菜单中选择"清除规则"下一级的"清除所选单元格的规则"。

5.3.3　调整工作表的行高和列宽

调整工作表的行高和列宽是改善工作表外观经常使用的手段。可以解决单元格中的数值以一串"#"显示、文本数据被截断等问题。

1. 调整行高和列宽

(1) 鼠标操作法。移动鼠标到目标行(列)的行号(列标)的分隔线上，当鼠标指针呈上下

(左右)双向粗箭头时，如图 5-9 所示，上下(左右)拖动鼠标，即可改变行高(列宽)。

当鼠标指针变为双向粗箭头形状时，双击鼠标就可把行(列)自动调整为"最适合的行高(列宽)"。

(2) 菜单操作法。如果要精确调整行高和列宽，可以单击"开始"选项卡中的"单元格"组中的"格式"按钮 ，在下拉菜单中选择"行高"("列宽")，在打开的对话框中输入需要的值后单击"确定"按钮。行高对话框如图 5-10 所示。

图 5-9　利用鼠标调整列宽

图 5-10　"行高"对话框

2．合并单元格

制作表格时，如果表格的标题内容较长，而且要居中显示，就需要对多个单元格进行合并。合并单元格的操作步骤如下：

(1) 选择要合并的多个单元格，如图 5-11 所示。

J1					fx				
	A	B	C	D	E	F	G	H	I	J
1	学生档案表								
2	序号	学号	姓名	性别	系别	身份证号码	出生日期	年龄	助学金	是否英语系的男生
3	01	2015141111	任丹丹	女	生科系	410205199412278211			4500	
4	02	2015031322	黄峰刚	男	英语系	420316199409283216			3900	

图 5-11　选择的单元格

(2) 单击"开始"选项卡中的"对齐方式"组中的"合并后居中"按钮 ，即可合并单元格，并使内容居中显示，如图 5-12 所示。

A1					fx	学生档案表			
	A	B	C	D	E	F	G	H	I	J
1						学生档案表				
2	序号	学号	姓名	性别	系别	身份证号码	出生日期	年龄	助学金	是否英语系的男生
3	01	2015141111	任丹丹	女	生科系	410205199412278211			4500	
4	02	2015031322	黄峰刚	男	英语系	420316199409283216			3900	

图 5-12　合并后的单元格

5.3.4　设置自动套用格式

Excel 提供了一些现成的工作表格式，这些格式中包含了对数字格式、对齐、字体、边界、色彩等格式的组合。可以套用这些系统定义的格式来美化表格。操作步骤如下：

(1) 选择要套用格式的单元格区域。

(2) 单击"开始"选项卡中的"样式"组中的"套用表格格式"按钮 。

(3) 选择一种所需要的表格格式。自动套用表格格式后，将出现"设计"选项卡，在该选项卡中可以修改表样式、清除表样式、添加表样式等。

5.3.5　美化"计算机成绩表"

为了处理计算机成绩，李华输入计算机基础成绩并对其进行美化操作。她对"计算机成绩表"的美化过程如下所述。

打开"学生信息管理.xlsx"工作簿，单击"计算机成绩表"工作表，输入图 5-13 所示的数据，并对其进行格式化。格式化后的效果如图 5-14 所示。在完成格式化后，保存工作簿。

学号	姓名	过程考核 实验作业	课堂签到	技能考核	期末考核	总成绩	名次	总评
计算机成绩								
2015010101	车　颖	40	14	39	87			
2015010102	曲晓东	32	13	30	96			
2015010103	刘　杰	26	15	20	83			
2015010104	陈锐彬	43	12	32	87			
2015010105	李海泉	18	12	12	72			
2015010106	林泽名	44	13	37	75			
2015010107	罗　有	35	14	17	69			
2015010108	李水凡	41	12	35	68			
2015010109	江　阳	29	10	30	97			
2015010110	李　华	14	8	32	58			
平均分								
最高分								
最低分								
总人数								
不及格人数								
不及格率								
总成绩=过程考核*50%+期末成绩*50%								

图 5-13　　"计算机成绩表"工作表数据

学号	姓名	过程考核 实验作业	课堂签到	技能考核	期末考核	总成绩	名次	总评
计算机成绩								
2015010101	车　颖	40	14	39	87			
2015010102	曲晓东	32	13	30	96			
2015010103	刘　杰	26	15	20	83			
2015010104	陈锐彬	43	12	32	87			
2015010105	李海泉	18	12	12	72			
2015010106	林泽名	44	13	37	75			
2015010107	罗　有	35	14	17	69			
2015010108	李水凡	41	12	35	68			
2015010109	江　阳	29	10	30	97			
2015010110	李　华	14	8	32	58			
平均分								
最高分								
最低分								
总人数								
不及格人数								
不及格率								
总成绩=过程考核*50%+期末成绩*50%								

图 5-14　　"计算机成绩表"格式化效果

格式化的具体要求和操作步骤如下：

1．设置标题格式

表格第 1 行 A1:I1 单元格区域为表格标题，要求的格式为：合并且居中显示，宋体，20 号，加粗，填充色为"橙色"，行高为 24。操作步骤如下：

(1) 鼠标单击 A1 单元格，按住 Shift 键单击 I1 单元格，单击"开始"选项卡中的"对齐方式"组中的"合并后居中"按钮 。

(2) 单击"开始"选项卡中的"字体"组中的相关按钮设置宋体，20 号，加粗，填充色为"橙色"。

(3) 单击"开始"选项卡中的"单元格"组中的"格式"按钮 ，在下拉菜单中选择"行高"，在打开的对话框中输入 24，单击"确定"按钮。

2．设置项目名称格式

表格第 2、3 行和 A14 到 B19 单元格为计算机成绩表中的有关项目，要求的格式如下：

(1) 表格第 2、3 行：学号、姓名、期末考核、总成绩、名次和总评各占两行一列，过程考核占 C2:E2 三个单元格，实验作业、课堂签到和技能考核各占一个单元格并且分两行显示，格式为宋体，14 号，加粗，行高为自动调整行高。

(2) A14 到 B19 单元格：将 A14 和 B14 单元格合并且居中，其他同样设置，格式为宋体，14 号，加粗，行高为自动调整行高，填充色为"浅绿"。

操作步骤如下：

(1) 鼠标拖动选择 A2:A3 单元格区域，设置"合并且居中"及垂直居中对齐格式。同理设置姓名、期末考核、总成绩、名次和总评单元格。鼠标拖动选择 C2:E2 单元格区域，设置"合并且居中"格式。

(2) 鼠标拖动选择 A2:I3 单元格区域，设置宋体，14 号，加粗，行高为自动调整行高。同理设置 A14:B19 单元格区域的格式。

3．设置数据区域格式

表格第 4 到 19 行的内容为各部分的数据，要求的格式为：宋体，14 号，加粗，行高为自动调整行高。操作步骤同 2 中的格式设置。

4．设置成绩说明区域格式

表格第 20 行的内容为总成绩的构成说明，要求的格式为：在 A20:I20 合并且靠左显示，宋体，10 号，行高为自动调整行高。操作步骤如下：

鼠标拖动选择 A20:I20 单元格区域，设置"合并且居中"格式后，单击"开始"选项卡中的"对齐方式"组中的"文本左对齐"按钮，即可设置 A20:I20 单元格区域合并且靠左显示。设置其他格式的操作步骤同 2 中的格式设置。

5．设置表格区域格式

表格区域为 A1 到 I20 的所有单元格，要求的格式为：所有数据水平居中，整个表格区域外边框为粗黑框线，内边框为浅蓝色的细虚线。

所有数据水平居中用对齐的方式设置，设置表格框线的操作步骤如下：

(1) 鼠标拖动选择 A1:I19 单元格区域，鼠标右击选定的单元格区域，在快捷菜单中选择"设置单元格格式",打开"设置单元格格式"对话框,单击"边框"选项卡。如图 5-15 所示。

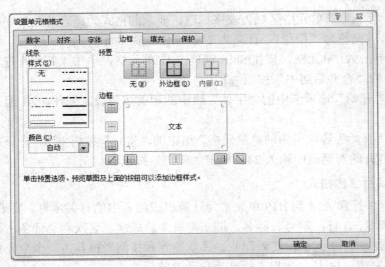

图 5-15 "边框"选项卡

(2) 在"样式"组中选择第二列倒数第二行的粗框线,单击"预置"组的"外边框"。

(3) 在"样式"组中选择第一列倒数第二行的细虚线,在"颜色"下拉框中选择"浅蓝",单击"预置"组的"内部"。

6. 设置"期末考核"成绩格式

表格 F4:F13 单元格区域的内容为"期末考核"成绩,要求的格式为:成绩小于 60 的单元格,设置格式为"浅红填充色深红色文本"。操作步骤如下:

鼠标拖动选择 F4:F13 单元格区域,单击"开始"选项卡中的"样式"组中的"条件格式"按钮,在下拉菜单中选择"突出显示单元格规则",在下一级菜单中选择"小于",出现"小于"对话框,在左边的文本框输入 60,在右边的"设置为"下拉列表框中选择"浅红色填充深红色文本"。

5.4 公式与函数

Excel 2010 具有强大的数据运算功能,可以根据系统提供的运算符和函数构造出公式,系统将按公式自动计算。当有关数据修改后,Excel 会自动重新计算。

5.4.1 单元格引用

Excel 在公式和函数中经常使用单元格名称表示其内容,称为"单元格的引用"。在公式或函数中可以对单元格或单元格区域进行引用,可以引用同一工作表中不同部分的数据,还可以引用同一工作簿其他工作表中的数据,甚至其他工作簿中的数据。常见的单元格引用有四种方式:相对地址引用、绝对地址引用、混合地址引用和外部引用(链接)。

1．相对地址引用

除非特殊需要，Excel 一般直接使用单元格地址来引用单元格，例如，第三行第一列的单元格表示为"A3"，用这种方法表示的单元格地址叫做相对地址。使用相对引用时，如果把一个单元格的公式复制到一个新位置，公式中的单元格地址会随着改变。即根据公式的原来位置和复制的目标位置推算出公式中单元格地址相对原位置的变化。

例如，F2 单元格的公式为："= C2 + D2 + E2"，复制公式到 F3 单元格后，F3 单元格的公式为："= C3 + D3 + E3"，目标位置相对于源位置发生了下移 1 行的变化，导致参加运算的对象均做了下移 1 行的调整。即系统记住建立公式单元格和被引用单元格的相对位置，复制公式时，新的公式所在的单元格和被引用的单元格之间仍保持这种位置关系。

2．绝对地址引用

如果在引用的单元格地址的行号和列号前加"$"，例如：第三行第一列的单元格表示为"$A$3"，用这种方法表示的单元格地址叫做绝对地址。使用绝对引用时，如果把一个单元格的公式复制到一个新位置，公式中所引用的单元格地址不变，引用的数据也不会发生改变。

例如，C4 单元格中的公式为："= $A$1 + $B$2"，复制公式到 D5 单元格后，D5 单元格的公式仍为："= $A$1 + $B$2"，可见绝对引用地址$A$1、$B$2 不会变化。

3．混合地址引用

如果输入公式时只在行号或列标前加"$"，例如，第三行第一列的单元格表示为"$A3"或"A$3"，用这种方法表示的地址叫做混合地址。所谓"混合引用"是指在引用单元格地址时，一部分为相对引用地址，另一部分为绝对引用地址。如果"$"符号放在列标前，如$A3，则复制公式时，列的位置是"绝对不变"的，而行的位置将随目标单元格的变化而变化。如果"$"符号放在行号前，如 A$3，则复制公式时，行的位置是"绝对不变"的，而列的位置将随目标单元格的变化而变化。

例如，C4 单元格中的公式为："= $A1 + B$2"，复制公式到 D5 单元格后，D5 单元格的公式为："= $A2 + C$2"。

4．外部引用

同一工作表中的单元格之间的引用称为"内部引用"。在 Excel 中还可以引用同一工作簿中不同工作表中的单元格，也可以引用不同工作簿中的工作表的单元格，这种引用称为"外部引用"，也称为"链接"。

引用同一工作簿内不同工作表中的单元格格式为："=工作表名! 单元格地址"。如"=Sheet2! A1"。

引用不同工作簿中的工作表中的单元格格式为："= [工作簿名]工作表名! 单元格地址"。例如，"= [Book1.xlsx]Sheet1! $A$1"。

5.4.2　公式

在 Excel 中，公式以一个等号"="开头，其中可以包含各种运算符、常量、括号、函数以及单元格引用等，不能包含空格。例如："= A1 + B2 + 100"、"= SUM(10，20，A5)"。使用公式可以计算工作表中的各种数据，计算结果准确而且及时更新，大大提高了工作效率。

1．输入公式

输入公式时必须以"＝"开头，后跟公式中的运算对象、运算符和括号等。可以在单元格中输入公式，也可以在编辑栏右侧的编辑框中输入公式。

在单元格中输入公式的步骤如下：

(1) 选定要输入公式的单元格。

(2) 输入一个等号"＝"，再键入一个由运算对象、运算符和括号等构成的表达式。

(3) 输入完成后，按下"Enter"键或者单击编辑栏上的"确认"按钮。

2．运算符与运算顺序

公式中常用的运算符有算术运算符、字符连接运算符、关系运算符等。不同类型的运算符优先级不相同。引用运算符中的冒号、逗号、空格，算术运算符中的负号、百分比、乘幂、乘除是同级运算符；算术运算符中的加减是同级运算符；字符运算符和比较运算符是同级运算符。同级运算时，优先级按照从左到右的顺序计算。运算符与运算示例如表 5-2 所示。

表 5-2　运算符与运算示例

运算符名称	表现形式	示　　例
算术运算符	负号(−)	−1，−A1
	百分号(%)	5%(即 0.05)
	乘方(^)	5^2(即 5^2=25)
	乘(*)、除(/)	5*3、10/2
	加(+)、减(-)	5+3、11-3
字符运算符	字符串连接(&)	"Beijing" & "2008"(即"Beijing2008")
关系运算符	=、<>、>、>=、<、<=、	5 = 1 的值为 False，5 <> 1 的值为 True 5 > 1 的值为 True，5 >= 1 的值为 True 5 < 1 的值为 False，5 <= 1 的值为 False
引用运算符	:、空格、,	A1:B3，表示一个由 6 个单元格组成的区域 A1:B2, B3:B5，表示由两个单元格区域共同组成的区域，即 A1、A2、B1、B2、B3、B4、B5 共 7 个单元格

3．复制公式

公式的使用在 Excel 中会经常遇到，对于一些计算方法类似的单元格，其公式如果逐一输入是件很麻烦的工作，而且容易出错。Excel 2010 提供了公式的复制功能，可以很方便地实现公式的快速输入。

公式的复制与单元格数据的复制类似，同样可以使用剪贴板、鼠标拖动等方法。

(1) 剪贴板法：复制已有公式的单元格中的内容，将鼠标移至目标单元格区域后粘贴。

(2) 鼠标拖动法：单击已有公式的单元格，鼠标指针指向填充柄，当鼠标指针变为实心十字时，拖动至目标单元格区域即可。

5.4.3 函数

函数就是预先编写好的公式。Excel 含有大量的函数，可以进行数学、文本、逻辑、查找信息等计算工作，使用函数可以加快数据的录入和计算速度。

1. 插入函数

函数的一般格式为：函数名(参数 1，参数 2，参数 3，…)。函数中的参数可以是数字、文本、单元格引用、公式、其他函数等。插入函数可采用以下三种方法：

(1) 在活动单元格中先输入"="，再输入函数名称及其计算时所需的参数。

(2) 选择活动单元格，单击编辑栏上的"插入函数"按钮f_x。

(3) 选择活动单元格，单击"公式"选项卡中的"函数库"组中的"插入函数"按钮f_x。

2. 常用函数

Excel 提供了许多功能完备且易于使用的函数，涉及财务、逻辑、文本、日期和时间、查找、输入与三角函数、统计等多方面。

(1) 求和函数 SUM(Number1，Number2，…)。该函数的功能是对所选定的单元格或区域进行求和，参数可以为常数、单元格引用、区域引用或者函数等。Number1，Number2，…是所求和的 1 至 30 个参数。

(2) 求平均值函数 AVERAGE(Number1，Number2，…)。该函数的功能是对所选定的单元格或区域求平均值，参数可以为常数、单元格引用、区域引用或者函数等。Number1，Number2，…是所求平均值的 1 至 30 个参数。

(3) 求最大值函数 MAX(Number1，Number2，…)。该函数的功能是对所选定的单元格或区域求最大值，参数可以为常数、单元格引用、区域引用或者函数等。Number1，Number2，…是所求最大值的 1 至 30 个参数。如果参数为错误值或不能转换成数字的文本，将产生错误。如果参数不包含数字，函数 MAX 返回 0。

(4) 求最小值函数 MIN(Number1，Number2，…)。该函数的功能是对所选定的单元格或区域求最小值，参数可以为常数、单元格引用、区域引用或者函数等。Number1，Number2，…是所求最小值的 1 至 30 个参数。如果参数为错误值或不能转换成数字的文本，将产生错误。如果参数不包含数字，函数 MIN 返回 0。

(5) 计数函数 COUNT(Value1，Value2，…)。该函数的功能是求各参数中数值型参数和包括数值的单元格个数。Value1，Value2，…是包含或引用各种类型数据的 1 至 30 个参数。函数 COUNT 在计数时，将把数字、空值、逻辑值、日期或以文字代表的数计算进去，但是错误值或其他无法转化成数字的文字则被忽略。

注意：空白单元格不计算在内而空值计算在内，但只有数字类型的数据才被计数。

(6) 条件计数函数 COUNTIF(Range，Criteria)。该函数的功能是计算给定区域 Range 中满足条件 Criteria 的单元格的数目。Range 为需要计算其中满足条件的单元格数目的单元格区域。Criteria 为确定满足的条件，其形式可以为数字、表达式或文本。例如，条件可以表示为 32、"32"、">32"、"Apples"等。

(7) 排名次函数 RANK(Number，Ref，Order)。该函数的功能是返回某数字 Number 在一列数字 Ref 中相对于其他数值的大小排名。Number 是待排位的数；Ref 是一组数，其中非数字值将被忽略；Order 是排位方式，如果为 0 或省略，按降序排名，非 0 时按升序排名。

(8) 条件函数 IF(Logical_Test，Value_If_True，Value_If_False)。该函数的功能是根据逻辑值判断是否满足某个条件，如果满足返回一个值，否则返回另一个值。其中 Logical_Test 是任何可能被计算为 True 或 False 的数值或表达式，若 Logical_Test 的值为 True，Value_If_True 的值为函数的返回值，否则 Value_If_False 的值为函数返回值。Value_If_True 和 Value_If_False 的值可以是数值、文本、表达式、函数等，如果是 IF 函数，则可以有两个以上可能的值。

5.4.4　计算"计算机成绩表"

期末时，李华根据计算机课程的平时成绩、期末考试成绩等原始成绩计算总成绩、名次、总评、平均分、最高分、最低分、总人数、不及格人数和不及格率等数据。她运用公式或函数快速完成了各种计算。

打开"学生信息管理.xlsx"工作簿，单击"计算机成绩表"工作表，完成计算后保存工作簿。操作步骤如下：

1．计算总成绩

G4 单元格是"车颖"同学的总成绩，要求保留 1 位小数。用公式："=过程考核*50%+期末成绩*50%"计算。操作步骤如下：

(1) 单击 G4 单元格使其成为活动单元格，输入公式"= (C4 + D4 + E4)*0.5 + F4*0.5"，按"Enter"键，计算结果将显示在该单元格内，设置小数位数为 1 位。

(2) 复制 G4 单元格中的内容，选中目标区域 G5:G13 后粘贴，计算其他同学的总成绩。

2．计算名次

H4 单元格是"车颖"同学的名次，通过插入函数来计算。操作步骤如下：

(1) 单击 H4 单元格使其成为活动单元格。

(2) 单击编辑栏上的"插入函数"按钮 f_x，出现"插入函数"对话框，在"或选择类别"组合框中选择"全部"。

(3) 单击"选择函数"列表框中的"RANK"。

(4) 单击"确定"按钮，出现如图 5-16 所示的"函数参数"对话框。

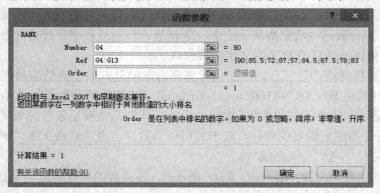

图 5-16　"函数参数"对话框

(5) 在 Number 框中输入要排位的数字或单元格引用 G4,在 Ref 框中输入排位的范围(单元格区域)G4:G13,此处需要降序,所以 Order 框忽略,单击"确定"按钮。

(6) 为了采用复制公式的方法计算 H5:H13 单元格区域的值,将 H4 单元格公式中的第二个参数单元格区域改为混合地址引用"G$4:G$13"。

(7) 单击 H4 单元格使其成为活动单元格,鼠标指针指向填充柄,当鼠标指针变为实心十字时,拖动至 H5:H13,计算出其他同学的名次。

3.计算总评

将成绩表中的总评分为优、中、差三等,其中总成绩大于等于 80 的为优等,小于 60 的为差等,其余的为中等。

I4 单元格是"车颖"同学的总评,通过直接输入函数的方法来计算。操作步骤如下:

(1) 单击 I4 单元格使其成为活动单元格。

(2) 在编辑栏中的编辑框中输入函数"=IF(G4>=80,"优",IF(G4>=60,"中","差"))"。

(3) 单击"输入"按钮,或是按"Enter"键。

(4) 复制公式到 I5:I13,计算出其他同学的总评。

4.计算平均分

C14 单元格是"实验作业"的平均分,要求保留 2 位小数。可采用以下三种方法计算。

1) 使用公式

单击 C14 单元格使其成为活动单元格,输入公式" = (C4 + C5 + C6 + C7 + C8 + C9 + C10 + C11 + C12 + C13)/10",按回车键。

2) 函数和公式并用

(1) 单击 C14 单元格使其成为活动单元格。

(2) 单击编辑栏上的"插入函数"按钮 f_x,出现如图 5-17 所示的"插入函数"对话框。

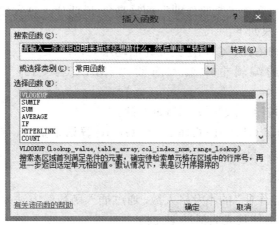

图 5-17 "插入函数"对话框

(3) 单击"选择函数"列表框中的"SUM"。

(4) 单击"确定"按钮,出现如图 5-18 所示的"函数参数"对话框。

(5) Excel 会根据活动单元格所在位置与行列的关系,自动赋予 Number1 一个求值范围。如本例中，系统就给 Number1 自动赋予了 C4:C13，并且给出了求和结果 322，单击"确定"按钮。

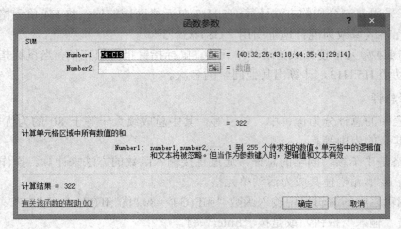

图 5-18　"函数参数"对话框

(6) 在编辑栏中函数之后输入"/10"，按"Enter"键，即可计算出实验作业的平均分。

3) 使用函数

(1) 单击 C14 单元格使其成为活动单元格。

(2) 在编辑栏中的编辑框中输入函数"=AVERAGE(C4:C13)"。

(3) 单击"输入"按钮，或按"Enter"键。

(4) 复制公式到 D14:G14 计算课堂签到、技能考核、期末考核和总成绩的平均分，设置 C14:G14 单元格区域的小数位数为 2 位。

5. 计算最高分、最低分和总人数

C15(C16、C17)单元格是"实验作业"的最高分(最低分、总人数)，通过直接输入函数的方法来计算。操作步骤如下：

(1) 单击单元格 C15(C16、C17)使其成为活动单元格。

(2) 在编辑栏中的编辑框中输入函数"=MAX(C4:C13)"（"=MIN(C4:C13)"、"=COUNT(C4:C13)"）。

(3) 单击"输入"按钮，或是按"Enter"键。

(4) 复制公式到 D15:G15(D16:G16、D17:G17)计算课堂签到、技能考核、期末考核和总成绩的最高分(最低分、总人数)。

6. 计算不及格人数

C18 单元格是"实验作业"的不及格人数，通过插入函数的方法来计算的操作步骤如下：

(1) 单击 C18 单元格使其成为活动单元格。

(2) 单击编辑栏上的"插入函数"按钮 f_x，出现"插入函数"对话框，在"或选择类别"组合框中选择"统计"。

(3) 单击"选择函数"列表框中的"COUNTIF"。

(4) 单击"确定"按钮，出现如图 5-19 所示的"函数参数"对话框。

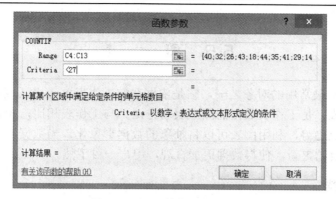

图 5-19 "函数参数"对话框

(5) 在 Range 框中输入要统计的范围 C4:C13，在 Criteria 框中输入统计的条件，实验作业的满分是 45，所以输入"<27"，单击"确定"按钮。

(6) 复制公式到 D18:G18 并修改统计条件 Criteria 的值，计算课堂签到(统计条件为"<9")、技能考核(统计条件为"<24")、期末考核(统计条件为"<60")和总成绩(统计条件为"<60")不及格的人数。

7．计算不及格率

C19 单元格是"实验作业"的不及格率，要求用百分率格式显示。用公式："=不及格人数/总人数"计算。操作步骤如下：

(1) 单击 C19 单元格使其成为活动单元格，输入公式"=C18/C17"，按"Enter"键。

(2) 复制公式到 D19:G19 计算课堂签到、技能考核、期末考核和总成绩的不及格率。

(3) 设置 C19:G19 单元格区域的百分比格式。

"计算机成绩表"的计算结果如图 5-20 所示。

	A	B	C	D	E	F	G	H	I
1	计算机成绩								
2	学号	姓 名	过程考核			期末考核	总成绩	名次	总评
3			实验作业	课堂签到	技能考核				
4	2015010101	车　颖	40	14	39	87	90.0	1	优
5	2015010102	曲晓东	32	13	30	96	85.5	3	优
6	2015010103	刘　杰	26	15	20	83	72.0	7	中
7	2015010104	陈锐彬	43	12	32	87	87.0	2	优
8	2015010105	李海泉	18	12	12	72	57.0	9	差
9	2015010106	林泽名	44	13	37	75	84.5	4	优
10	2015010107	罗　有	35	14	17	69	67.5	8	中
11	2015010108	李水凡	41	12	35	68	78.0	6	中
12	2015010109	江　阳	29	10	30	97	83.0	5	优
13	2015010110	李　华	14	8	32	58	56.0	10	差
14	平均分		32.20	12.30	28.40	79.20	76.05		
15	最高分		44	15	39	97	90		
16	最低分		14	8	12	58	56		
17	总人数		10	10	10	10	10		
18	不及格人数		3	1	3	1	2		
19	不及格率		30%	10%	30%	10%	20%		
20	总成绩=过程考核*50%+期末成绩*50%								

图 5-20 "计算机成绩表"计算结果

5.5　图　表

图表是 Excel 最常用的对象之一，它是依据选定工作表单元格区域内的数据按照一定的数据系列而生成，是工作表数据的图形表示方法。与工作表相比，图表能形象地反映出数据的对比关系及趋势，利用图表可以将抽象的数据形象化，当数据源发生变化时，图表中对应的数据也自动更新，使得数据更加直观，用户一目了然。

5.5.1　图表类型

Excel 2010 提供 11 种图表类型，每一类又有若干种子类型，并且有很多二维和三维图表类型可供选择。常用的图表类型有以下几种。

(1) 柱形图。用于显示一段时间内数据变化或各项之间的比较情况。柱形图简单易用，是最受欢迎的图表形式。

(2) 条形图。可以看作是横着的柱形图，是用来描绘各个项目之间数据差别情况的一种图表，它强调的是在特定的时间点上进行分类和数值比较。

(3) 折线图。是将同一数据系列的数据点在图中用直线连接起来，以等间隔显示数据的变化趋势。

(4) 饼图。能够反映出统计数据中各项所占的百分比或是某个单项占总体的比例。使用该类图表便于查看整体与个体之间的关系。

(5) XY 散点图。通常用于显示两个变量之间的关系。利用散点图可以绘制函数曲线。

(6) 面积图。用于显示某个时间阶段总数与数据系列的关系，又称为面积形式的折线图。

利用数据创建图表时，要依照具体情况选用不同的图表。例如，商场主管要了解商场每月的销售情况，关心的是变化趋势，而不是具体的值，用折线图就一目了然；如果要分析各大彩电品牌在商品中的占有率，这时应该选用饼图，表明部分与整体之间的关系。了解 Excel 常用的图表及其用途，正确选用图表，可以使数据变得更加简单、清晰。

5.5.2　创建图表

Excel 的图表分为嵌入式图表和独立工作表图表两种。嵌入式图表是图表对象和数据表在同一个工作表中，独立工作表图表是图表对象独占一个工作表。两种图表都与创建它们的数据源相连接，当修改工作表数据时，图表会随之更新。

在 Excel 2010 中，创建图表快速、简便，创建图表的具体操作步骤如下：

(1) 选择要创建图表的数据源。

(2) 单击"插入"选项卡中的"图表"组中对应图表类型的下拉按钮。

(3) 在下拉列表中选择具体的图表类型。

5.5.3　编辑和格式化图表

创建图表后，图表可能不完全符合要求，还需要对图表进行编辑或格式化，包括更改图表类型、选择图表布局和图表样式等。选中图表后，会自动出现"图表工具"选项卡，其中包括"设计"、"布局"和"格式"三个部分。编辑和格式化图表可以通过选择"图表工具"中的相应命令按钮来实现。

1．"设计"部分

在"设计"部分可以进行以下操作：

(1) 更改图表类型：重新选择合适的图表类型。

(2) 另存为模板：将设计好的图表保存为模板，以便以后调用。

(3) 切换行/列：将图表的 X 轴数据和 Y 轴数据对调。

(4) 选择数据：打开"选择数据源"对话框，在其中可以编辑、修改系列和分类轴标签。

(5) 设置图表布局：快速套用集中内置的布局样式。

(6) 更改图表样式：为图表应用内置样式。

(7) 移动图表：将图表移动到其他工作表中或移动到一个新的工作表中作为一个独立工作表图表。

2．"布局"部分

在"布局"部分可以进行以下操作：

(1) 设置所选内容格式：在"当前所选内容"组中快速定位图表元素，并设置所选内容的格式。

(2) 插入图片、形状、文本框：在图表中直接插入图片、形状或文本框等图形工具。

(3) 编辑图表标签元素：添加或修改图表标题、坐标轴标题、图例、数据标签和数据表。

(4) 设置坐标轴与网格线：显示或隐藏主要横坐标轴与主要纵坐标轴，以及显示或隐藏网格线。

(5) 设置图表背景：设置绘图区格式，为三维图表设置背景墙、基底或三维旋转格式。

(6) 图表分析：为图表添加趋势线、误差线等。

3．"格式"部分

在"格式"部分可以进行以下操作：

(1) 设置所选内容格式：在"当前所选内容"组中快速定位图表元素，并设置所选内容格式。

(2) 编辑形状样式：套用快速样式，设置形状填充、形状轮廓及形状效果等。

(3) 插入艺术字：快速套用艺术字样式，设置艺术字颜色、外边框或艺术效果等。

(4) 排列图表：排列图表元素的对齐方式等。

(5) 设置图表大小：设置图表的宽度和高度、裁剪图表等。

5.5.4　形象化"计算机成绩表"

为了形象地显示计算机成绩表中的期末考核成绩和总成绩数据，为其创建了图表。

打开"学生信息管理.xlsx"工作簿，单击"计算机成绩表"工作表，完成之后保存工作簿。具体要求和操作步骤如下。

1. 创建三维簇状柱形图

以期末考核成绩和总成绩为数据源创建三维簇状柱形图。操作步骤如下：

(1) 选择数据源。这里选择 B2:B13，F2:G13 这个不连续区域，借助 **Ctrl** 键实现不连续区域的选择。

(2) 单击"插入"选项卡中的"图表"组中的"柱形图"，在下拉列表中选择"三维柱形图"中的"三维簇状柱形图"。生成如图 5-21 所示的图表。

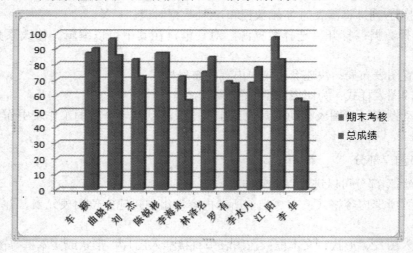

图 5-21　三维簇状柱形图表

2. 编辑和美化图表

为图表添加标题，图表标题为"计算机成绩表"、主要横坐标轴标题为"姓名"、主要纵坐标轴标题为"成绩"，并设置图表绘图区的背景为"水滴"，图例形状样式为"细微效果-橄榄色，强调颜色 3"。操作步骤如下：

(1) 单击选定图表。

(2) 单击"布局"选项卡中的"标签"组中的"图表标题"，在下拉列表中选择"图表上方"。此时，在图表上方出现图表标题文本框，将其中的内容改为"计算机成绩表"。

(3) 单击"标签"组中的"坐标轴标题"，在下拉列表中选择"主要横坐标轴标题"，在出现的下一级菜单中选择"坐标轴下方标题"，在图表下方出现坐标轴标题文本框，将其中的内容改为"姓名"。

(4) 单击"标签"组中的"坐标轴标题"，在下拉列表中选择"主要纵坐标轴标题"，在出现的下一级菜单中选择"竖排标题"，在图表左侧出现纵坐标标题文本框，将其中的内容改为"成绩"。

(5) 选定图表绘图区，单击"格式"选项卡中的"形状样式"组中的"形状填充"，选择"纹理"中的"水滴"。

(6) 选定图例，单击"格式"选项卡中的"形状样式"组中滚动条的下拉按钮，选择"细微效果-橄榄色，强调颜色 3"。

编辑和格式化的效果如图 5-22 所示。

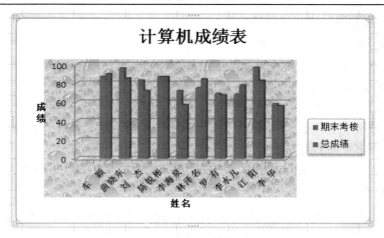

图 5-22　编辑和格式化图表

5.6　数据管理与分析

Excel 不仅具有数据计算处理的能力，而且还具有强大的数据库管理功能。它可以方便地组织、管理和分析大量的数据，如对数据库中的数据进行排序、筛选、分类汇总和创建数据透视表等统计分析操作。

5.6.1　数据清单

如果要使用 Excel 的数据管理功能，首先必须在工作表中创建数据清单。在 Excel 中，数据清单是包含相关数据的一些数据行构成的矩形区域，是一张二维表。可以把"数据清单"看成是简单的数据库表，其中行作为数据库的记录，列作为字段，列标题作为数据库的字段名。借助数据清单，可以实现数据库中的排序、筛选、分类汇总等数据管理功能。

数据清单必须包括列标题和数据两个部分。要正确创建数据清单，应遵循以下原则：

(1) 避免在一张工作表中建立多个数据清单，如果工作表还有其他数据，要在它们与数据清单之间留出空行或空列。

(2) 通常在数据清单的第一行建立列标题(字段名)，列标题名唯一，且同一字段的数据类型必须相同。如字段名是"姓名"，则该列存放的必须全部是姓名。

(3) 数据清单中不能有空行或空列。

(4) 数据清单中不能有完全相同的两行记录。

(5) 单元格中数据的对齐方式可以用"单元格格式"命令来设置，不能用输入空格的方法调整。

5.6.2　数据排序

在实际应用中，为了方便查找和使用数据，用户通常按一定顺序对数据进行排列。排序是组织数据的基本手段之一，通过排序可以将表格中的数据按字母顺序、数值大小、时间顺序等进行排列。用来排序的字段称为"关键字"，排序时可以根据关键字的值按照升序

(递增)或降序(递减)两种方式进行排序。

1．简单排序

排序依据是一个关键字时称为简单排序，进行简单排序的操作步骤如下：

(1) 在数据清单中单击作为排序依据的关键字列中的某个单元格。

(2) 单击"数据"选项卡中的"排序和筛选"组中的"升序"按钮 ![升序] 或"降序"按钮 ![降序] 。也可以通过单击"数据"选项卡中的"排序和筛选"组中的"排序"按钮 ![排序] ，打开"排序"对话框，在其中进行相应的设置。

需要强调的是，排序是对数据清单中的记录进行的排序，而不是对某列进行的排序。

2．高级排序

排序依据是两个或两个以上关键字时称为高级排序。如果在排序时遇到作为排序依据的关键字值相同的情况，就需要确定作为排序依据的第二关键字，甚至第三关键字。应用高级排序功能排序的操作步骤如下：

(1) 单击数据清单中任一单元格。

(2) 单击"数据"选项卡中的"排序和筛选"组中的"排序"按钮 ![排序] ，打开"排序"对话框，如图 5-23 所示。

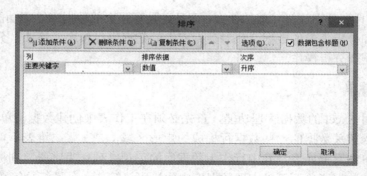

图 5-23　"排序"对话框

(3) 选择主要关键字，确定排序依据和次序。单击"添加条件"按钮，选择次要关键字，确定排序依据和次序。如果需要第三个排序依据可再次"添加条件"并进行相应设置。

(4) 单击"确定"按钮。

"排序"对话框中的"数据包含标题"复选框是为了避免字段名也成为排序对象；"选项"按钮用来打开"排序选项"对话框，进行一些与排序有关的设置；"删除条件"按钮用来删除不合适的条件；"复制条件"按钮用来添加一个和上一个条件相同的条件，适当更改后成为一个新的条件。

5.6.3　数据筛选

如果数据清单中的数据较多，而用户只关注部分数据时，可以设置条件应用数据筛选功能隐藏数据清单中不满足条件的记录，而只显示满足某种条件的记录。不满足条件的记录只是被暂时隐藏起来，并未被删除，一旦筛选条件被清除时，这些记录会重新出现。

Excel 提供了自动筛选和高级筛选两种方式。

1．自动筛选

自动筛选可以实现单个字段筛选和多个字段筛选的"逻辑与"(同时满足多个条件)关系。自动筛选操作简单，适合简单条件的筛选，按照选定内容自定义筛选，能满足大部分应用需求。应用自动筛选功能筛选的操作步骤如下：

(1) 单击数据清单中任一单元格。

(2) 单击"数据"选项卡中的"排序和筛选"组中的"筛选"按钮 ，这时，在各个字段名的右边会出现筛选按钮。

(3) 单击需要筛选的字段名后的筛选按钮，会出现一个下拉选择框，其中列出了"升序"、"降序"、"数字筛选"及当前字段所有可能的值等内容。用户可以根据需要进行适当的选择，也可在"数字筛选"的下一级菜单中设置筛选条件。

另外，如果要取消筛选结果，只需要再次单击"数据"选项卡中的"排序和筛选"组中的"筛选"按钮即可。

2．高级筛选

自动筛选能实现多个字段筛选的"逻辑与"关系，但不能实现多个字段筛选的"逻辑或"关系(多个条件至少满足一个)。高级筛选既可以实现多个字段筛选的"逻辑与"关系，也可以实现多个字段筛选的"逻辑或"关系。

在进行高级筛选时，字段名右边不会出现筛选按钮，而是需要在数据清单以外构造一个条件区域。条件区域应建立在数据清单之外，用空行或空列与数据清单分隔。输入筛选条件时，首行输入条件字段名，从下一行开始输入筛选条件，输入在同一行的条件关系为"逻辑与"，输入在不同行上的条件关系为"逻辑或"。筛选结果既可以在原位置显示也可以在数据清单以外的位置显示。应用高级筛选功能筛选的操作步骤如下：

(1) 在数据清单之外选择一个空白区域构造条件。

(2) 单击数据清单中任一单元格。

(3) 单击"数据"选项卡中的"排序和筛选"组中的"高级"按钮 ，打开如图 5-24 所示的"高级筛选"对话框，在对话框中进行相应设置。

(4) 单击"确定"按钮。

另外，如果要清除筛选结果，可以通过单击"数据"选项卡中的"排序和筛选"组中的"清除"按钮 来实现。

图 5-24　"高级筛选"对话框

5.6.4　数据分类汇总

实际应用中经常用到分类汇总，如商店的销售管理经常要统计各类商品的储存数量，教师要经常统计各系学生的课程平均分等。分类汇总就是对数据清单按某个字段进行分类，将字段值相同的连续记录作为一类，进行求和、求平均值、计数、求最大值、求最小值等汇总运算。针对同一个分类字段，可以进行多种方式的汇总。分类汇总可以使数据清单中大量数据更明确化和条理化。

需要注意的是，在分类汇总之前，必须按分类字段进行排序，否则得不到正确的分类汇总结果。在分类汇总时分类字段和汇总方式的选择，都必须在"分类汇总"对话框中设置。

　　分类汇总的操作步骤如下：

1．排序

以分类依据字段为关键字，对数据清单进行排序，升序和降序均可。

2．分类汇总

（1）单击数据清单中任一单元格。

（2）单击"数据"选项卡中的"分级显示"组中的"分类汇总"按钮 ▦，打开如图 5-25 所示的"分类汇总"对话框。

（3）打开"分类字段"下的列表，选择分类字段；打开"汇总方式"下拉列表，选择汇总方式；在"选定汇总项"列表中，选择分类汇总的计算对象。

如果之前有分类汇总的结果，则需选择"替换当前分类汇总"复选框；如果不在原来位置显示汇总结果，则需选择"汇总结果显示在数据下方"复选框。

（4）单击"确定"按钮。

另外，如果要取消分类汇总结果，需要再次打开"分类汇总"对话框，单击"全部删除"按钮。

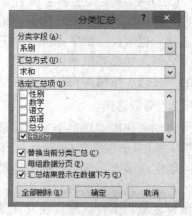

图 5-25　"分类汇总"对话框

5.6.5　分析"学生成绩表"

为了解学生的总体学习情况，李华对学生的各门课程成绩进行排序、筛选、分类汇总等统计分析操作。

打开"学生信息管理.xlsx"工作簿，在"学生成绩表"工作表中输入数据，应用公式或函数计算总分和平均分，并进行格式化，如图 5-26 所示，完成之后保存工作簿。

	A	B	C	D	E	F	G	H	I
1	系列	学号	姓名	性别	数学	语文	英语	总分	平均分
2	生科系	2015141111	任丹丹	女	46	88	63	197	65.7
3	英语系	2015031322	黄峰刚	男	49	72	83	204	68.0
4	生科系	2015141116	封凯祥	男	58	86	85	229	76.3
5	英语系	2015031303	胡勇	男	59	96	73	228	76.0
6	中文系	2015011206	唐巧珍	女	60	93	74	227	75.7
7	生科系	2015141101	张红静	女	67	98	80	245	81.7
8	英语系	2015031309	杜洋洋	女	69	88	64	221	73.7
9	生科系	2015141105	韩艳玲	女	70	92	72	234	78.0
10	英语系	2015031310	李响	男	70	90	65	225	75.0
11	生科系	2015141119	蔡文	女	76	79	90	245	81.7
12	英语系	2015031315	马丽娟	女	79	86	87	252	84.0
13	英语系	2015031302	李晓	女	80	100	79	259	86.3
14	生科系	2015141120	李贺贺	男	83	73	86	242	80.7
15	英语系	2015031312	胡丽梅	女	83	86	59	228	76.0
16	中文系	2015011214	李思坤	男	85	85	83	253	84.3
17	中文系	2015011218	连永峰	男	86	80	58	224	74.7
18	中文系	2015011213	赵洋	男	87	82	46	215	71.7
19	英语系	2015031317	刘琪	男	90	82	79	251	83.7
20	生科系	2015141123	张宇	男	95	74	48	217	72.3
21	中文系	2015011208	白玉娟	女	96	90	68	254	84.7

图 5-26　"学生成绩表"工作表

要分析"学生成绩表"中的数据，首先需要建立数据清单。对照 Excel 建立数据清单应遵循的原则，"学生成绩表"即为数据清单。

1．排序

复制"学生成绩表"工作表并重命名为"排序"。对"排序"工作表中的数据，按照"总分"降序排序，总分相同时按照"英语"降序排序。要针对两个字段排序，选择高级排序功能实现。操作步骤如下：

(1) 单击数据清单中任一单元格。

(2) 单击"数据"选项卡中的"排序和筛选"组中的"排序"按钮 ，打开"排序"对话框。

(3) 选择主要关键字为"总分"，排序依据为"数值"，次序为"降序"。

(4) 单击"添加条件"按钮，选择次要关键字为"英语"，排序依据为"数值"，次序为"降序"。

(5) 单击"确定"按钮。排序结果如图 5-27 所示。

	系别	学号	姓名	性别	数学	语文	英语	总分	平均分
2	英语系	2015031302	李晓	女	80	100	79	259	86.3
3	中文系	2015011208	白玉娟	女	96	90	68	254	84.7
4	中文系	2015011214	李思坤	男	85	85	83	253	84.3
5	英语系	2015031315	马丽娟	女	79	86	87	252	84.0
6	英语系	2015031317	刘琪	男	90	82	79	251	83.7
7	生科系	2015141119	蔡文	女	76	79	90	245	81.7
8	生科系	2015141101	张红静	女	67	98	80	245	81.7
9	生科系	2015141120	李贺贺	男	83	73	86	242	80.7
10	生科系	2015141105	韩艳玲	女	70	92	72	234	78.0
11	生科系	2015141116	封凯祥	男	58	86	85	229	76.3
12	英语系	2015031303	胡勇	男	59	96	73	228	76.0
13	英语系	2015031312	胡丽梅	女	83	86	59	228	76.0
14	中文系	2015011206	唐巧珍	女	60	93	74	227	75.7
15	英语系	2015031310	李响	男	70	90	65	225	75.0
16	中文系	2015011218	连永峰	男	86	80	58	224	74.7
17	英语系	2015031309	杜洋洋	男	69	88	64	221	73.7
18	生科系	2015141123	张宇	男	95	74	48	217	72.3
19	中文系	2015011213	赵洋	男	87	82	46	215	71.7
20	英语系	2015031322	黄峰刚	男	49	72	83	204	68.0
21	生科系	2015141111	任丹丹	女	46	88	63	197	65.7

图 5-27　"学生成绩表"排序结果

2．筛选

1) 自动筛选

复制"学生成绩表"工作表并重命名为"自动筛选"。在"自动筛选"工作表中筛选出生科系女生中语文成绩大于等于 70 分且小于 90 分的学生记录。操作步骤如下：

(1) 单击数据清单中任一单元格。

(2) 单击"数据"选项卡中的"排序和筛选"组中的"筛选"按钮 ，这时，在各个字段名的右边会出现筛选按钮。

(3) 单击"系别"列的筛选按钮，仅选择"生科系"；单击"性别"列的单选按钮，仅选择"女"；单击"语文"列的筛选按钮，选择"数字筛选"下一级的"大于或等于"，打开"自定义自动筛选方式"对话框，并进行相应设置。设置后的对话框效果如图 5-28 所示。

(4) 单击"确定"按钮。筛选结果如图 5-29 所示。

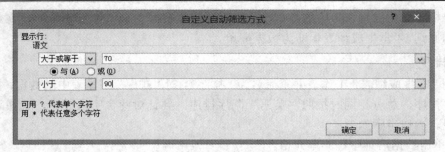

图 5-28　"自定义自动筛选方式"对话框

	A	B	C	D	E	F	G	H	I
1	系别	学号	姓名	性别	数学	语文	英语	总分	平均分
2	生科系	2015141111	任丹丹	女	46	88	63	197	65.7
11	生科系	2015141119	蔡文	女	76	79	90	245	81.7

图 5-29　"学生成绩表"自动筛选结果

2) 高级筛选

复制"学生成绩表"工作表并重命名为"高级筛选"。在"高级筛选"工作表中筛选出语文成绩大于等于 90 分或英语成绩大于等于 90 分的学生记录。操作步骤如下：

(1) 在 A23 单元格输入"语文"，B23 单元格输入"英语"，A24 单元格输入">=90"，B25 单元格输入">=90"。

(2) 单击数据清单中任一单元格。

(3) 单击"数据"选项卡中的"排序和筛选"组中的"高级"按钮 ，打开"高级筛选"对话框。

(4) 在"列表区域"框中输入"$A$1:$I$21"，在"条件区域"框中输入"$A$23:$B$25"。

(5) 单击"确定"按钮。筛选后的结果如图 5-30 所示。

	A	B	C	D	E	F	G	H	I
1	系别	学号	姓名	性别	数学	语文	英语	总分	平均分
5	英语系	2015031303	胡勇	男	59	96	73	228	76.0
6	中文系	2015011206	唐巧珍	女	60	93	74	227	75.7
7	生科系	2015141101	张红静	女	67	98	80	245	81.7
9	生科系	2015141105	韩艳玲	女	70	92	72	234	78.0
10	英语系	2015031310	李响	男	70	90	65	225	75.0
11	生科系	2015141119	蔡文	女	76	79	90	245	81.7
13	英语系	2015031302	李晓	女	80	100	79	259	86.3
21	中文系	2015011208	白玉娟	女	96	90	68	254	84.7
22									
23	语文	英语							
24	>=90								
25		>=90							

图 5-30　"学生成绩表"高级筛选结果

另外，可以通过单击"数据"选项卡中的"排序和筛选"组中的"清除"按钮 清除筛选结果。

3. 分类汇总

复制"学生成绩表"工作表并重命名为"分类汇总"。在"分类汇总"工作表中汇总出各系学生各门课程的平均分。操作步骤如下：

(1) 以"系别"为关键字，对数据清单进行升序排序。

(2) 单击数据清单中任一单元格。

(3) 单击"数据"选项卡中的"分级显示"组中的"分类汇总"按钮，打开"分类汇总"对话框。

(4) 打开"分类字段"下的列表，选择"系别"；打开"汇总方式"下拉列表，选中"平均值"；在"选定汇总项"列表中，选中"数学"、"语文"和"英语"复选框。

(5) 单击"确定"按钮。分类汇总结果如图 5-31 所示。

可以看出，在数据清单的左侧，有"隐藏明细数据符号"(–)的标记。单击"–"号，可隐藏原始数据清单数据而只显示汇总后的数据结果，同时"–"号变成"+"号，单击"+"号即可显示明细数据。

	系别	学号	姓名	性别	数学	语文	英语	总分	平均分
1									
2	生科系	2015141111	任丹丹	女	46	88	63	197	65.7
3	生科系	2015141116	封凯祥	男	58	86	85	229	76.3
4	生科系	2015141101	张红静	女	67	98	80	245	81.7
5	生科系	2015141105	韩艳玲	女	70	92	72	234	78.0
6	生科系	2015141119	蔡文	女	76	79	90	245	81.7
7	生科系	2015141120	李贺贺	男	83	73	86	242	80.7
8	生科系	2015141123	张宇	男	95	74	48	217	72.3
9	生科系 平均值				70.7143	84.2857	74.8571		
10	英语系	2015031322	黄峰刚	男	49	72	83	204	68.0
11	英语系	2015031303	胡勇	男	59	96	73	228	76.0
12	英语系	2015031309	杜洋洋	女	69	88	64	221	73.7
13	英语系	2015031310	李响	男	70	90	65	225	75.0
14	英语系	2015031315	马丽娟	女	79	86	87	252	84.0
15	英语系	2015031302	李晓	女	80	100	79	259	86.3
16	英语系	2015031312	胡丽梅	女	83	86	59	228	76.0
17	英语系	2015031317	刘琪	男	90	82	79	251	83.7
18	英语系 平均值				72.375	87.5	73.625		
19	中文系	2015011206	唐巧珍	女	60	93	74	227	75.7
20	中文系	2015011214	李思坤	男	85	85	83	253	84.3
21	中文系	2015011218	连永峰	男	86	80	58	224	74.7
22	中文系	2015011213	赵洋	男	87	82	46	215	71.7
23	中文系	2015011208	白玉娟	女	96	90	68	254	84.7
24	中文系 平均值				82.8	86	65.8		
25	总计平均值				74.4	86	72.1		

图 5-31　"学生成绩表"分类汇总结果

5.7　表格的页面设置与打印

使用 Excel 完成表格的制作后，可以根据需要将它们打印出来。在打印之前需要进行页面设置、确定打印区域等。

5.7.1　页面设置

工作表在打印之前，首先要进行页面设置，以便确定打印页面的大小、方向和打印区域等信息。可以通过单击"文件"选项卡中的"打印"命令，在"设置"组中进行页面设置。也可以通过单击"页面布局"选项卡中的"页面设置"组右下角的对话框启动器，打开"页面设置"对话框。在对话框中进行相应的设置。

(1) "页面"选项卡：设置打印方向、打印缩放、纸张大小、打印质量和起始页码等。

(2) "页边距"选项卡：设置页边距、页眉、页脚距边界的距离、表格的居中方式等。

(3) "页眉/页脚"选项卡：设置要打印的页眉和页脚内容等。

(4) "工作表"选项卡：设置打印区域、打印标题、打印网格线、打印行号、列标和打印顺序等。

5.7.2　设置打印区域

Excel 2010 工作表的打印，根据打印内容分为打印选定区域、打印整个工作簿和打印活动工作表三种情况。如果要打印活动工作表或整个工作簿可以通过单击"文件"选项卡中的"打印"命令，选择"设置"组中的"打印活动工作表"、"打印整个工作簿"设置。在实际应用中，用得比较多的是打印选定区域。通过设置打印区域，可以控制只将工作表的某一部分打印出来。设置打印区域的方法一般有三种：

方法一：先选定需要打印的区域，然后单击"页面布局"选项卡中的"页面设置"组中的"打印区域"，单击"设置打印区域"，这样 Excel 就会把选定区域作为打印的区域。如果要取消打印区域，则单击"取消打印区域"即可。

方法二：先选定需要打印的区域，单击"文件"选项卡中的"打印"命令，选择"设置"组中的"选定区域"。

方法三：在"页面设置"对话框的"工作表"选项卡中的"选定区域"框中输入或选择打印区域。如图 5-32 所示。

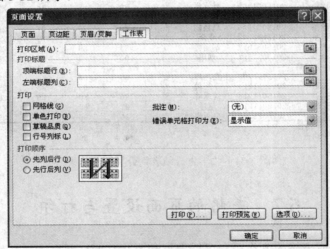

图 5-32　"页面设置"对话框

完成设置后，在"文件"选项卡中单击"打印"命令，在右侧可以预览设置的效果，如果效果不理想可以重新设置页面和打印区域，如果需要打印单击"打印"按钮就可以了。

如果工作表内容较多，需要将内容打印到一页上，可以单击"文件"选项卡中的"打印"命令，在"设置"组中设置缩放为"将工作表调整到一页"。

5.8　高 级 应 用

5.8.1　跨表引用——在"学生成绩表"中统计信息

李华对学生成绩进行统计时，统计结果需要独立存放，她通过跨工作表引用完成了统计。

打开"学生信息管理.xlsx"工作簿，单击"各等级人数统计"工作表，输入数据并进行格式化，如图 5-33 所示，完成之后保存工作簿。

　　根据"学生成绩表"中的数据统计数学、语文和英语三门课程各个等级的人数。等级划分为 5 等，分别是优(>=90)、良(>=80)、中(>=70)、及格(>=60)和不及格(<60)。学生成绩表存放在"学生成绩表"工作表中，统计结果存放在"各等级人数统计"工作表中，如图 5-33 所示。

		等级	人数
		优（90-100）	
	数学	良（80-89）	
		中（70-79）	
		及格（60-69）	
		不及格（<60）	
		等级	人数
		优（90-100）	
	语文	良（80-89）	
		中（70-79）	
		及格（60-69）	
		不及格（<60）	
		等级	人数
		优（90-100）	
	英语	良（80-89）	
		中（70-79）	
		及格（60-69）	
		不及格（<60）	

图 5-33　各等级人数统计表

　　在统计时，需要在"各等级人数统计"工作表中引用同一工作簿中"学生成绩表"工作表中的单元格，是一种"跨表引用"。

　　统计"数学"成绩各个分数段的人数的操作步骤如下：

　　(1) 单击 C2 单元格，输入公式"=COUNTIF(学生成绩表! E2:E21, ">=90")"，按回车键。

　　(2) 单击 C3 单元格，输入公式"=COUNTIF(学生成绩表! E2:E21, ">=80")-C2"，按回车键。

　　(3) 单击 C4 单元格，输入公式"=COUNTIF(学生成绩表! E2:E21, ">=70")-C3-C2"，按回车键。

　　(4) 单击 C5 单元格，输入公式"=COUNTIF(学生成绩表! E2:E21, ">=60")-C4-C3-C2"，按回车键。

　　(5) 单击 C6 单元格，输入公式"=COUNTIF(学生成绩表! E2:E21, "<60")"，按回车键。

　　公式中的"学生成绩表! E2:E21"是在"各等级人数统计"工作表中引用"学生成绩表"工作表中的单元格区域。

　　用类似的方法可以统计出"语文"和"英语"成绩各分数段的人数。

5.8.2　常用函数

1. 日期时间函数

　　(1) YEAR(Serial_Number)函数。该函数的功能是返回某个日期对应的年份，是介于 1900 到 9999 之间的整数。Serial_Number 是查找年份的日期。

　　(2) MONTH(Serial_Number)函数。该函数的功能是返回某个日期对应的月份，是介于 1(一月)到 12(十二月)之间的整数。Serial_Number 是查找月份的日期。

(3) DAY(Serial_Number)函数。该函数的功能是返回某个日期对应的天，是介于 1 到 31 之间的整数。Serial_Number 是查找对应天的日期。

(4) TODAY( )函数。该函数的功能是返回当前日期的序列号。默认情况下，1900 年 1 月 1 日的序列号为 1。

(5) DATE((Year，Month，Day)函数。该函数的功能是返回指定日期的序列号。Year 表示年份，Month 表示月份，Day 表示日。例如，公式"=DATE(2008,7,8)"返回 39637。

2．文本处理函数

(1) CONCATENATE(Text1，Text2，…)函数。该函数的功能是将多个字符文本或单元格中的数据连接在一起，显示在一个单元格中。Text1、Text2，…是需要连接的字符文本或引用的单元格。

(2) LEFT(Text，Num_Chars)函数。该函数的功能是从一个文本字符串的第一个字符开始，截取指定数目的字符。Text 代表要截字符的字符串，Num_Chars 代表给定的截取数目。

(3) MID(Text，Start_Num，Num_Chars)函数。该函数的功能是从一个文本字符串的指定位置开始，截取指定数目的字符。Text 代表一个文本字符串，Start_Num 表示指定的起始位置，Num_Chars 表示要截取的数目。

(4) RIGHT(Text，Num_Chars)函数。该函数的功能是从一个文本字符串的最后一个字符开始，截取指定数目的字符。Text 代表要截字符的字符串，Num_Chars 代表给定的截取数目。

3．逻辑函数

(1) AND(Logical1，Logical2，…)函数。该函数的功能是如果所有参数值均为逻辑"真"(TRUE)，则返回逻辑"真"，反之返回逻辑"假"(FALSE)。Logical1，Logical2，…表示待测试的条件值或表达式，最多 30 个。

(2) OR(Logical1，Logical2，…)函数。该函数的主要功能是仅当所有参数值均为逻辑"假"时返回函数结果逻辑"假"，否则都返回逻辑"真"。Logical1，Logical2，…表示待测试的条件值或表达式，最多 30 个。

4．查找与引用函数

(1) VLOOKUP(Lookup_Value，Table_Array，Col_Index_Num，Range_Lookup)函数。该函数的主要功能是在数据表的首列查找指定的数值，并由此返回数据表当前行中指定列处的数值。

Lookup_Value 代表需要查找的数值，Table_Array 代表需要在其中查找数据的单元格区域，Col_Index_Num 为在 Table_Array 区域中待返回的匹配值的列序号(当 Col_Index_Num 为 2 时，返回 Table_Array 第 2 列中的数值，为 3 时，返回第 3 列的值，……)，Range_Lookup 为一个逻辑值，如果为 TRUE 或省略，则返回近似匹配值，也就是说，如果找不到精确匹配值，则返回小于 Lookup_Value 的最大数值。如果为 FALSE，则返回精确匹配值，如果找不到，则返回错误值#N/A。

特别需要注意的是，Lookup_Value 参数必须在 Table_Array 区域的首列中，如果忽略 Range_Lookup 参数，则 Table_Array 的首列必须进行排序。

(2) HLOOKUP(Lookup_Value，Table_Array，Row_Index_Num，Range_Lookup)函数。

该函数的主要功能是在数据表的首行查找指定的数值，并由此返回数据表当前列中指定行处的数值。

Lookup_Value 代表需要查找的数值，Table_Array 代表需要在其中查找数据的单元格区域，Row_Index_Num 为在 Table_Array 区域中待返回的匹配值的行序号(当 Row_Index_Num 为 2 时，返回 Table_Array 第 2 行中的数值，为 3 时，返回第 3 行的值，……)，Range_Lookup 为一个逻辑值，如果为 TRUE 或省略，则返回近似匹配值，也就是说，如果找不到精确匹配值，则返回小于 Lookup_Value 的最大数值。如果为 FALSE，则返回精确匹配值，如果找不到，则返回错误值#N/A。

特别需要注意的是，Lookup_Value 参数必须在 Table_Array 区域的首行中；如果忽略 Range_Lookup 参数，则 Table_Array 的首行必须进行排序。

5.8.3 完善"学生档案表"

学生档案表记录了学生基本情况的原始数据，根据原始数据可以推断学生的其他信息。从学生的身份证号码中，李华"读"出了学生的出生日期。下面与李华一起来完善"学生档案表"。

打开"学生信息管理.xlsx"工作簿，单击"学生档案表"工作表，完成处理后保存工作簿。

1．计算"出生日期"

身份证号码从左边起的第 7~10 位是年份，第 11、12 位是月份，第 13、14 位是出生日。要求出生日期的格式为"****年**月**日"，如"1994 年 12 月 23 日"。操作步骤如下：

(1) 单击 G3 单元格，使其成为活动单元格。

(2) 在单元格中输入 "=CONCATENATE(MID(F4, 7, 4), "年", MID(F4, 11, 2),"月", MID(F4, 13, 2), "日")"，按回车键。

(3) 用复制公式的方法计算其他学生的出生日期。

2．计算"年龄"

年龄为当前年份与出生年份的差值。操作步骤如下：

(1) 单击 H3 单元格，使其成为活动单元格。

(2) 在单元格中输入 "=YEAR(TODAY())-LEFT(G3,4)"，按回车键。

(3) 用复制公式的方法计算其他学生的年龄。

3．计算"是否英语系的男生"

如果系别为"英语系"并且性别为男，则结果为"TRUE"，否则结果为"FALSE"。操作步骤如下：

(1) 单击 I3 单元格，使其成为活动单元格。

(2) 在单元格中输入 "=AND(E3="英语系", D3="男")"，按回车键。

(3) 用复制公式的方法计算其他学生是否为英语系的男生。

5.8.4 在"学生档案表"中查询学生信息

如何在学生档案表中快速地查询学生信息，并将查询结果独立存放。一起来体会李华的快速查询过程!

打开"学生信息管理.xlsx"工作簿,单击"学生档案信息查询"工作表,输入数据并进行格式化,如图 5-34 所示,完成处理后保存工作簿。

学生档案信息查询	
序号	08
学号	
姓名	
系别	
身份证号码	
助学金	

图 5-34　学生档案信息查询表

在"学生档案表"中查询序号为"08"的学生信息,包括学号、姓名、系别、身份证号码和助学金,查询结果存放在"学生档案信息查询"工作表中。

查询学生信息的操作步骤如下:

(1) 单击 B3 单元格,使其成为活动单元格,输入"=VLOOKUP(B2,学生档案表!A2:J22,2)",按回车键。

(2) 单击 B4 单元格,使其成为活动单元格,输入"=VLOOKUP(B2,学生档案表!A2:J22,3)",按回车键。

(3) 单击 B5 单元格,使其成为活动单元格,输入"=VLOOKUP(B2,学生档案表!A2:J22,4)",按回车键。

(4) 单击 B6 单元格,使其成为活动单元格,输入"=VLOOKUP(B2,学生档案表!A2:J22,5)",按回车键。

(5) 单击 B7 单元格,使其成为活动单元格,输入"=VLOOKUP(B2,学生档案表!A2:J22,9)",按回车键。

5.8.5　数据透视表

分类汇总适合按一个字段进行分类,对一个或多个字段进行汇总。如果要对多个字段进行分类汇总,需要利用数据透视表,统计时的源数据必须是数据清单。

1. 创建数据透视表

统计学生成绩过程中,李华要统计各系男生和女生的人数,既要按"系"分类,又要按"性别"分类,她用数据透视表顺利完成了统计!

打开"学生信息管理.xlsx"工作簿,单击"学生成绩表"工作表。完成处理后保存工作簿。操作步骤如下:

(1) 单击"学生成绩表"数据清单中的任一单元格。

(2) 单击"插入"选项卡中的"表格"组中的"数据透视表",选择"数据透视表",打开"创建数据透视表"对话框。

(3) 确认要统计分析的数据范围。如果系统默认的单元格区域选择不正确,用户可以自己重新选择单元格区域。

(4) 确认数据透视表的放置位置,既可以放在新建表中,也可以放在现有的工作表中。在确定位置后单击"确认"按钮。此时出现"数据透视表字段列表"任务窗格。

(5) 确定分类字段、汇总字段和汇总方式。将"系别"拖入行标签区域，将"性别"拖入列标签区域，将"姓名"拖入数值区域。如图 5-35 所示。

默认情况下，数据项如果是非数字型字段则对其计数，否则求和。

生成的数据透视表如图 5-36 所示。

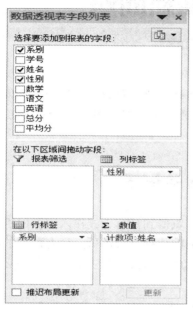

图 5-35　"数据透视表字段列表"任务窗格

计数项:姓名	列标签		
行标签	男	女	总计
生科系	3	4	7
英语系	4	4	8
中文系	3	2	5
总计	**10**	**10**	**20**

图 5-36　数据透视表统计结果

2．编辑数据透视表

创建好数据透视表后，"数据透视表工具"选项卡会自动出现，它可以用来修改数据透视表。数据透视表的修改主要有以下三个方面。

(1) 更改数据透视表布局。数据透视表结构中行、列、数据字段都可以被更改或增加。将行、列、数据字段移出表示删除字段，移入表示增加字段。

(2) 改变汇总方式。可以通过单击"选项"选项卡中的"计算"组中的"按值汇总"下拉按钮来实现。

(3) 数据更新。如果数据清单中的数据发生了变化，但数据透视表并没有随之变化，可以通过单击"选项"选项卡中的"数据"组中的"刷新"下拉按钮来实现。

```
┌─────────────────────────────────────────────┐
│                                             │
│        第6章   计算机网络                      │
│                                             │
└─────────────────────────────────────────────┘
```

计算机网络是计算机技术和通信技术紧密结合的产物，它的诞生使计算机体系结构发生了巨大变化，在当今社会经济中起着非常重要的作用，对人类社会的进步做出了巨大贡献。

6.1　计算机网络概述

现今，计算机网络无处不在，从人们手中的浏览器到具有无线接入服务的机场，从具有宽带接入的家庭网络到每张办公桌都有联网功能的传统办公场所，还有联网的汽车、联网的传感器、星际互联网等，可以说计算机网络已成为人类日常生活与工作中必不可少的一部分。

6.1.1　计算机网络的定义

不同的人群对计算机网络的含义理解是不尽相同的。早期，人们将分散的计算机、终端及其附设，利用通信媒体连接起来，能够实现相互的通信称作网络系统。1970 年，在美国信息处理协会召开的春季计算机联合会议上，计算机网络定义为"以能够共享资源(硬件、软件和数据等)的方式连接起来，并且各自具备独立功能的计算机系统之集合"。

从现代计算机网络的角度出发，可以认为是自主计算机的互联的集合。"自主"说明网络系统中各计算机无主从关系，"互联"不仅指计算机间物理上的连通，还指计算机之间的信息资源共享。这就需要通信设备和传输介质的支持、网络协议的协调控制。

综上所述，计算机网络可做如下描述：计算机网络就是利用通信线路和通信设备，用一定的连接方法，将分布在不同地点(相对来说的，也可以是同一地点)的具有独立功能的多台计算机系统(可包括独立计算机和网络两种)相互连接起来，在网络软件的支持下进行数据通信，实现资源共享的系统。

6.1.2　计算机网络的发展历程

计算机网络的发展过程大致可以分为面向终端的计算机通信网、分组交换网、标准化网络阶段和网络互联与高速网络四个阶段。

1. 第一代：远程终端联机阶段

20 世纪 50 年代中后期，建立了面向终端的计算机网络。它是一台主机和若干个终端组成的，在这种联机方式中，主机是网络的中心和控制者，终端分布在各处并与主机相连，用户通过本地的终端使用远程的主机。严格地讲，这不能算是网络，但它将计算机技术与通信技术结合起来，可以让用户以终端方式与远程主机进行通信，因此视之为计算机网络的雏形。这一阶段的计算机网络系统实质上就是以单机为中心的联机系统，是面向终端的计算机通信，如图 6-1 所示。

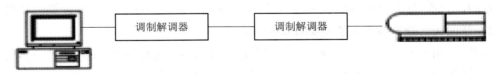

图 6-1　计算机通过电话线与远程终端相连

2．第二代：分组交换网的出现

随着计算机应用的发展，出现了多台计算机互联的需求，人们希望将分布在不同地点的计算机通过通信线路互联成计算机——计算机网络。网络用户可以通过计算机使用异地计算机的软件、硬件与数据资源，以达到计算机资源共享的目的。

1969 年 12 月美国国防部高级研究计划局的第一个使用分组交换技术的 ARPANET 投入运行，为计算机网络的发展奠定了基础，其核心技术是分组交换技术，并提出了很多有关计算机网络的基本概念，如网络协议、资源共享、分层等。"分层"可将庞大而复杂的系统，分解为若干较小的容易处理的子系统，然后"分而治之"，这种结构化设计方法是工程设计中常见的手段。

图 6-2 所示，在"面向通信"的网络外围，具有大量资源的主机系统(这些主机系统本身可能带有大量用户终端)直接连接到网络的节点上，形成了以分组交换网为通信枢纽、以用户系统(终端或主机)为资源集散场所的网络格局，使网络中的数据通信与数据处理的功能非常明显地界定开来。从此，出现了"用户子网"和"通信子网"的概念。

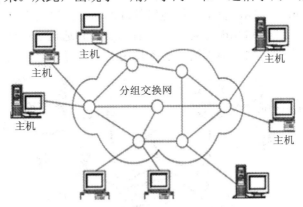

图 6-2　采用分组交换网的计算机网络

这种以通信网络为中心，共享资源的计算机网络一般被人们称为"第二代计算机网络"，它比第一代面向终端的网络在概念上发生了根本变化，在功能上也扩展了很多。

3．第三代：计算机网络标准体系结构的形成

计算机网络是个非常复杂的系统，要想使连接在网络上的两台计算机互相传送文件，仅有一条传送数据的通路是不够的。相互通信的两个计算机系统必须高度"协调"工作。

为了使不同体系结构的计算机网络都能互联，国际标准化组织(International Organization for Standardization，ISO)提出了一个能使各种计算机在世界范围内互联成网的标准框架——开放式系统互联参考模型 OSI/RM(Open System Interconnection/ Reference Model)的国际标准化网络体系结构。只要遵循 OSI 标准，一个系统就可以和位于世界上任何地方的，且遵循同一标准的其他任何系统进行通信。从此形成了第三代计算机网络。

4．第四代：网络互联与高速网络阶段

20 世纪 90 年代，计算机网络发展成了全球的网络——因特网(Internet)，这一阶段计算机网络发展的特点是：采用高速网络技术，综合业务数字网络的实现，多媒体和智能网络的兴起。

Internet 是覆盖全球的信息基础设施之一，对于用户来说，它是一个庞大的远程计算机网络。用户可以利用 Internet 实现全球范围的电子邮件、数据传输、信息查询、语言与图像通信服务等功能。实际上 Internet 是一个用路由器(Router)实现多个远程网和局域网互联的网际网，它可以提供海量信息的共享。

在 Internet 发展的同时，高速与智能网的发展也引起人们越来越多的注意。高速网络技术发展表现在宽带综合业务数据网 B-ISDN、帧中继、异步传输模式 ATM、高速局域网、交换局域网与虚拟网络上。

对因特网的使用经历了三种服务：由 ISP(Internet Service Provider)提供的早期接入服务；由 ICP(Internet Content Provider)提供的内容服务；由 IAP(Internet Application Provider)提供的未来应用服务。

6.1.3　计算机网络的组成

计算机网络要完成数据处理与数据通信两大基本功能。它在结构上分成两个部分：负责数据处理的主计算机与终端，负责数据通信处理的通信控制处理机与通信线路。

典型的计算机网络从逻辑功能上可以分为资源子网和通信子网两部分。通信子网相当于通信服务提供者，资源子网相当于通信服务使用者。计算机网络结构如图 6-3 所示。

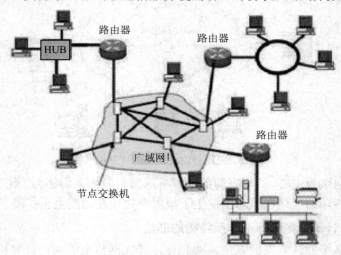

图 6-3　计算机网络结构图

资源子网负责全网的数据处理业务，向网络用户提供了各种网络资源与网络服务。它由主计算机系统、终端、终端控制器、联网外设、各种软件资源与信息资源组成。主机是资源子网的主要组成单元，它通过高速通信线路与通信子网的通信控制处理机（Communication Control Processor，CCP）相连接。主机是为本地用户访问网络其他主机设备与资源提供服务，同时要为网中远程用户共享本地资源提供服务。

　　通信子网由通信介质和通信设备组成，完成网络数据传输、转发等通信处理任务。

6.1.4　计算机网络的功能

　　计算机网络以共享为主要目标，具有以下几个方面的功能。

1．数据通信

　　计算机网络是现代通信技术和计算机技术结合的产物，数据通信是计算机网络的基本功能之一。从通信角度看，计算机网络其实是一种计算机通信系统。它实现了终端与计算机之间，或计算机与计算机之间快速、可靠地相互传送信息，并根据需要对这些信息进行分散、分级或集中处理与管理。

2．资源共享

　　网络上的计算机彼此之间可以实现资源共享(包括硬件、软件和数据)。信息时代的到来，资源的共享具有重大的意义。首先，从投资角度考虑，网络上的用户可以共享网上的打印机、扫描仪等，这样就节省了资金。其次，现代的信息量越来越大，单一的计算机已经不能满足储存量，而分布在不同的计算机上，网络用户可以共享这些信息资源。再次，现在计算机软件层出不穷，在这些浩如烟海的软件中，不少是免费共享的，这是网络上的宝贵财富，任何连入网络的人，都有权利使用它们。

　　资源共享为用户使用网络提供了方便。比如，在办公中，我们经常需要共享打印机。下面介绍如何共享打印机。

　　在主电脑(需要将打印机设置为共享的电脑)上，点击屏幕左下角的"开始"菜单，选择设备和打印机。打开"设备和打印机"对话框，如图 6-4 所示。

图 6-4　"设备和打印机"对话框

以惠普 HP Laser Jet 1020 为例，右击上图中打印机图标，打开"打印机属性"对话框，如图 6-5 所示。在共享菜单中勾选"共享这台打印机"，共享名自选，单击确定即可。打印机共享后，同工作组的其他计算机，就可以访问并使用这台打印机了。

图 6-5　"打印机属性"对话框

3．远程传输

计算机应用的发展，已经从科学计算到数据处理，从单机到网络。分布在很远位置的用户可以互相传输数据信息，互相交流，协同工作。

4．集中管理

计算机网络技术的发展和应用，已使得现代的办公手段、经营管理等发生了变化。目前，已经有了许多 MIS 系统、OA 系统等，通过这些系统可以实现日常工作的集中管理，提高工作效率，增加经济效益。

5．实现分布式处理

网络技术的发展，使得分布式计算成为可能。对于大型的课题，可以分为许许多多的小题目，由不同的计算机分别完成，然后再集中起来，解决问题。

6．负荷均衡

负荷均衡是指工作被均匀的分配给网络上的各台计算机系统。网络控制中心负责分配和检测，当某台计算机负荷过重时，系统会自动转移到负荷较轻的计算机系统去处理。

综上所述，计算机网络首先是计算机的一个群体，是由多台计算机组成的，每台计算机的工作是独立的，任何一台计算机都不能干预其他计算机的工作，例如，启动、关机和控制其运行等；其次，这些计算机是通过一定的通信媒体互连在一起，计算机之间的互连是指它们彼此间能够交换信息。网络上的设备包括微型机、小型机、大型机、终端、打印机以及绘图仪、光驱等设备，电子信息包括文字信息、声音信息和视频信息等，用户可以通过网络共享这些设备资源和电子信息资源。

6.1.5　计算机网络的分类

计算机网络可以从不同角度进行分类，以下是常见的几种分类方法。

1．按网络分布范围的大小进行分类

(1) 局域网(Local Area Network，LAN)。局域网一般用微型计算机通过高速通信线路相连(速率通常在 10 Mb/s 以上)，但在地理上则局限在较小的范围(如一个实验室、一幢大楼、一个校园等)。局域网按照采用的技术、应用范围和协议标准的不同可以分为共享局域网与交换局域网。局域网技术发展非常迅速，并且应用日益广泛，是计算机网络中最为活跃的领域之一。

(2) 城域网(Metropolis Area Network，MAN)。城域网的作用范围在广域网和局域网之间，例如作用范围是一个城市，其传送速率比局域网的更高，作用距离约为 5～50 km。城域网设计的目标是要满足几十公里范围内的大量企业、机关、公司的多个局域网互联的需求，以实现大量用户之间的数据、语音、图形与视频等多种信息的传输功能。

(3) 广域网(Wide Area Network，WAN)。广域网也称为远程网。广域网覆盖一个国家、地区，或横跨几个洲，形成国际性的远程网络。广域网的通信子网主要使用分组交换技术，通信子网可以利用公用分组交换网、卫星通信网和无线分组交换网，它将分布在不同地区的计算机系统互联起来，达到资源共享的目的。

2．按交换方式分类

(1) 线路交换。线路交换最早出现在电话系统中，早期的计算机网络就是采用此方式来传输数据的，数字信号经过变换成为模拟信号后才能联机传输。

(2) 报文交换。报文交换是一种数字化网络传输方式。当通信开始时，源机发出的一个报文被存储在交换机里，交换机根据报文的目的地址选择合适的路径发送报文，报文的长度不受限制。报文交换采用"存储—转发"原理，每个中间节点要为传输的报文选择适当的路径，使其能最终到达目的端。

(3) 分组交换。分组交换也采用报文传输，但它不是以不定长的报文作传输的基本单位，而是将一个长的报文分为许多定长的报文分组，以分组作为传输的基本单位。这不仅大大简化了对计算机存储器的管理，而且也加速了信息在网络中的传播速度。由于分组交换优于线路交换和报文交换，具有许多优点。因此，它已成为计算机网络中传输数据的主要方式。

3．按通信方式分类

(1) 点对点通信。点对点传输网络中数据以点到点的方式在计算机或通信设备中传输。星型网、环型网就是采用这种传输方式。

(2) 广播式通信。广播式传输网络中数据在公用介质中传输。无线网和总线型网络属于这种类型。

4．按传输介质分类

计算机网络的传输介质分为有线和无线两大类。有线传输介质有双绞线、同轴电缆、光纤，最常用的为双绞线和光纤，光纤的带宽可以达到几十个 Gb/s。无线传输介质有微波、红外线和激光。目前卫星通信、移动通信、无线通信发展迅速，对于计算机网络来说，无线通信是有线通信的补充。

5．按用途分类

按用途划分，可以分为：专用网，例如，金融网、教育网、税务网等；公用网，例如，帧中继网、DDN 网、X.25 网等。

6.1.6　计算机网络的拓扑结构

拓扑学是几何学的一个分支，它是从图论演变过来的。拓扑学首先把实体抽象成与其大小、形状无关的点，将连接实体的线路抽象成线，进而研究点、线、面之间的关系。计算机网络拓扑结构是指网络中的通信线路和节点的几何排序，并用以表示网络的整体结构，同时也反映了各个模块之间的结构关系。它影响整个网络的设计、功能、可靠性和费用等，是研究计算机网络的主要环节之一。

计算机网络是将多台独立的计算机通过通信线路连接起来的。通信线路之间的几何关系表示网络结构，反映出网络中各实体之间的结构关系。拓扑设计是建设计算机网络的第一步，也是实现各种网络协议的基础，它对网络性能、系统可靠性与通信费用都有重大影响。计算机网络的拓扑结构可分为总线型、环型、星型、树型和网状型。

1．总线型网络

总线型网络通常用于小型的局域网络。将计算机或其他设备连接到一条公用的总线上，各计算机共用这一总线，而在任何两台计算机之间不再有其他连接。总线拓扑结构如图 6-6 所示，它是一种广播式网络。

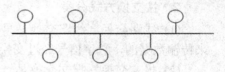

图 6-6　总线拓扑结构

在总线上，从一台计算机发送的信号会传送过网络上的每一台计算机，并且从总线的一端到达另一端。如果不采取措施，信号在到达总线的端点时发生反射，反射回来的信号又要传输到总线的另一端，这种情况将阻止其他计算机发射信号。

为了防止总线端点的反射，设置了端接器，即在总线的两端安装了吸收到达端点信号的元件。这样当一台计算机发送的数据到达目的地之后，其他的计算机就可以占有总线继续发送数据。

总线型网络的主要优点有：

(1) 在小型网络中总线简单可靠，易于安装使用。

(2) 费用便宜，一般连接地理上比较靠近的网络节点，电缆长度小，易于铺设。

(3) 易于扩展，可以很容易地把新的节点加入到已有的网络总线上，或者通过简单的设备把两个网络连接到一起。

总线型网络的主要缺点有：

(1) 网络流量的增大会使网络的性能下降，因为任何时候总线上只能有一个节点处于发送状态，因此当网络流量增大，多个节点同时要求发送数据的可能性也随之增大，节点数据的传输延时增大，网络的响应速度减慢。另外在使用总线争用方式的网络中，节点之间发送数据产生碰撞的概率也随之加大，数据发生碰撞后，节点必须重发改组数据，进一步提高网络上的数据量，引起恶性循环。

(2) 总线网络的故障查找很难。总线上的一个节点发生故障时，常常会引起整个网络不能正常工作。因为所有节点处于相同的地位，而使故障的查找变得相当的困难。

2. 环型网络

环型网络是将各个计算机与公共的缆线连接，缆线的两端连接起来形成一个封闭的环，数据包在环路上以固定方向流动，环型拓扑结构如图 6-7 所示。

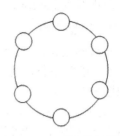

图 6-7　环型拓扑结构

由于计算机连接成封闭的环路，因此不需要端接器来吸收反射信号。信号沿环路的一个方向进行传播，通过环路上的每一台计算机。每一台计算机都接收信号，并且把信号放大后再传给下一台计算机。假如环路中的某一计算机发生故障，环状网络将不能正常地传送信息，从而影响到整个网络。

在环状网络中，一般通过令牌来传递数据。令牌依次穿过环路上的每一台计算机，只有获得了令牌的计算机才能发送数据。当一台计算机获得令牌后，就将数据加入到令牌中，并继续往前发送。带有数据的令牌依次穿过环路上的每一台计算机，直到令牌中的目的地址与某个计算机的地址相符合。收到数据的计算机返回一个消息，表明数据已被接收，经过验证后，原来的计算机创建一个新令牌并将其发送到环路上。令牌传送数据的方法也经常用于星状网络，此时，各计算机形成一个逻辑环路。

环状网络中信息流控制比较简单，信息流在环路中沿固定方向流动，两个计算机节点之间仅有唯一的通路，故路径选择控制非常简单。所有的计算机都有平等的访问机会，用户多时也具有较好的性能。

环状网络也有一些缺点，例如，环路中一台发生故障会影响到整个网络，重新配置网络时会干扰正常的工作，不便于扩充。

3. 星型网络

星型网络是由一中心点(如集线器)和计算机连接成网。集线器是网络的中央布线中心，各计算机通过集线器和其他计算机通信，星型网络又称为集中式网络。星型拓扑结构如图 6-8 所示。

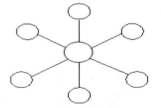

图 6-8　星型拓扑结构

星型网络中，如果一台计算机或该机与集线器的连线出现问题，只影响该计算机的收发数据，网络的其余部分可以正常工作；但如果集线器出现故障，则整个网络瘫痪。

星型网络的主要优点有：

(1) 网络易于扩展。在将新的节点加入到网络中时，不会影响到网络其余部分的正常工作，只需将电缆连接到中心集线器空闲的连接端口即可。

(2) 易于诊断网络故障。由于所有节点都与中心集线器相连，某个节点发生故障，一般不会影响到其他的节点，只需检查中心集线器响应的端口与该节点，不会影响网络其余部分的工作。

(3) 可以在同一个网络中混合使用多种传输介质。中心集线器可以提供使用不同传输介质的连接端口。

星型网络的主要缺点有：

(1) 如果中央集线器发生故障，则整个网络均不能工作。

(2) 大多数星型网络，中央集线器的功能比较复杂，中心集线器负荷很重。

(3) 通信线路利用率不高。因为每个节点都使用独立的传输线路与中央节点相连，因此所用电缆的总长度远高于总线型网络。

4．树型网络

树型网络是总线型网络和星型网络的结合体。在树型网络中，几个星型拓扑由总线型网络的干线连接起来。树型拓扑结构如图 6-9 所示。

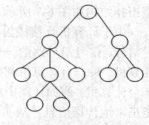

图 6-9　树型拓扑结构

树型网络中，节点按层次进行连接，信息交换主要在上、下节点之间进行，相邻及同层节点之间一般不进行数据交换或数据交换量少。树型网络可以看成是星型网络的一种扩展，树型网络适用于汇集信息的应用要求。

5．网状型网络

网状型网络是容错能力最强的网络拓扑结构。在这种网络中，网络上的每台计算机(或某些计算机)与其他计算机至少有 2 条以上的直接线路连接。网状型网络也称为分布式网络或格状网。网状型拓扑结构如图 6-10 所示。

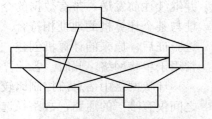

图 6-10　网状型拓扑结构

网状型网络中，如果一台计算机或一段线缆发生故障，网络的其他部分仍然可以运行，数据可以通过其他的计算机和线路到达目的计算机。

网状型网络建网费用高、布线困难。通常，网状型网络只用于大型网络系统和公共通信骨干网。目前实际存在与使用的广域网结构，基本上都是采用网状型网络。

6.2　数据通信基础

数据通信是计算机与计算机或计算机与终端之间的通信。它传送数据的目的不仅是为了交换数据，更主要是为了利用计算机来处理数据。可以说它是将快速传输数据的通信技术和数据处理、加工及存储的计算机技术相结合，从而给用户提供及时、准确的数据。

6.2.1　数据通信的基本概念

数据通信是通信技术和计算机技术相结合而产生的一种新的通信方式。要在两地间传输信息必须有传输信道，根据传输媒体的不同，分为有线数据通信与无线数据通信。但它们都是通过传输信道将数据终端与计算机联结起来，从而使不同地点的数据终端实现软、硬件和信息资源的共享。

6.2.2　数据的传输形式

数据传输方式是数据在信道上传送所采取的方式。若按数据传输的顺序可以分为并行传输和串行传输；若按数据传输的同步方式可分为同步传输和异步传输；若按数据传输的流向和时间关系可以分为单工、半双工和全双工数据传输。

1. 并行传输与串行传输

并行传输是将数据以成组的方式在两条以上的并行信道上同时传输。例如，采用 8 单位代码字符可以用 8 条信道并行传输，一条信道一次传送一个字符。因此不需另外措施就实现了收发双方的字符同步。缺点是传输信道多，设备复杂，成本较高，故较少采用。

串行传输是数据流以串行方式在一条信道上传输。该方法易于实现，缺点是要解决收、发双方码组或字符的同步，需外加同步措施。串行传输是计算机通信采取的一种主要方式。

2. 同步传输与异步传输

在串行传输时，接收端如何从串行数据流中正确地划分出发送的一个个字符所采取的措施称为字符同步。根据实现字符同步方式的不同，数据传输分为异步传输和同步传输两种方式。

异步传输每次传送一个字符代码(5～8 bit)，在发送每一个字符代码的前面均加上一个"起"信号，其长度规定为 1 个码元，极性为"0"，后面均加一个止信号，在采用国际电报二号码时，止信号长度为 1.5 个码元，在采用国际五号码或其他代码时，止信号长度为 1 或 2 个码元，极性为"1"。字符可以连续发送，也可以单独发送；不发送字符时，连续发送止信号。每一字符的起始时刻可以是任意的(这也是异步传输的含意所在)，但在同一个字符内各码元长度相等。接收端则根据字符之间的止信号到起信号的跳变("1"→"0")来检测、识别一个新字符的"起"信号，从而正确地区分出一个个字符。因此，这样的字符同步方法又称起止式同步。该方法的优点是：实现同步比较简单，收发双方的时钟信号不需要精确的同步。缺点是每个字符增加了 2～3 bit，降低了传输效率。它常用于 1200 bit/s 及其以下的低速数据传输。

同步传输是以固定时钟节拍来发送数据信号的。在串行数据流中，各信号码元之间的相对位置都是固定的，接收端要从收到的数据流中正确区分发送的字符，必须建立位定时同步和帧同步。位定时同步又叫比特同步，其作用是使数据电路终接设备(DCE)接收端的位定时时钟信号和 DCE 收到的输入信号同步，以便 DCE 从接收的信息流中正确判决出一个个信号码元，产生接收数据序列。

DCE 发送端产生定时的方法有两种：一种是在数据终端设备(DTE)内产生位定时，并以此定时的节拍将 DTE 的数据送给 DCE，这种方法叫外同步。另一种是利用 DCE 内部的位定时来提取 DTE 端数据，这种方法叫内同步。对于 DCE 的接收端，均是以 DCE 内的位定时节拍将接收数据送给 DTE。帧同步就是从接收数据序列中正确地进行分组或分帧，以便正确地区分出一个个字符或其他信息。同步传输方式的优点是不需要对每一个字符单独加起、止码元，因此传输效率较高。缺点是实现技术较复杂。通常用于速率为 2400 bit/s 及其以上的数据传输。

3. 单工、半双工和全双工数据传输

按数据传输的流向和时间关系，数据传输方式可以分为单工、半双工和全双工数据传输。

单工数据传输是两数据站之间只能沿一个指定的方向进行数据传输，即一端的 DTE 固

定为数据源，另一端的 DTE 固定为数据宿。

半双工数据传输是两数据站之间可以在两个方向上进行数据传输，但不能同时进行。即每一端的 DTE 既可作数据源，也可作数据宿，但不能同时作为数据源与数据宿。

全双工数据传输是在两数据站之间，可以在两个方向上同时进行传输，即每一端的 DTE 均可同时作为数据源与数据宿。通常四线线路实现全双工数据传输，二线线路实现单工或半双工数据传输。在采用频率复用、时分复用或回波抵消等技术时，二线线路也可实现全双工数据传输。

6.2.3　数据的传输介质

传输介质是通信网络中发送方和接收方之间的物理通路，它将网络中的各种设备互联在一起。

1．有线通信介质

1）双绞线

双绞线是由两根绝缘铜导线拧成规则的螺旋状结构。绝缘外皮是为了防止两根导线短路。每根导线都带有电流，并且其信号的相位差保持 180 度，目的是抵消外界电磁干扰对两个电流的影响。螺旋状结构可以有效降低电容(电流流经导线过程中，电容可能增大)和串扰(两根导线间的电磁干扰)。把若干对双绞线捆扎在一起，外面再包上保护层，就是常见的双绞线电缆。

虽然铜的导电性能良好，但电阻仍会使信号衰减。也就是说，信号在双绞线上的传输距离要受到限制。为了延长传输距离，可以在两段双绞线间插入中继器等连接设备。

双绞线按结构不同，可分为非屏蔽双绞线(Unshielded Twisted Pair，UTP)和屏蔽双绞线(Shielded Twisted Pair，STP)，如图 6-11 所示。屏蔽双绞线比非屏蔽双绞线增加了一个屏蔽层，能够更有效地防止电磁干扰。

图 6-11　双绞线

双绞线使用 RJ-45 接头连接网卡和交换机等通信设备，它包括 4 对双绞线。如图 6-12 所示。

双绞线既可以传输模拟信号，又可以传输数字信号，其通信距离一般为几到十几公里。距离太长就要加大放大器以便将衰减了的信号放大到合适的数值，或者加上中继器以便将失真了的数字信号进行整形。导线越粗，其通信距离就越远，但导线的价格也越高。

图 6-12　RJ45 接头

由于双绞线的价格低廉且性能也不错，是一种广泛使用的传输介质。局域网中普遍采用双绞线作为传输介质。

下面介绍(ELA/TIA568B 标准)双绞线的制作方法。

第 1 步，用双绞线网线钳把双绞线的一端剪齐，然后把剪齐的一端插入到网线钳用于剥线的缺口中。顶住网线钳后面的挡位以后，稍微握紧网线钳慢慢旋转一圈，让刀口划开双绞线的保护胶皮并剥除外皮，如图 6-13 所示。

第 2 步，剥除外包皮后看到双绞线的 4 对芯线，用户可以看到每对芯线的颜色各不相同。将绞在一起的芯线分开，按照橙白、橙、绿白、蓝、蓝白、绿、棕白、棕的颜色一字排列，并用网线钳将线的顶端剪齐，如图 6-14 所示。

图 6-13　剥线

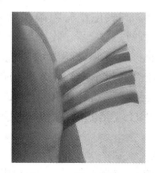

图 6-14　排列芯线

第 3 步，使 RJ-45 插头的弹簧卡朝下，然后将正确排列的双绞线插入 RJ-45 插头中。在插的时候一定要将各条芯线都插到底部。由于 RJ-45 插头是透明的，因此可以观察到每条芯线插入的位置，如图 6-15 所示。

第 4 步，将插入双绞线的 RJ-45 插头插入网线钳的压线插槽中，用力压下网线钳的手柄，使 RJ-45 插头的针脚都能接触到双绞线的芯线，如图 6-16 所示。

图 6-15　将双绞线插入 RJ-45 插头

图 6-16　将 RJ-45 插头插入压线插槽

第 5 步，完成双绞线一端的制作工作后，按照相同的方法制作另一端即可。注意双绞线两端的芯线排列顺序要完全一致。

2) 同轴电缆

同轴电缆由四层组成。最里层是一根铜或铝的裸线，这是同轴电缆的导体部分。其上包裹着一层绝缘体，以防止导体与第三层短路。第三层是紧紧缠绕在绝缘体上的金属网，用以屏蔽外界的电磁干扰。最外一层是用作保护的塑料外皮，如图 6-17 所示。

图 6-17　同轴电缆

同轴电缆既可以传输模拟信号，又可以传输数字信号。按照阻抗划分，可分为 50 Ω 同轴电缆和 75 Ω 同轴电缆。50 Ω 同轴电缆适用于数字信号传输，常用于组建局域网。75 Ω 同轴电缆适用于频分多路复用的模拟信号传输，常用于有线电视信号的传输。按照同轴电缆的直径区分，同轴电缆有粗缆和细缆两种。粗缆直径为 0.5 英寸，传输距离为 500 m，它与网卡相连需通过收发器。收发器一端与网卡的 AUI 接口相连，叫做 DIX 接头，另一端是一个刺入式抽头，可刺破绝缘层与缆芯相连。细缆直径为 0.25 英寸，传输距离为 185 m，它与网卡相连需通过 BNC 连接器。BNC 系列连接器包括 4 种元件，分别是 BNC 缆线连接器，用于连接缆线端头；BNCT 型头，用于连接网卡和缆线；BNC 桶型连接器，用于连接两根缆线；BNC 端接器，用于吸收信号的反射波，如图 6-18 所示。

图 6-18　BNC 系列连接器

3) 光导纤维

　　光导纤维简称光纤。与前面两种传输介质不同的是，光纤传输的信号是光，而不是电流。它是通过传导光脉冲来进行通信的。可以简单地理解为以光的有无来表示二进制 0 和 1。

　　光纤由内向外分为核心、覆层和保护层三个部分，其核心是由极纯净的玻璃或塑胶材料制成的光导纤维芯，覆层也是由极纯净的玻璃或塑胶材料制成的，但它的折射率要比核心部分低。正是由于这一特性，如果到达核心表面的光，其入射角大于临界角时，就会发生全反射。光线在核心部分进行多次全反射，达到传导光波的目的。图 6-19 描绘了光纤的基本原理。

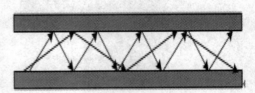

图 6-19　光纤的基本原理

　　光纤分为多模光纤(Multi Mode Fiber)和单模光纤(Single Mode Fiber)两种。若多条入射角不同的光线在同一条光纤内传输，这种光纤就是多模光纤。单模光纤的直径只有一个光波长(5～10 μm)，即只能传导一路光波，单模光纤因此而得名。

　　利用光纤传输的发送方，光源一般采用发光二极管或激光二极管，将电信号转换为光信号。接收端要安装光电二极管，作为光的接收装置，并将光信号转换为电信号。光纤是迄今传输速率最快的传输介质(现已超过 10 Gb/s)。光纤具有很高的带宽，几乎不受电磁干扰的影响，中继距离可达 30 公里。光纤在信息的传输过程中，不会产生光波的散射，因而安全性高。另外，它的体积小、重量轻，易于铺设，是一种性能良好的传输介质。但光纤脆性高，易折断，维护困难，而且造价昂贵。目前，光纤主要用于铺设骨干网络。

2. 无线通信介质

　　无线通信介质中的红外线、激光、微波或其他无线电波由于不需要任何物理介质，非常适合于特殊场合。它们的通信频率都很高，理论上都可以承担很高的数据传输速率。

(1) 无线电短波通信。无线电短波是指在 100 m 以下，10 m 以上的电磁波，其频率为 3～30 MHz。电波通过电离层进行折射或反射回到地面，从而达到远距离通信，多次反射的电波可以实现全球通信。短波通信可以传送电报、电话、传真、低速数据和语言广播等多种信息。

无线电波很容易产生，可以传播很远，很容易穿过建筑物的阻挡，因此被广泛用于通信，不管是室内还是室外。无线电波的传输是全方位的，因此发射和接收装置不需要在物理上很准确地对准。

(2) 微波传输。在 100 MHz 以上，微波能沿着直线传播，具有很强的方向性，因此，发射天线和接收天线必须精确对准，它构成了远距离电话系统的核心。

由于微波沿着直线传播，而地球是一个不规则球体，因此会限制地面微波传输的范围。为使传输距离更远，必须每隔一段距离在地面设置一个中继站。设置中继站的主要目的是实现信号放大、恢复及转发。通信系统可以利用人造卫星作中继站转发微波信号，在理论上只需要三颗卫星就可以实现全球通信。

(3) 红外线。无导向的红外线已经被广泛应用于短距离通信。其优点是相对有方向性、便宜且容易制造，缺点是不能穿透坚实的物体。但从另一方面看，红外线不能穿透坚实的物体也是一个优点，它意味着不会与其他系统发生串扰，其数据保密性要高于无线电系统。

6.3　网络体系结构与协议

网络体系结构是一种对计算机网络抽象的分析方式。进一步说，为了使具有复杂结构的计算机网络能有数据交换的统一性，网络设计者制定了一系列的协议，这些协议使计算机之间通信具有相同的信息交换规则，而这些协议的集合以及网络的分层结构就是体系结构。

6.3.1　计算机网络体系结构

计算机网络结构可以从网络体系(Network Architecture)结构，网络组织和网络配置三个方面来描述。网络体系结构是从功能上来描述，指计算机网络层次结构模型和各层协议的集合；网络组织是从网络的物理结构和网络的实现两方面来描述；网络配置是从网络应用方面来描述计算机网络的布局、硬件、软件和通信线路。

计算机网络体系结构是计算机网络及其部件所应该完成功能的精确定义。这些功能究竟由何种硬件或软件完成，是遵循这种体系结构的。体系结构是抽象的，实现是具体的，是运行在计算机软件和硬件之上的。

世界上第一个网络体系结构是美国 IBM 公司于 1974 年提出的，它取名为系统网络体系结构 SNA(System Network Architecture)。凡是遵循 SNA 的设备就称为 SNA 设备。这些 SNA 设备可以很方便地进行互连。此后，很多公司也纷纷建立自己的网络体系结构，这些体系结构大同小异，都采用了层次技术，但各有其特点以适合本公司生产的计算机组成网络。

6.3.2　OSI 体系结构

开放系统互联(Open System Interconnection，OSI)参考模型(RM)是由国际标准化组织(ISO)于 1983 年正式批准的网络体系结构参考模型。这是一个标准化开放式计算机网络层次结构模型。这个模型把网络通信的工作分为 7 层，分别是物理层、数据链路层、网络层、传输层、会话层、表示层和应用层。

1．物理层(Physical Layer)

物理层是 OSI 参考模型的最低层，它利用传输介质为数据链路层提供物理连接。它主要关心的是通过物理链路从一个节点向另一个节点传送比特流，物理链路可以是铜线、卫星、微波或其他的通讯媒介。它关心的问题有：多少伏电压代表 1？多少伏电压代表 0？时钟速率是多少？采用全双工还是半双工传输？总的来说物理层关心的是链路的机械、电气、功能和规程特性。

2．数据链路层(Data Link Layer)

数据链路层是为网络层提供服务的，解决两个相邻结点之间的通信问题，传送的协议数据单元称为数据帧。

数据帧中包含物理地址(又称 MAC 地址)、控制码、数据及校验码等信息。该层的主要作用是通过校验、确认和反馈重发等手段，将不可靠的物理链路转换成对网络层来说无差错的数据链路。

此外，数据链路层还要协调收发双方的数据传输速率，即进行流量控制，以防止接收方因来不及处理发送方来的高速数据而导致缓冲器溢出及线路阻塞。

3．网络层(Network Layer)

网络层是为传输层提供服务的，传送的协议数据单元称为数据包或分组。该层的主要作用是解决如何使数据包通过各结点传送的问题，即通过路径选择算法(路由)将数据包送到目的地。另外，为避免通信子网中出现过多的数据包而造成网络阻塞，需要对流入的数据包数量进行控制(拥塞控制)。当数据包要跨越多个通信子网才能到达目的地时，还要解决网际互连的问题。

4．传输层(Transport Layer)

传输层的作用是为上层协议提供端到端的可靠和透明的数据传输服务，包括处理差错控制和流量控制等问题。该层向高层屏蔽了下层数据通信的细节，使高层用户看到的只是在两个传输实体间的一条主机到主机的、可由用户控制和设定的、可靠的数据通路。

传输层传送的协议数据单元称为段或报文。

5．会话层(Session Layer)

会话层主要功能是管理和协调不同主机上各种进程之间的通信(对话)，即负责建立、管理和终止应用程序之间的会话。会话层得名的原因是它很类似于两个实体间的会话概念。例如，一个交互的用户会话以登录到计算机开始，以注销结束。

6．表示层(Presentation Layer)

表示层处理流经结点的数据编码的表示方式问题，以保证一个系统应用层发出的信息可被另一系统的应用层读出。如果有必要，该层可提供一种标准表示形式，用于将计算机内部的多种数据表示格式转换成网络通信中采用的标准表示形式。数据压缩和加密也是表示层可提供的转换功能之一。

7．应用层(Application Layer)

应用层是 OSI 参考模型的最高层，是用户与网络的接口。该层通过应用程序来完成网络用户的应用需求，如文件传输、收发电子邮件等。

6.3.3　TCP/IP 体系结构

计算机网络体系结构由网络协议和计算机网络层次组成。计算机网络是一个复杂的系统，网络体系结构采用层次结构，不同系统中的同一层靠同等层协议通信。目前在因特网中使用的 TCP/IP 网络体系结构就是层次结构，分为四个层次：网络接口层(Network Interface Layer)、网络层(Internet Layer)、传输层(Transport Layer)和应用层(Application Layer)。TCP/IP 协议层次如图 6-20 所示。

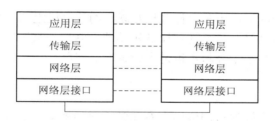

图 6-20　TCP/IP 协议与 OSI 参考模型

1．网络接口层

网络接口层用于控制对本地局域网或广域网的访问，如以太网(Ethernet Network)、令牌环网(Token Ring)、分组交换网(X.25 网)、数字数据网(DDN)等。

2．网络层

网络层负责解决一台计算机与另一台计算机之间的通信问题，该层的协议主要为 IP 协议，也称为互联网协议，用 IP 地址标识互联网中的网络和主机，IP 协议存放在主机和网间互联设备中。

3．传输层

传输层负责端到端的通信，TCP 协议是该层的主要协议，它只存在于主机中，提供面向连接的服务，通信时，须先建立一条 TCP 连接，用于提供可靠的端到端数据传输。该层的用户数据报协议(UDP)也是常用的传输层协议，提供无连接的服务。

4．应用层

应用层包括若干网络应用协议，应用层的协议有 FTP、SMTP、HTTP、SNMP 等，人们在 Internet 上浏览 WWW 信息、发送电子邮件、传输数据等就用到了这些协议，应用层的协议只在主机上实现。

国际标准化组织制定的著名的"开放系统互联参考模型"OSI 分为 7 个层次。TCP/IP 协议与 OSI 模型的一个重要区别是可靠性问题，OSI 模型在所有各层都进行差错校验和处理；而 TCP/IP 仅在 TCP 层，即仅在端到端进行差错控制，在安全性方面存在一些不足。TCP/IP 协议与 OSI 模型的关系如图 6-21 所示。

TCP/IP 协议	OSI 参考模型
应用层、FTP、SMTP等	应用层
	表示层
	会话层
TCP层	传输层
IP层	网络层
网络接口层	数据链路层
	物理层

图 6-21　TCP/IP 协议与 OSI 模型的关系

6.4　局　域　网

局域网是指在某一区域内由多台计算机互联成的计算机组。局域网可以实现文件管理、应用软件共享、打印机共享、传真通信服务等功能。掌握局域网的基本概念以及某些扩展知识对于学习计算机网络是十分基本也是十分重要的部分。

6.4.1　局域网概述

计算机局域网技术在计算机网络中占有非常重要的地位。局域网是计算机通信网的重要组成部分，是一种在一个局部地区范围内(例如一所学校、一个工厂、一家医院等)，把各种计算机、外围设备、数据库等相互连接起来组成的计算机通信网。

局域网具有以下特征：

(1) 局域网仅工作在有限的地理范围内，采用单一的传输介质。

(2) 数据传输率快，传统的 LAN 速度为 10～100 Mb/s。新的 LAN 的运行速度更高，可达到每秒数百兆位。

(3) 由于数据传输距离短，传输延迟低且误码率低。

(4) 局域网组网方便、使用灵活，是目前计算机网络中最活跃的分支。

常用局域网按网络拓扑进行分类。局域网的网路拓扑结构主要分为总线型、星型和环型三种。网络传输介质主要采用双绞线、同轴电缆和光纤等。

6.4.2　局域网的组成元素

1. 网络服务器

网络服务器是整个网络系统的核心，它为网络用户提供服务并管理整个网络，在其上运行着网络操作系统。

按照服务器所能提供的资源来区分，可分为文件服务器、打印服务器、应用系统服务器和通信服务器等。在实际应用中，常把几种服务集中在一台服务器上，这样一台服务器就能执行几种服务功能。例如，将文件服务器连接网络共享打印机，这台服务器就能作为文件和打印服务器同时使用。

文件服务器在网络中起着非常重要的作用。它负责管理用户的文件资源，处理客户机的访问请求，将相应的文件下载到某一客户机。为了保证文件的安全性，常为文件服务器配置磁盘阵列或备份的文件服务器。

打印服务器负责处理网络中用户的打印请求。一台或几台打印机与一台计算机相连，并在计算机中运行打印服务程序，使得各客户机都能共享打印机，这就构成了打印服务器。还有一种网络打印机，内部装有网卡，可以直接与网络的传输介质相连，作为打印服务器。

应用系统服务器运行应用程序的服务器端软件，该服务器一般保存着大量信息供用户查询。应用系统服务器处理客户端程序的查询请求，只将查询结果返回给客户机。

通信服务器负责处理本网络与其他网络的通信，以及远程用户与本网的通信。在整个网络中，服务器的工作量通常是普通工作站的几倍甚至几十倍。

2．工作站

工作站又称为客户机。当一台计算机网络连接到局域网上由服务器进行管理和提供服务时，这台计算机就成为局域网的一个工作站。工作站为操作它的用户提供服务，是用户和网络的接口设备，用户通过它可以与网络交换信息，共享网络资源。工作站需要运行网络操作系统的客户端软件。

工作站通过网络适配器、通信介质以及通信设备连接到网路服务器。工作站只是一个接入网络的设备，它的接入和离开对网络不会产生多大的影响，现在的工作站都用具有一定处理能力的 PC 机来承担。

3．网络适配器

网络适配器俗称网卡，是连接计算机与网络的硬件设备，通过物理线路与网络交换数据、共享资源，是构成局域网的最基本、最重要的连接设备。

网络适配器一般插在每台工作站和文件服务器主板的扩展槽内。另外，由于计算机内部的数据是并行数据，而一般在网上传输的是串行比特流信息，故网络适配器还有串-并转换功能。为防止数据在传输中出现丢失的情况，在网络适配器上还需要数据缓冲器，以实现不同设备间的缓冲。在网络适配器的 ROM 上固化有控制通信软件，用来实现上述功能。

计算机主要通过网络适配器接入局域网络。网络适配器除了起到物理接口作用外，还有控制数据传送的功能，网络适配器一方面负责接收网络上传过来的数据包，将处理后的数据传输给本地计算机；另一方面将本地计算机上的数据送入网络。

在 PC 环境中，有 4 种常见的总线结构，即 ISA 总线、EISA 总线、微通道和 PCI 总线。每种总线类型都与其他的不同，网络适配器与总线类型匹配是一个基本要求，故网络适配器的类型也根据计算机总线类型的不同被分成不同的型号。

另外，按照网络适配器的工作速度可分为 10 Mb/s、100 Mb/s、10/100 Mb/s 自适应和 1000 Mb/s 几种；按接口类型的不同，网络适配器可分为 AUI 接口(粗缆接口)网络适配器、BNC 接口(细缆接口)网络适配器和 RJ-45 接口网络适配器。

6.4.3　组建局域网

1．IEEE802 通信标准

电气和电子工程师协会 IEEE(Institute of Electrical and Electronics Engineers)，主要开发

数据通信标准及其他标准。IEEE802 委员会负责起草局域网草案，并把草案送交国际标准化组织(ISO)。ISO 把这个 802 规范称为 ISO802 标准。许多 IEEE 标准也是 ISO 标准。例如，IEEE802.3 标准就是 ISO802.3 标准。

IEEE802 规范定义了网卡如何访问传输介质(如光缆、双绞线、无线等)，以及如何在传输介质上传输数据的方法，还定义了传输信息的网络设备之间连接建立、维护和拆除的途径。遵循 IEEE802 标准的产品包括网卡、网桥、路由器以及其他一些用来建立局域网络的组件。

2. 以太网

1) 以太网概述

以太网(Ethernet)是美国施乐(Xerox)公司的 Palo Alto 研究中心于 1975 年研制成功的。当时，以太网是一种基带总线局域网。以太网性能非常可靠和稳定，且成本低廉、易于管理和维护、可伸缩性强，现在几乎所有流行的操作系统和应用都是兼容以太网的。

以太网的规范与 IEEE802.3 相近。人们通常将目前使用最广泛的 IEEE802.3 局域网简称为以太网。以太网在互联设备之间以 10～100 Mb/s 的速率传送信息包，双绞线电缆 10BASE-T 以太网由于其低成本、高可靠性以及 10 Mb/s 的速率而成为应用最为广泛的以太网技术。直扩的无线以太网可达 11 Mb/s，许多制造供应商提供的产品都能采用通用的软件协议进行通信，开放性最好。

2) 以太网的连接

(1) 拓扑结构。

① 总线型：所需的电缆较少、价格便宜、管理成本高，不易隔离故障点、采用共享的访问机制，易造成网络拥塞。早期以太网多使用总线型的拓扑结构，采用同轴电缆作为传输介质，连接简单，通常在小规模的网络中不需要专用的网络设备，但由于它存在的固有缺陷，已经逐渐被以集线器和交换机为核心的星型网络所代替。

② 星型：管理方便、容易扩展、需要专用的网络设备作为网络的核心节点、需要更多的网线、对核心设备的可靠性要求高。采用专用的网络设备(如集线器或交换机)作为核心节点，通过双绞线将局域网中的各台主机连接到核心节点上，这就形成了星型结构。星型网络虽然需要的线缆比总线型多，但布线和连接器比总线型的要便宜。此外，星型拓扑可以通过级联的方式很方便的将网络扩展到很大的规模，因此得到了广泛应用。

(2) 传输介质。以太网可以采用多种连接介质，包括同轴电缆、双绞线和光纤等。其中双绞线多用于从主机到集线器或交换机的连接，而光纤则主要用于交换机间的级联和交换机到路由器间的点到点链路上。同轴电缆作为早期的主要连接介质已经逐渐趋于淘汰。

(3) 接口的工作模式。以太网卡可以工作在两种模式下：半双工和全双工。

① 半双工：半双工传输模式实现以太网载波监听多路访问冲突检测。传统的共享 LAN 是在半双工下工作的，在同一时间只能传输单一方向的数据。当两个方向的数据同时传输时，就会产生冲突，这会降低以太网的效率。

② 全双工：全双工传输是采用点对点连接，这种安排没有冲突，因为它们使用双绞线中两个独立的线路，这等于没有安装新的介质就提高了带宽。

3) 以太网的工作原理

以太网采用的是竞争型介质访问控制协议，即 CSMA/CD。以太网中节点都可以看到在网络中发送的所有信息，因此，以太网是一种广播网络。当以太网中的一台主机要传输数据时，其传输步骤如下：

(1) 帧听信道上是否有信号在传输。如果有信号，表明信道处于忙状态，就继续帧听，直到信道空闲为止。

(2) 若没有帧听到任何信号，就传输数据。

(3) 传输的时候继续帧听，如发现冲突则执行退避算法，随机等待一段时间后，重新执行步骤(1)。

(4) 若未发现冲突则发送成功，计算机会返回到帧听信道状态。

3．令牌环网

令牌环网(Token Ring)是一种 LAN 协议，定义在 IEEE802.5 中，其中所有的工作站都连接到一个环上，每个工作站只能同直接相邻的工作站传输数据。通过围绕环的令牌信息授予工作站传输权限。

IEEE802.5 中定义的令牌环源自 IBM 令牌环 LAN 技术。两种方式都基于令牌传递技术。虽有少许差别，但总体而言，两种方式是相互兼容的。

令牌环网适合于低速网络，光纤分布式数据接口(FDDI)适合于高速网络。

1) 令牌环网的工作流程

(1) 等待网络空闲标志，空闲令牌(idle token)，代码为 1000000。

(2) 将空闲令牌变为忙令牌(busy token)，代码为 10000001。

(3) 发送忙令牌，并接上数据。

如果数据中有代码为 10000000(和空闲令牌一样，下一个节点会误以为得到空闲令牌，此时发送数据会造成冲突)，采用位插入的方法，如果检测到数据有连续的 5 个 0，数据暂停发送，插入一个 1。在接收数据时由接收方负责将插入位删除。

(4) 数据返回始发站点，删除线上所有数据，把忙令牌变为空闲令牌，发出。

这样的工作流程在第四步存在资源浪费现象，改进后为：接收站点接收并删除线上所有数据，把忙令牌变为空闲令牌，发出。

2) 令牌环网的工作特点

令牌环不是广播介质，而是用中继器(Repeater)把单个点到点线路链接起来，并首尾相接形成环路。由于发送的帧沿环路传播时能到达所有的站，因此可以起到广播发送的作用。中继器是连接环网的主要设备，它的主要功能是把本站的数据发送到输出链路上，也可以把发送给本站的数据复制到站中。一般情况下，环上的数据帧由发送站回收，这种方案有以下两种好处：

(1) 实现组播功能：当帧在环上循环一周时，可以多个站复制。

(2) 允许自动应答：当帧经过目标站时，目标站可以改变帧中的应答字段，从而不需返回专门的应答帧。

3) 令牌环网的物理层规范

IEEE802.5 使用屏蔽双绞线和非屏蔽双绞线两种传输介质，最大站数均为 250，前者数据效率较高，可达 16 Mb/s，后者数据效率较低，一般为 4 Mb/s。与 IEEE802.5 兼容的 IBM 令牌环也使用屏蔽双绞线，并规定使用星型拓扑结构，其他规定与 802.5 相同。

4. 异步传输模式网(ATM)

ATM 就是建立在电路交换和分组交换基础上的一种面向连接的快速分组交换技术,它采用定长分组作为传输和交换的单位。

ATM 是基于信元的异步传输模式和虚电路结构,根本上解决了多媒体的实时性及带宽问题。实现面向虚链路的点到点传输,它通常提供 155 Mb/s 的带宽。它既汲取了话务通讯中电路交换的"有连接"服务和服务质量保证,又保持了以太、FDDI 等传统网络中带宽可变、适于突发性传输的灵活性,从而成为迄今为止适用范围最广、技术最先进、传输效果最理想的网络互联手段。可用于广域网、城域网、校园主干网、大楼主干网以及连到台式机。

5. 无线局域网

无线局域网 WLAN(Wireless Local Area Network)是指采用无线传输介质的局域网。

1) 无线局域网设备

组建无线局域网的无线设备主要包括:无线网卡、无线访问接入点、无线网桥和天线,几乎所有的无线网络产品中都自含无线发射/接收功能。

2) 无线局域网的组网模式

一般来说,无线局域网有两种组网模式,一种是无固定基站的,另一种是有固定基站的。这两种模式各有特定,无固定基站组成的网络称为自组网络,主要用于在便携式计算机之间组成平等状态的网络;有固定基站的网络类似于移动通信的机制,网络用户的便携式计算机通过基站连入网络。这种网络是应用比较广泛的网络,一般用于有线局域网覆盖范围的延伸或作为宽带无线互联网的接入方式。

6.4.4　网络互联的设备

1. 中继器

中继器是局域网环境下用来延长网络距离的最简单最廉价的网络互联设备,操作在OSI 的物理层。适用于完全相同的两类网络的互联,主要功能是通过对数据信号的重新发送或者转发,来扩大网络传输的距离。

中继器是连接网络线路的一种装置,常用于两个网络节点之间物理信号的双向转发工作。中继器主要完成物理层的功能,负责在两个节点的物理层上按位传递信息,完成信号的复制、调整和放大功能,以此来延长网络的长度。由于存在损耗,在线路上传输的信号功率会逐渐衰减,衰减到一定程度时将造成信号失真,因此会导致接收错误。中继器就是为解决这一问题而设计的。它完成物理线路的连接,对衰减的信号进行放大,保持与原数据相同。一般情况下,中继器的两端连接的是相同的媒体,但有的中继器也可以完成不同媒体的转接工作。从理论上讲中继器的使用是无限的,网络也因此可以无限延长。事实上这是不可能的,因为网络标准中都对信号的延迟范围作了具体的规定,中继器只能在此规定范围内进行有效的工作,否则会引起网络故障。

2. 集线器

集线器用于共享网络的组建,是解决从服务器连接到工作站的最佳、最经济的解决方案。集线器把来自不同计算机网络设备的物理线路集中配置在一起，它是多个网络电缆的中间转接设备，像树的主干一样，集线器是各分支的汇集点，是对网络进行集中管理的主要设备。集线器能自动指示有故障的工作站，并切断它与网络的通信。集线器有利于故障的检测和提高网络的可靠性。

(1) 集线器的功能：当与集线器某个端口相连的计算机有信息要发送给另一个以集线器端口相连的计算机时，要等待集线器选中这个端口，一旦这个端口被选中，集线器会让该端口完全独占全部带宽，并可与集线器的其他端口相连的计算机或该集线器的相连设备进行通信。这时，与该集线器其他端口相连的计算机即使有信息要传输也必须要等待。

(2) 集线器的工作方式：从一个端口接收到数据信号后，将该信号放大，转发到其他所有处于工作状态的端口，每一个与端口相连的计算机都能收到数据，但仅有与目的地址相符的工作站才真正接收该数据。

3．网桥

网桥也称为桥接器，是连接两个局域网的一种存储转发设备。其重要功能是可不受传输介质限制而扩展网长。网桥具有过滤功能，检查局域网上所有的包，若在同一个局域网中则传送它，若在不同网中，就将它转发到其他网上。

在使用网桥的网络中，计算机或节点的地址与目的地址没有特定的联系。因此，数据将被广播到网络上，仅由相关的节点接收。网桥支持一张学习表，通过更新这张表在下一次网络传输的时候就可以直接发送到正确的位置。

使用网桥的网络一般与多个局域网相连，因为要广播消息，所以对网络造成了很大的通信量，也正是因为这个原因，在路由网中，消息仅向比较确定的方向发送，而不是向所有方向发送。网桥工作在数据链路层，它将一个网络的数据沿通信线路复制到另一个网络中去。

网桥接收帧并送到数据链路层进行差错校验，再送到物理层经物理传输介质送到另一个子网。转发帧以前，网桥对帧的内容和格式不做修改或仅做很少的修改。网桥应该有足够的缓冲空间，以便能满足高峰负荷时的要求。另外，它还必须具备寻址和路由选择等逻辑功能。

4．交换机

交换机是双绞线和计算机进行连接的主要部件。交换机主要使用硬件进行交换，交换速度快，可以连接不同带宽的网络。交换机的每一个端口都可视为独立的网段，连接在其上的网络设备独自享有全部的带宽，无需同其他设备竞争使用。它拥有一条很高带宽的背部总线和内部交换矩阵。交换机的所有端口都挂接在这条背部总线上，控制电路收到数据包以后，处理端口查找内存中的地址对照表，以确定目的 MAC 地址的网卡挂接在哪个端口上，通过内部交换矩阵迅速将数据包传送到目的端口，当目的 MAC 地址不存在时才广播到所有的端口，接收端口回应后交换机将把新的地址添加入内部地址表中。

5．路由器

路由器是一种典型的网络层设备。它是两个局域网之间按帧传输数据，用以实现不同网络间的地址翻译、协议转换和数据转换等功能，一般用于广域网之间的连接或广域网与局域网之间的连接。常用的路由器分为面向连接的路由器和无连接的路由器两种。

路由器主要功能是路由选择和流量控制。路由选择就是在网络中为分组寻找一条通往目的网络的最佳或最短路径。若路由器分组过快且不能及时发送出去，其有限的缓冲器不足以存放新来的分组，则造成分组丢弃，这种情况称为"阻塞"。阻塞使网络性能变坏，甚至造成"死锁"，因此路由器必须采用各种方法来解决阻塞问题，如用定额控制法限制子网发送分组的速度。

路由器根据对网络层协议支持的情况分为单协议路由器和多协议路由器。单协议路由器仅支持一种网络层协议，只能互联使用相同网络层协议的网络；多协议路由器则支持多种网络协议，可以互联更多、更复杂的异构型网络。近年来出现了交换路由器产品，是把交换机的原理组合到路由器中，使数据传输能力更快、更好。

6. 无线路由器

无线路由器是应用于用户上网、带有无线覆盖功能的路由器，如图 6-22 所示。

无线路由器可以看做一个转发器，将墙上接出的宽带网络信号通过天线转发给附近的无线网络设备(笔记本电脑、支持 WIFI 的手机以及所有带有 WIFI 功能的设备)。

图 6-22 无线路由器

市场上流行的无线路由器一般只能支持半径 15~20 m 以内的设备同时在线使用。现在已经有部分无线路由器的信号范围达到了半径 300 m。

下面介绍 TP-LINK 无线路由器(如图 6-23 所示)的设置：

(1) 硬件连接。首先将外网网线连接在 TP-LINK 上的 WAN 口，然后再用一根网线连接电脑和 TP-LINK，一般 TP-LINK 上面都有好几个口，分别用数字 1、2、3、4 表示，随意插哪个口都可以，如图 6-24 所示。

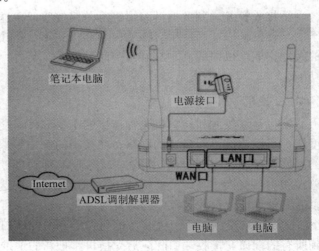

图 6-23 TP-LINK 无线路由器　　　　　图 6-24 硬件连接

(2) 设置计算机。Windows 7 系统设置：单击"开始"按钮→控制面板→网络和 Internet →网络和共享中心→更改适配器设置，在打开的窗口中，右击"本地连接"，在快捷菜单中选择"属性"命令，然后双击"Internet 协议版本(TCP/IPv4)"，选择"自动获取 IP 地址"、

"自动获得 DNS 服务器地址"，确定完成，如图 6-25 所示。

图 6-25　设置计算机　　　　　　　　　　图 6-26　输入 TP-LINK 的用户名和密码

　　(3) 设置路由器。打开浏览器，输入"192.168.1.1"，然后回车，进入登录界面，如图 6-26 所示，输入 TP-LINK 的用户名和密码，一般初始用户名和密码为：admin(无线路由器的背面)，如图 6-27 所示。进入路由器设置页面，单击下一步，选择上网方式，继续下一步，设置上网参数，然后设置无线参数，在此可以设置自己的无线用户名和密码(SSID 用来设置无线网络用户名，PSK 用来设置无线网络密码)，然后单击"重启"完成设置，如图 6-28 所示。

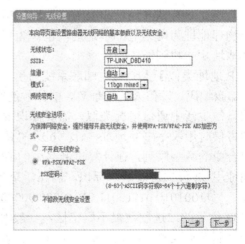

图 6-27　初始用户名和密码　　　　　　　图 6-28　无线路由器设置页面

　　(4) 其他的无线参数设置。在打开的"192.168.1.1"窗口左侧的"无线设置"里，有各种无线高级设置，包括各种"无线安全设置"的选择、无线 MAC 地址过滤、无线高级设置等。根据自己的需要设置，如图 6-29 所示。

　　(5) 无线网络的连接。首先确保打开计算机的无线功能，在 Windows 7 系统里，单击桌面右下角无线图标，选择自己设置的无线网络，输入密码，如图 6-30 所示。

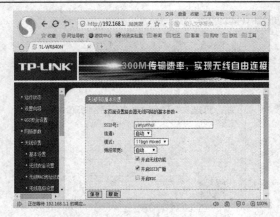

图 6-29 无线参数设置

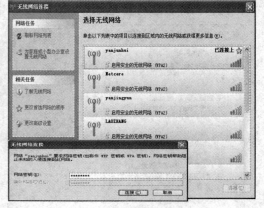

图 6-30 无线网络的连接

6.5 因特网应用

因特网是全球信息资源的一种发布和存储形式，它对信息资源的交流和共享起到了不可估量的作用，它甚至改变了人类的一些工作和生活方式。

6.5.1 IP 地址和子网掩码

1. IP 地址

计算机网络中的地址有：使用地址、IP 地址和物理地址。使用地址是为了便于记忆的地址，例如，有域名地址和电子邮件地址等。IP 地址为逻辑地址，用于网络中计算机的互联。物理地址为网络适配器地址，也称为网卡地址。地址之间的协议转换，最后要转换为物理地址才能找到通信的计算机。

IP 地址类似于人们通过邮政系统通信时写在信封上的地址，标清楚收信人的地址、姓名、邮政编码、发信人的地址等，信件才能准确寄达收信人手中。在 Internet 中的通信也与人们日常生活中通信情况类似，需要标识发信和收信的地址，这就是人们常说的 IP 地址。人们寄信时用汉字书写地址，计算机只"认识"二进制语言，只能辨识用 0 和 1 这两个数字组合成的数字序列，在计算机网络中的 IP 地址是由二进制数组成的。目前，计算机的主机地址用 32 位二进制数来标识。例如，某台主机的 IP 地址为：

11001010 01110011 01010000 00000001

32 位长的二进制数很不好记忆，一般将它按 8 位为一组，用小数点"."将它们隔开，以十进制数形式表示出来，称之为点分十进制。这样上述 IP 地址就可写成如表 6-1 所示的形式。

表 6-1 IP 地址表示

二进制	11001010	01110011	01010000	00000001
十进制	202.	115.	80.	1
缩写 IP 地址	202. 115. 80. 1			

2．IP 地址分类

每个 IP 地址由网络标识(NetID)和主机标识(HostID)两部分组成，分别表示一台计算机所在的网络和在该网络内的这台计算机。IP 地址按第一个字节的前几位是 0 或 1 的组合，标识为 A、B、C、D、E 五类地址，其中 A 类、B 类和 C 类是基本类型，最为常用，D 类为多路广播地址，E 类为保留地址，用于实验性地址，如图 6-31 所示。

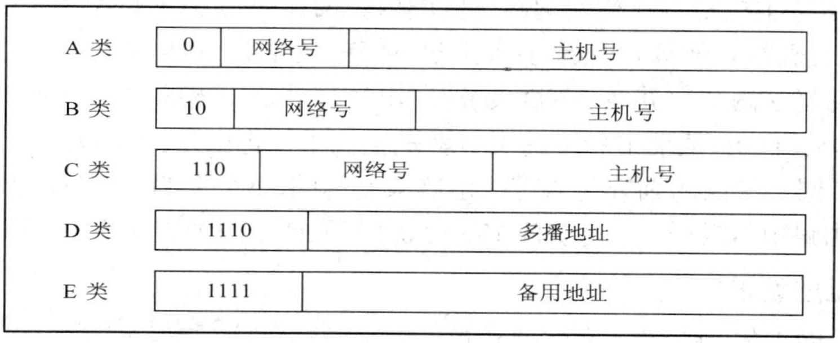

A 类	0	网络号		主机号	
B 类	10	网络号		主机号	
C 类	110		网络号		主机号
D 类	1110		多播地址		
E 类	1111		备用地址		

图 6-31 IP 地址类型

A 类地址：共有 128 个，A 类地址第一个字节的第一位为 0，网络内的主机数可以达到 678 万台，均分配给大型网络使用。

B 类地址：共有 16 384 个，B 类地址前两位的组合为 10，适用于中等规模的网络，每个网络内的主机数目最多可以达到 65 534 台。

C 类地址：约有 419 万个，C 类地址前三位的组合为 110，分配给小型网络，每个网络内的主机数目最多为 254 台。

D 类地址：前四位组合为 1110。

E 类地址：前五位组合为 11110。

D 类和 E 类地址有特殊的用途。

IP 地址可以描述主机，也可以描述网络，规定 HostID 部分全为 0 的 IP 地址代表的就是网络自己。HostID 部分全为 1 的 IP 地址代表的则是网络上所有的主机，这种地址主要用于广播，即网络上的所有计算机都是信息的接收者。

3．子网与子网掩码

一个网络上的所有主机都必须有相同的网络 ID，这是识别网络主机属于哪个网络的根本方法。但是当网络增大时，这种 IP 地址特性会引发问题。例如一个公司在因特网上有一个 C 类局域网，但经过一段时间后，其网络主机台数超过了 254 台，因此需要另一个 C 类网络地址，最后的结果是创建了多个 LAN，每个 LAN 有其自己的路由器和 C 类网络 ID。而对于那些规模较小、拥有一个 C 类网络的公司，由于业务部门的划分和网络安全的考虑，希望能够建立多个网络，但向 NIC 申请 C 路网络既不方便，又造成了资源的浪费。出现这种局面的原因就在于 IPv4(Internet 协议的第四版)的地址分级过于死板，将网络规模强制在 A 类、B 类和 C 类这三个级别上，实际应用中，公司或者机构的网络规模往往是灵活多变的。解决这个问题的办法是将规模较大的网络内部划分成多个部分，对外像一个单独网络一样动作，这在因特网上称作子网(Subnet)。

对于网络外部来说，子网是不可见的，因此分配一个新子网不必与 NIC 联系或改变程序外部数据库。比如，第一个子网可能是用以 130.107.16.1 开始的 IP 地址，第二个子网可能使用以 130.107.16.200 开始的地址，以此类推。

　　IP 地址通常和子网掩码(Subnet Mask Code)一起使用，子网掩码有两个作用：一是与 IP 地址进行"与"运算，得出网络号；二是用于划分子网。

　　(1) 区分 IP 地址中的网络号与主机号。当 TCP/IP 网络上的主机相互通信时，就可利用子网掩码得知这些主机是否在相同的网络区段内。网掩码为 1 的位用来定位网络号，为 0 的位用来定位主机号。例如，如果某台主机的 IP 地址为 168.95.116.39，而子网掩码为 255.255.0.0，则将这两个数据做 AND(与)的逻辑运算后，得出的值中非 0 的部分即为其网络号，即 168.95。而 IP 地址中剩下的字节就是主机号，也就是 116.39。

　　(2) 划分子网。子网的划分是通过路由器来实现的。网络 ID 为 139.12.0.0 的子网与其他子网的联系由路由器断开，所有访问 139.12.0.0 子网或子网中流出的通信都要通过路由器。

4．IP 地址的设置

　　(1) 右击桌面上的"网络"，在快捷菜单中选择"属性"，打开网络和共享中心窗口，在网络管理侧边栏中选择"更改适配器设置"，如图 6-32 所示。

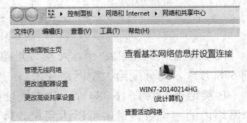

图 6-32　"网络和共享中心"窗口

　　(2) 在"本地连接属性"对话框中选择"Internet 协议版本 4(TCP/IPv4)"，单击"属性"，如图 6-33 所示。

　　(3) 若路由器为默认设置，那么主机网络参数设置为：

IP 地址：192.168.1.x(2-254)

子网掩码：255.255.255.0

默认网关：192.168.1.1

图 6-34 所示为"TCP/IP 属性"对话框。

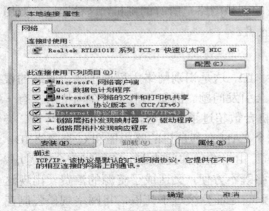

图 6-33　"本地连接属性"对话框

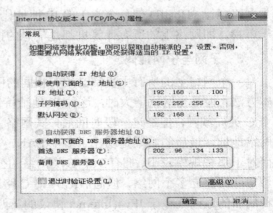

图 6-34　"TCP/IP 属性"对话框

5．常用 IP 命令

　　(1) ping 命令。ping 命令主要是测试本机 TCP/IP 协议配置的正确性与当前网络现状。ping 命令的基本使用格式：

ping IP 地址/主机名/域名　[-t] [-a] [-ncount] [-lsize]

-t：连续对 IP 地址/主机名/域名执行 ping 命令，直到被用户以 Ctrl + C 中断。

-a：以 IP 地址格式显示目标主机网络地址，默认选项。

-ncount：指定要 ping 多少次，具体次数由 count 来指定，默认值是 4。

-lsize：指定 ping 命令中发送的数据长度，默认值是 32 字节。

(2) netstat 命令。netstat 命令主要是帮助了解整体网络情况以及当前连接情况。netstat 命令的基本使用格式：

netstat [-n] [-a] [-e] [-r][-s]

-n：显示所有已建立的有效连接。

-a：显示一个所有有效连接的信息列表，包括已建立的连接(ESTABLISHED)，也包括监听连接请求(LISTENING)的那些连接。

-e：显示关于以太网的统计数据。它列出的项目包括传送的数据报的总字节数、错误数、删除数、数据报的数量和广播的数量。

-r：显示关于路由器的信息，除了显示有效路由外，还显示当前有效的连接。

-s：可以按照各个协议分别显示统计数据。如果应用程序(如 Web 浏览器)运行速度比较慢，或者不能显示 Web 页之类的数据，那么就可以用本选项来查看一下所显示的信息。通过仔细查看统计数据的各行，找到出错的关键字，进而确定问题所在。

(3) ipconfig 命令。ipconfig 命令主要是了解当前 TCP/IP 协议所设置的值，如 IP 地址、子网掩码、缺省网关、Mac 地址等。

ipconfig 命令的基本使用格式：

ipconfig [/all/release/renew]

ipconfig：当不带任何参数选项时，它为每个已经配置了的接口显示 IP 地址、子网掩码和缺省网关值。

/all：为 DNS 和 WINS 服务器显示它已配置且所要使用的附加信息，并且显示内置于本地网卡中的物理地址(MAC)。如果 IP 地址是从 DHCP 服务器租用的，它会显示 DHCP 服务器的 IP 地址和租用地址预计失效的日期。

/release & /renew：两个附加选项，只能在向 DHCP 服务器租用其 IP 地址的计算机上起作用。如果输入 ipconfig /release，那么所有接口的租用 IP 地址便重新交付给 DHCP 服务器。如果输入 ipconfig /renew，那么本地计算机便设法与 DHCP 服务器取得联系，并租用一个 IP 地址。

6.5.2　域名系统

IP 地址是用数字表示的，使用起来不直观，记忆很困难，使用者很少用二进制网络地址访问主机和其他资源，人们愿意使用有意义的符号名称如 ASCII 字符串，来标识因特网上的计算机。Internet 在 1985 年引入了域名系统 DNS(Domain Name System)，它的核心是分级的、基于域的命名机制，以及为了实行这个命名机制的分布式数据库系统。

1. 域名空间结构

DNS 域名空间采用层次结构，从根域名开始，有顶级域名，下面再划分各级子域名，网络中的计算机主机名接在某一子域名后面。域名标识由一串子名组成，子名之间用点分隔，基层名字在前，高层名字在后。例如，legend133.cs.pku.edu.cn 代表的就是中华人民共和国(cn)教育网(edu)北京大学(pku)计算机系(cs)里的一台名为 legend133 的主机。域名地址与 IP 地址对应。

顶级域名可以分为以下三类：

(1) 国家顶级域名，用符合 ISO3166 国际标准国别识别符的两个英文字母的缩写标识一个国家，例如，cn 标识中国，au 标识澳大利亚等；

(2) 国际顶级域名为 int，供国际组织使用；

(3) 通用顶级域名，为各个行业、机构使用。通用顶级域名有 com(工商业机构)、edu(教育系统)、gov(政府机构)、mil(军事部门)、net(网络管理部门)、org(社会组织)等。

国家顶级域名 cn 由中国互联网中心 CNNIC 管理，将 cn 域划分为多个子域，其中二级域名 edu 的管理权授予 CERNET 网络中心，CERNET 又将 edu 域划分为多个子域，构成三级子域，各大学和教育机构可在 edu 下向 CERNET 网络中心注册三级域名，各大学可以将三级域名再向下划分进行分配，如图 6-35 所示。

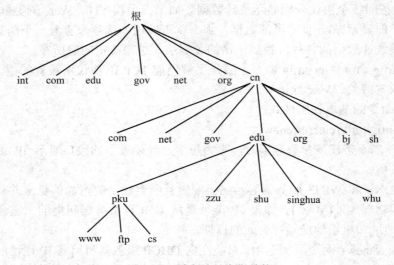

图 6-35　域名地址空间结构

2. 电子邮件地址标识

Internet 上的每个主机都有一个唯一的域名地址，使用电子邮件的用户须向电子邮件服务器申请一个用户邮箱，即申请一个电子邮件地址，其格式为"用户邮箱名@邮件服务器主机域名"，例如，lili@163.com.cn，表示用户邮箱名为 lili，邮件服务器主机域名为163.com.cn，中间由@间隔。

3. 域名解析服务

通过域名解析服务实现因特网上的域名地址到网络 IP 地址的映射，域名解析采用客户/服务器模式，主要用来把主机域名和电子邮件地址映射为 IP 地址。为了把一个名字映射为一个 IP 地址，应用程序调用一种名叫域名解析器(Name Resolver)的客户程序，参数为域名。解析器将 UDP 分组传送到本地 DNS 服务器上，本地 DNS 服务器查找名字并将对应的

IP 地址返回给域名解析器，域名解析器再把它返回给调用者。例如，域名为 ibm320h.phy.pku.edu.cn 所对应的 IP 地址为 162.105.160.189，如图 6-36 所示。

图 6-36　域名与 IP 地址的转换

6.5.3　超文本传输协议 HTTP

超文本传输协议 HTTP(HyperText Transfer Protocol)是从服务器传输数据到客户端的传输协议，是互联网上应用最为广泛的一种网络协议。所有的 WWW 文件都必须遵守这个协议。

HTTP 允许将超文本标记语言 HTML 文档从 Web 服务器传送到 Web 浏览器。HTML 是一种用于创建文档的标记语言，这些文档包含相关信息的链接。可以通过单击一个链接来访问其他文档、图像或多媒体对象，并获得关于链接项的附加信息。

HTTP 被定义为"无状态"协议，它可以用来提高数据传送速度。无状态是指协议对于事务处理没有记忆能力。缺少状态意味着如果后续处理需要前面的信息，则它必须重传，这样可能导致每次连接传送的数据量增大。但是，在服务器不需要先前信息时它的应答就较快。

6.5.4　FTP 协议

文件传输协议 FTP(File Transfer Protocol)的功能是用来在两台计算机之间互相传送文件。FTP 采用客户机/服务器模式，用户通过一个客户机程序连接到在远程计算机上运行的服务器程序。依照 FTP 协议提供服务，进行文件传送的计算机就是 FTP 服务器，而连接 FTP 服务器，遵循 FTP 协议与服务器传送文件的电脑就是 FTP 客户端。在客户机和服务器之间使用 TCP 协议建立面向连接的可靠传输服务。FTP 协议要用到两个 TCP 连接，一个是命令链路，用来在 FTP 客户端与服务器之间传递命令；另一个是数据链路，用来从客户端向服务器上传文件，或从服务器下载文件到客户计算机。

FTP 操作首先需要登录到远程计算机上，并输入相应的用户名和口令，即可进行本地计算机与远程计算机之间的文件传输。Internet 还提供一种匿名 FTP 服务(Anonymous FTP)，提供这种服务的匿名服务器允许网上的用户以"anonymons"作为用户名，以本地的电子邮件地址作为口令。

匿名 FTP 有以下特点：

(1) 匿名 FTP 应用很广，应用它几乎没有特定的要求。所以，每个人都可以在匿名 FTP 服务器上访问文件。

(2) 世界上有大量正在运行的匿名 FTP 服务器可供使用，在服务器上有无数的文件可以被免费复制，特别是数据文件和程序文件。

(3) 在 Internet 上，匿名 FTP 是软件发布的主要方式，许多程序都是通过匿名 FTP 发布的。因此，用户可随时获得新的软件。

6.5.5　电子邮件协议

电子邮件(E-mail)是因特网上流行最早、最广泛的应用之一。由于其快捷、方便和低成本的特点，深受个人和企事业用户的青睐。

常用的电子邮件协议有 SMTP、POP3、IMAP4，它们都隶属于 TCP/IP 协议簇，在默认状态下，分别通过 TCP 端口 25、110 和 143 建立连接。

1．SMTP 协议

SMTP(Simple Mail Transfer Protocol)简单邮件传输协议，它是一组用于从源地址到目的地址传输邮件的规范，是 E-mail 传输的标准，通过它来控制邮件的中转方式。SMTP 帮助每台计算机在发送或中转信件时找到下一个目的地。

SMTP 服务器就是遵循 SMTP 协议的发送邮件服务器。SMTP 认证，就是要求必须在提供了账户名和密码之后才可以登录 SMTP 服务器，这就使得那些垃圾邮件的散播者无可乘之机。

2．POP 协议

POP(Post Office Protocol)邮局协议，负责从邮件服务器中检索电子邮件。它要求邮件服务器完成下面几种任务之一：从邮件服务器中检索邮件并从服务器中删除这个邮件；从邮件服务器中检索邮件但不删除它；不检索邮件，只是询问是否有新邮件到达。

POP3 是邮局协议的第 3 个版本，是规定怎样将个人计算机连接到 Internet 的邮件服务器和下载电子邮件的电子协议。它是因特网电子邮件的第一个离线协议标准，POP3 允许用户从服务器上把邮件存储到本地主机上，同时删除保存在邮件服务器上的邮件。POP3 服务器就是遵循 POP3 协议的接收邮件服务器，用来接收电子邮件的。

3．IMAP 协议

IMAP(Internet Mail Access Protocol)互联网信息访问协议，是一种优于 POP 的新协议。和 POP 一样，IMAP 也能下载邮件、从服务器中删除邮件或询问是否有新邮件，但 IMAP 克服了 POP 的一些缺点。例如，它可以决定客户机请求邮件服务器提交所收到邮件的方式，请求邮件服务器只下载所选中的邮件而不是全部邮件。客户机可先阅读邮件信息的标题和发送者的名字再决定是否下载这个邮件。通过用户的客户机电子邮件程序，IMAP 可让用户在服务器上创建并管理邮件文件夹或邮箱、删除邮件、查询某封信的一部分或全部内容，完成所有这些工作时都不需要把邮件从服务器下载到用户的个人计算机上。

6.5.6　Telnet 协议

Telnet 被称为仿真终端协议或远程登录协议。Telnet 通过软件程序可实现使用用户通过 TCP 连接注册(即登录)到远程的另一个主机上(使用主机名或 IP 地址)。Telnet 能将用户的键盘操作传到远程主机，同时也能将远程主机的输出通过 TCP 连接返回到用户屏幕。这种服务是透明的，双方都感觉到好像键盘和显示器是直接连在远程主机上的。

Telnet 可以将用户的计算机模拟成远程某台提供 Telnet 服务的主机终端，通过因特网直接进入该主机，完成对该主机各种授权的操作。使用 Telnet 协议时，首先要通过 IP 地址或域名连接远程主机，然后再输入用户号 ID 和口令并核实无误后，Telnet 便允许用户以该主机的终端用户身份进入系统。这个过程称为远程登录。

　　Telnet 也使用客户机/服务器模式。在本地系统运行 Telnet 的客户机进程，而在远程主机则运行 Telnet 的服务器进程。和 FTP 的情况相似，服务器中的主进程等待新的请求，并产生从属进程来处理每一个连接。远程登录后，用户的计算机就像该主机的真正终端一样，所以也被称为网络虚拟终端(NVT)。Telnet 的原理如图 6-37 所示。

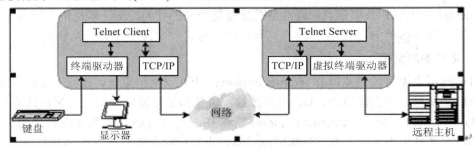

图 6-37　Telnet 原理图

　　虽然 Telnet 并不复杂，但它却应用得很广。用户通过 Telnet 不仅可以共享主机上的文件资源，也可以运行主机上的各种程序，实现对主机的远程管理，就像使用本地计算机一样。虽然 Telnet 有广泛的应用，但网站在为用户提供 Telnet 服务时要格外当心，由于 Telnet 具有很强的交互性并且向用户提供了在远程主机上执行命令的功能。因此，Telnet 上的任何漏洞都可能会对网站的安全带来致命的威胁。在这一点上 Telnet 可能比 FTP 和 HTTP 的安全隐患更危险。Telnet 可以被用于进行各种各样的入侵活动，或者用来剔除远程主机发送来的信息。到目前为止，许多黑客的攻击都是基于 Telnet 技术的。

6.5.7　网络多媒体

　　网络多媒体是计算机网络技术、通信技术与计算机技术相结合的产物。网络多媒体技术在生活中大致分为四个方向：商业、生活、学习和科研。

1．商业方面

　　(1) 商业广告(特技合成、大型演示)：影视商业广告、公共招贴广告、大型显示屏广告、平面印刷广告等。

　　(2) 影视娱乐业(电影特技、变形效果)：电视/电影/卡通混编特技、演艺界 MTV 特技制作、三维成像模拟特技、仿真游戏、赌博游戏等。

　　(3) 医疗(远程诊断、远程手术)：网络远程诊断、网络远程操作(手术)等。

　　(4) 旅游(景点介绍)：风光重现、风土人情介绍、服务项目等。

2．生活方面

　　(1) 家庭生活、影音娱乐等。

　　(2) 网络报刊、杂志等。

3．学习方面

　　(1) 教育(形象教学、模拟展示)：电子教案、形象教学、模拟交互过程、网络多媒体教学、仿真工艺过程等。

　　(2) 在线语言学习。

4．科研方面

人工智能模拟(生物、人类智能模拟)：生物形态模拟、生物智能模拟、人类行为智能模拟等。

6.5.8　浏览器的使用

Internet 上浏览和获取信息，通常是通过浏览器来进行的。浏览器是指可以显示网页服务器或者文件系统的 HTML 文件内容，并让用户与这些文件交互的一种软件。

1．常见的浏览器

目前网络上流行的浏览器有 Internet Explorer、360 安全浏览器、谷歌浏览器、QQ 浏览器、百度浏览器、搜狗浏览器、UC 浏览器等，浏览器是最经常使用到的客户端程序。

(1) Internet Explorer。Internet Explorer 简称 IE，是 Windows 操作系统自带的一款网络浏览器，也是目前市场上占有率最高的浏览器，主要原因在于它捆绑于 Windows 操作系统中，而个人电脑的操作系统基本上都是微软的 Windows，所以 IE 占尽市场先机，几乎覆盖了整个市场，用户也习惯于先入为主，IE 自然成为使用最广泛的网页浏览器。

(2) 360 安全浏览器。360 安全浏览器是互联网上非常好用和安全的新一代浏览器，它以全新的安全防护技术向浏览器安全界发起了挑战，号称全球首个"防挂马"浏览器。360安全浏览器拥有全国最大的恶意网址库，采用恶意网址拦截技术，可自动拦截挂马、欺诈、网银仿冒等恶意网址。

除了安全防护方面具有"百毒不侵"的优势以外，360 安全浏览器在速度、资源占用、防假死不崩溃等基础特性上同样表现优异，在功能上则拥有翻译、截图、鼠标手势、广告过滤等几十种实用功能。

(3) 谷歌浏览器。谷歌浏览器(Google Chrome)，是由 Google 公司开发的一款设计简单、高效的网页浏览器。浏览器的名称来自被称作 Chrome 的网络浏览器 GUI(图形使用者界面)。Google Chrome 的使用简洁、快速，支持多标签浏览，每个标签页面都可以独立运行，在提高安全性的同时，一个标签页面的崩溃不会导致其他标签页面被关闭。因此，该浏览器具有不易崩溃、速度快、搜索简单、标签灵活及更加安全等优点。

2．设置 IE 默认主页

使用 IE 浏览器查看网页信息时，可以根据需要更改 IE 的设置。例如，将经常查看的网页设置为主页，一旦启动 IE 浏览器，就会自动打开该 web 页。假如要把新浪网站的首页设置为主页，可以按以下步骤操作：

(1) 在浏览器地址栏中输入 www.sina.com.cn，进入新浪网站的首页。

(2) 单击菜单栏中的"工具"菜单，在下拉菜单中单击"Internet 选项命令"，在打开的 Internet 选项对话框中切换到常规选项卡，如图 6-38 所示。

(3) 在主页选项组中单击"使用当前页(c)"按钮，单击"确定"按钮，即可完成设置。

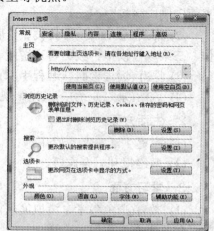

图 6-38　"Internet 选项"对话框

另外，如果在主页文本框中输入相应的主页地址，然后单击"确定"按钮，可以将当前输入的地址设置为主页。单击"使用默认值(F)"按钮，可以使用浏览器生产商 Microsoft 公司的首页作为主页；单击"使用空白页(B)"按钮，系统将设置一个不含任何内容的空白页为主页，即 about:blank，这时启动 IE 浏览器将不打开任何 web 页。

3. 清除 IE 的使用痕迹

上网过程中，IE 会将下载的部分网页信息存储在本地磁盘的 Internet 临时文件夹中。当使用 IE 的时间比较长时，其中就会存在大量的历史记录，如临时文件、Cookies、历史记录和表单数据等，如果要对它们进行清理，其具体操作步骤如下：

(1) 启动 IE 浏览器，单击菜单栏中的"工具"菜单，在下拉菜单中单击"Internet 选项命令"。

(2) 在打开的 Internet 选项对话框中切换到常规选项卡，这时可以看到有 5 组选项。

(3) 在浏览历史记录选项组中单击"删除(D)…"按钮，在弹出的"删除浏览历史记录"对话框中选择要删除的选项，如图 6-39 所示。

(4) 单击"删除(D)"按钮，返回 Internet 选项对话框，单击"确定"按钮确认操作即可。

图 6-39 "删除浏览历史记录"对话框

6.6 网 络 管 理

网络管理包括对硬件、软件和人力的使用、综合与协调，以便对网络资源进行监视、测试、配置、分析、评价和控制，这样能满足网络的一些需求，如实时运行性能、服务质量等。另外，当网络出现故障时能及时报告和处理，并协调、保持网络系统的高效运行等。

6.6.1 网络操作系统

网络操作系统是网络用户与计算机网络之间的接口，是计算机网络中管理一台或多台主机的软硬件资源、支持网络通信、提供网络服务的程序集合。除了实现单机操作系统全部功能外，还具备管理网络中的共享资源，实现用户通信以及方便用户使用网络等功能，是网络的心脏和灵魂。

下面介绍 Windows Server 2008 的运行环境及安装过程。

1. 系统和硬件设备要求

(1) 建议使用最小主频为 1 GHz 的一个或多个处理器。

(2) 建议最少配置 512 MB RAM。

(3) 可用磁盘空间最少 10 GB。

2．安装 Windows Server 2008

将 Windows Server 2008 光盘放入服务器光驱，安装 Windows Server 2008 的步骤如下：

(1) 使用 Windows Server 2008 安装光盘启动计算机，进入安装 Windows 向导，选择安装语言格式，保持默认配置，单击"下一步"按钮，如图 6-40 所示。

(2) 准备安装，如图 6-41 所示。

图 6-40　"选择语言"对话框　　　　　　图 6-41　安装窗口

(3) 选择安装类型，单击"下一步"按钮，如图 6-42 所示。

(4) 选择安装盘和分区，单击"下一步"按钮，如图 6-43 所示。

图 6-42　选择安装类型　　　　　　图 6-43　安装位置选择

(5) 点击下一步开始安装，如图 6-44 所示。

图 6-44　"安装进度"对话框

(6) 完成安装。

6.6.2　配置 DNS 服务器

域名服务系统 DNS 是经常使用的服务，主要实现将 IP 地址和形象易记的域名进行关联，从而方便用户的记忆和使用。配置 DNS 服务器的步骤如下。

1. 安装 DNS 服务组件

在"控制面板"中打开"添加或删除程序"窗口，单击"添加/删除 Windows 组件"按钮，打开"Windows 组件安装向导"对话框，如图 6-45 所示。

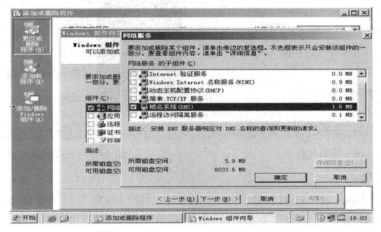

图 6-45　"添加或删除程序"窗口

2. 建立正向区域

DNS 服务器安装完成以后会自动打开"配置 DNS 服务器向导"对话框。在该向导的指引下开始创建第一个区域，操作步骤如下。

(1) 在开始菜单中依次单击"管理工具"→"DNS"菜单项，打开 dnsmgmt 窗口。在左窗格中右键单击服务器名称，选择"配置 DNS 服务器"命令，如图 6-46 所示。

(2) 打开"主服务器位置"对话框，选中"这台服务器维护该区域"单选按钮，单击"下一步"按钮，如图 6-47 所示。

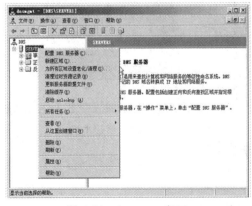

图 6-46　dnsmgmt 窗口

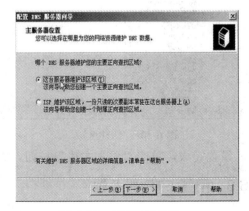

图 6-47　主服务器位置

（3）打开"区域名称"对话框，在"区域名称"编辑框中输入一个能代表网站主题内容的区域名称，单击"下一步"按钮，如图 6-48 所示。

（4）在最后打开的完成对话框中，确认无误后单击"完成"按钮结束主要区域的创建和 DNS 服务器的安装配置过程，如图 6-49 所示。

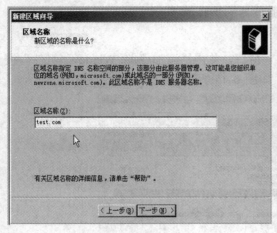

图 6-48　区域名称

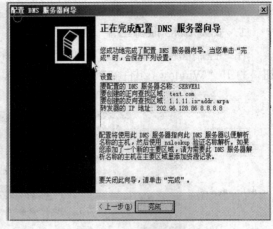

图 6-49　完成配置服务器

3．新建主机

主机用于将 DNS 域名映射到计算机使用的 IP 地址，新建主机的操作步骤如下：

（1）右击新建的区域名称，在弹出的快捷菜单中选择"新建主机"命令，如图 6-50 所示。

（2）在"新建主机"对话框的"名称"文本框中输入要新建的主机名称，"IP 地址"文本框中输入 DNS 服务器的 IP 地址，如图 6-51 所示。

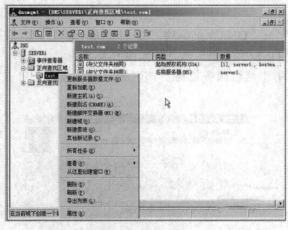

图 6-50　新建区域　　　　　　　　　图 6-51　新建主机

设置完成，单击"添加主机"按钮，完成新建主机。

6.6.3　配置 FTP 服务器

默认情况下，Windows Server 2008 的 Web 服务器(IIS)没有安装 FTP 发布服务，通过添加服务完成安装。

1．安装"FTP 发布服务"

在开始菜单中依次单击"管理工具"→"Internet 信息服务(IIS)管理器"，打开"Internet 信息服务(IIS)管理器"窗口。在左窗格中展开"FTP 站点"目录，右键单击"默认 FTP 站点"选项，选择"属性"命令，如图 6-52 所示。

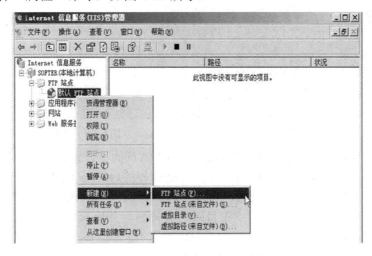

图 6-52　Internet 信息服务(IIS)管理器

2．创建 FTP 站点

(1) 打开"默认 FTP 站点属性"对话框，在"FTP 站点"选项卡中可以设置关于 FTP 站点的参数。

① 在"FTP 站点标识"区域中可以更改 FTP 站点名称、监听 IP 地址以及 TCP 端口号，单击"IP 地址"编辑框右侧的下拉三角按钮，并选中该站点要绑定的 IP 地址。如果想在同一台物理服务器中搭建多个 FTP 站点，那么需要为每一个站点指定一个 IP 地址，或者使用相同的 IP 地址且使用不同的端口号。

② 在"FTP 站点连接"区域可以限制连接到 FTP 站点的计算机数量，一般在局域网内部设置为"不受限制"较为合适。用户还可以单击"当前会话"按钮来查看当前连接到 FTP 站点的 IP 地址，并且可以断开恶意用户的连接，如图 6-53 所示。

(2) 切换到"消息"选项卡。

① 在"标题"编辑框中输入能够反映 FTP 站点属性的文字，该标题会在用户登录之前显示。

② 在"欢迎"编辑框中输入一段介绍 FTP 站点详细信息的文字，这些信息会在用户成功登录之后显示。

③ 在"退出"编辑框中输入用户在退出 FTP 站点时显示的信息。另外，如果该 FTP 服务器限制了最大连接数，则可以在"最大连接数"编辑框中输入具体数值。当用户连接 FTP 站点时，如果 FTP 服务器已经达到了所允许的最大连接数，则用户会收到"最大连接数"消息，且用户的连接会被断开，如图 6-54 所示。

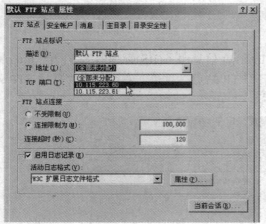

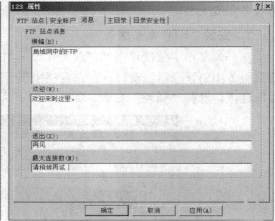

图 6-53　选择 FTP 站点 IP 地址　　　　　图 6-54　"消息"选项卡

(3) 切换到"主目录"选项卡。主目录是 FTP 站点的根目录，当用户连接到 FTP 站点时只能访问主目录及其子目录的内容，而主目录以外的内容是不能被用户访问的。主目录既可以是本地计算机磁盘上的目录，也可以是网络中的共享目录。单击"浏览"按钮在本地计算机磁盘中选择要作为 FTP 站点主目录的文件夹，并依次单击"确定"按钮。根据实际需要选中或取消选中"写入"复选框，以确定用户是否能够在 FTP 站点中写入数据，如图 6-55 所示。

(4) 切换到"目录安全性"选项卡，在该选项卡中主要用于授权或拒绝特定的 IP 地址连接到 FTP 站点。例如只允许某一段 IP 地址范围内的计算机连接到 FTP 站点，则应该选中"拒绝访问"单选框，单击"添加"按钮，在打开的"授权访问"对话框中选中"一组计算机"单选框，然后在"网络标识"编辑框中输入特定的网段(如 10.115.223.0)，并在"子网掩码"编辑框中输入子网掩码(如 255.255.254.0)。最后单击"确定"按钮，如图 6-56 所示。

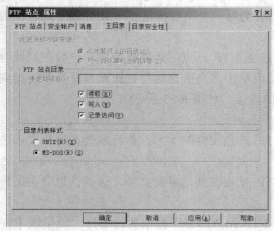

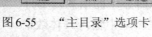

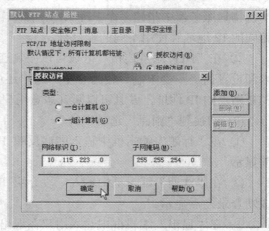

图 6-55　"主目录"选项卡　　　　　　　图 6-56　"授权访问"对话框

返回"默认 FTP 站点属性"对话框，单击"确定"按钮使设置生效。现在用户可以在网络中任意客户计算机的 Web 浏览器中输入 FTP 站点地址(如 ftp://202.207.232.129)来访问

FTP 站点的内容。

6.6.4　网络信息安全

　　人类已进入信息化社会，随着 Internet 在全球日益普及，政府、军队、企业等部门越来越需要利用网络传输与管理信息。虽然计算机与网络技术为信息的获取、传输与处理提供了非常先进的技术，但也为好奇者或入侵者提供了方便之门，使得计算机与网络中的信息变得越来越不安全，不仅金融、商业、政府部门担心，普通用户也为之烦恼。信息技术发展到现在，迫切需要发展信息安全技术，研究"黑客"与"入侵者"的攻击方法和对他们进行有效地防范，是关系到国家信息安全的重大课题之一。

　　网络安全是指网络系统的硬件、软件及其系统中的数据受到保护，不受偶然的或者恶意的原因而遭到破坏、更改、泄漏，系统连续可靠正常地运行，网络服务不中断。网络安全从本质上来讲就是网络上的信息安全。它涉及的领域相当广泛。这是因为在目前的各种通信网络中存在着各种各样的安全漏洞和威胁。从广义来说，凡是涉及网络上信息的保密性、完整性、可用性、真实性和可控性的相关技术和理论，都是网络安全所要研究的领域。

　　计算机病毒是一组通过复制自身来感染其他软件的程序。当程序运行时，嵌入的病毒也随之运行并感染其他程序。有些病毒不带有恶意攻击性，但更多的病毒携带毒码，一旦被事先设定好的环境激发，即可感染和破坏程序。在《中华人民共和国计算机信息系统安全保护条例》中明确将计算机病毒定义为："指编制或者在计算机程序中插入的破坏计算机功能或者破坏数据，影响计算机使用并且能够自我复制的一组计算机指令或者程序代码"。通过以上定义，可以了解计算机病毒与医学上的"病毒"是不同的，它不是一种生物而是一种人为的特制程序，可以自我复制，具有很强的感染性、一定的潜伏性、特定的触发性和严重的破坏性。

　　为了尽可能地避免被病毒感染，最大可能地减少或不受损失，用户平时应坚持以预防为主、兼杀为辅的原则，正确而安全地使用计算机。可采用的防范病毒措施如下：

　　(1) 不安装盗版或来历不明的软件，尤其不能使用盗版的杀毒软件。

　　(2) 安装真正有效的杀毒软件，并经常进行升级。

　　(3) 将外来盘拷入计算机之前，一定要用杀毒软件进行杀毒。

　　(4) 将硬盘引导区和主引导扇区备份下来，并经常对重要数据进行备份。

　　(5) 经常用杀毒软件对系统进行病毒检测和杀毒。

　　(6) 一旦发现被病毒感染，用户应及时采取措施，保护好数据，利用杀毒软件对系统进行查毒杀毒处理。

第 7 章　网站开发实用技术

随着科学技术的发展和人们生活水平的提高，Internet 已经融入我们的日常生活中，网络也成为人们获取信息和发布信息的重要工具。

网站是网络信息的重要载体。本章主要学习开发网站的实用技术，初步认识 HTML＋CSS＋JavaScript。

7.1　网站开发基础知识

网站从逻辑上讲是由若干个网页组合的一个整体，本质上是计算机上保存的所有网页文件以及所有资源文件的一个文件夹。本节主要介绍有关网站开发的基本概念、网站类型、网站设计原则和标准，以及网站常用开发技术等基础知识。

7.1.1　网站开发的基本概念

1. 网站

网站是指存放在网络服务器上，根据一定的规则，使用 HTML 等技术制作，包含一个或多个网页的文件夹。网站中的网页按照特定的组织结构，以链接的方式形成整体，用于展示特定的完整信息。网站文件夹也称为网站根目录，一般网站根目录的结构如图 7-1 所示。

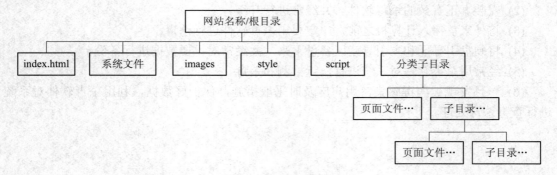

图 7-1　网站根目录结构

简单地说，网站像一个布告栏一样，人们借助网站来发布自己需要公开的信息，或者利用网站来提供相应的网络服务。人们可以通过网页浏览器来访问网站，获取自己需要的资源或者享受网络服务。

2．网页

网站是一个整体，网站为用户(浏览者)提供的内容是通过网页展示出来的，用户浏览网站，其实就是浏览网页。网页实际上是用 HTML 语言编写的文本文件。在浏览网页时，浏览器将 HTML 语言翻译成用户看到的网页。

不同的网页虽然内容有区别，但都是由网页基本元素组成的，一般包括图像、文字、动画、视频、声音等多种媒体元素。网页与其他文件如 Word、Txt、Pdf 不同，一个网页实际上并不是只由一个单独的文件构成，网页中所显示的图像、声音以及其他多媒体素材都是以文件的形式单独存放的。

网站的门户网页是主页，是网站最重要的网页，通常习惯上命名为 index.html 或者 index.htm。主页可以是一个单独的网页，同一般普通网页一样，可以存放各种信息，还可以是一个特殊的网页，它是访问者浏览网站的入口，主页中一般会给出网站的概述、网站主要内容、各种信息的向导等。访问者看到主页后便会对网站有一个整体大致的了解。根据网页的功能，还可以将网页分为静态网页和动态网页。

3．静态网页

静态网页相对于动态网页而言，没有后台数据库，静态网页是实实在在保存在服务器上的文件。静态网页相对更新起来比较麻烦，适用于一般更新较少的展示型网站。

静态网页的文件扩展名一般是 htm、html 等。网页可以包含文本、图像、声音、FLASH 动画、客户端脚本和 ActiveX 控件及 Java 小程序等，这些对象可以使网页动感十足。但是，这种网页不包含服务器端运行的任何脚本，网页上的每一行代码都是由网页设计人员预先编写好后，放置到 Web 服务器上的，发送到客户端的浏览器后不再发生任何变化，因此称其为静态网页。

静态网页并不是指网页中的所有元素都静止不动，而是指浏览器与服务器不发生交互，但是在网页中可能包含各种动态效果，如 GIF 格式的动画、Flash 动画、JavaScript 脚本等。

静态网页有以下几个特点：

(1) 静态网页不需要数据库的支持，网站信息量很大时，查找网页内容比较困难，网站难以维护。

(2) 静态网页的交互性差，在功能方面有较大欠缺。

(3) 网页内容一经发布到网站服务器上，无论是否有用户访问，每个静态网页的内容都保存在网站服务器上。

4．动态网页

动态网页可以通过网站后台管理系统对网站的内容进行更新管理。动态网页中不仅包含了 HTML 标签，还包含了需要在服务器上执行的代码。动态网页需要后台数据库与 Web 服务器交互，利用数据库实现数据更新和查询、发布新闻、发布公司产品、交流互动和网上调查等。动态网页的扩展名一般是 .aspx、.asp、.jsp、.php、.perl、.cgi 等。

动态网页有以下几个特点：

(1) 动态网页以数据库技术为基础，可以大大降低网站维护的工作量。

(2) 采用动态网页技术的网站可以实现更多功能，如用户注册、用户登录、在线调查、用户管理、订单管理等。

(3) 动态网页实际上并不是独立存在于服务器上的网页文件,只有收到用户请求时服务器才动态生成一个完整的页面,并以动态的形式返回客户浏览器。

静态网页是网站建设的基础,在同一个网站上,动态网页内容和静态网页内容可以同时存在。

7.1.2　网站的类型

按照主体性质的不同,网站分为政府网站、企业网站、商业网站、教育科研机构网站、个人网站、其他非营利机构网站等。

按照功能划分,网站可分为以下几种。

1. 产品(服务)查询展示型网站

这类网站核心目的是推广产品(服务),是企业的产品"展示框"。利用网络的多媒体技术、数据库存储查询技术和三维展示技术,配合有效的图片和文字说明,将企业的产品(服务)充分展现给新老客户,使客户能全方位的了解公司产品。与产品印刷资料相比,网站可以营造更加直观的氛围和产品的感染力,促使商家及消费者对产品产生采购欲望,从而促进企业销售。

2. 品牌宣传型网站

这类网站非常强调创意设计,但不同于一般的平面广告设计。网站利用多媒体交互技术和动态网页技术,配合广告设计,将企业品牌在互联网上发挥得淋漓尽致。本类型网站着重展示企业 CI、传播品牌文化、提高品牌知名度。对于产品品牌众多的企业,可以单独建立各个品牌的独立网站,以便市场营销策略与网站宣传统一。

3. 企业涉外商务网站

这类网站的核心目标是利用互联网为企业针对各种涉外工作,提供远程、及时、准确的服务。可为企业实现渠道分销、终端客户销售、合作伙伴管理、网上采购、实时在线服务、物流管理、售后服务管理等,它将更进一步的优化企业现有的服务体系,实现公司对分公司、经销商、售后服务商、消费者的有效管理,加速企业的信息流、资金流、物流的运转效率,降低企业经营成本,为企业创造额外收益,降低企业经营成本。

4. 网上购物型网站

这类网站通俗地说,就是实现网上买卖商品,购买的对象可以是企业(B2B),也可以是消费者(B2C)。为了确保采购成功,该类网站需要有产品管理、订购管理、订单管理、产品推荐、支付管理、收费管理、送发货管理、会员管理等基本系统功能。复杂的物品销售、网上购物型网站还需要建立积分管理系统、VIP 管理系统、客户服务交流管理系统、商品销售分析系统以及与内部进销存(MIS,ERP)打交道的数据导入导出系统等。此类型网站可以开辟新的营销渠道,扩大市场,同时还可以接触最直接的消费者,获得第一手的产品市场反馈。

5. 企业门户综合信息网站

这类网站是企业面向新老客户、业界人士及全社会的窗口,是目前最普遍的形式之一。该类网站将企业的日常涉外工作上网,其中包括营销、技术支持、售后服务、物料采购、社会公共关系处理等。该类网站涵盖的工作类型多，信息量大，访问群体广，信息更新需要多个部门共同完成。企业综合门户信息网站有利于社会对企业的全面了解，但不利于突出特定的工作需要，也不利于展现重点。

6．沟通交流平台

这类网站利用互联网，将分布在全国的生产、销售、服务和供应等环节联系在一起，提供内部信息发布、管理、分类、共享等功能，汇总各种生产、销售、财务等数据，提供内部邮件、文件传递、语音、视频等多种通信交流手段。

7．政府门户信息网站

这类网站是利用政务网(或称政府专网)和内部办公网络而建立的内部门户信息网，是为了方便办公区域以外的相关部门(或上、下级机构)，互通信息、统一处理数据、共享文件资料而建立的。主要的功能有：提供多数据源的接口，实现业务系统的数据整合；统一用户管理，提供方便有效的访问权限和管理权限体系；方便建立二级子网站和部门网站；实现复杂的信息发布管理流程。

7.1.3   网站的设计

1．设计原则及标准

(1) 网站包含的内容要明确。一个网页最重要的是网站内容，其次才是网页的设计。访问者可能会在一个内容充实但设计比较差的网页中逗留半天，但是绝对不会在一个设计独特而内容空洞的网页中浪费时间。怎样才算是好的内容呢？这就要看浏览网页的对象及制作网页的目的，很难订出一份明确的导引。做一个网页前，要先去搜索引擎找找有没有相关的网站。

(2) 设计好网站的构思。在构建网站前，最好先拟一份草稿，思考怎样把内容有条理的呈现给读者。起草分为以下部分：

① 内容。先记下要在网页上显示什么，然后准备相应的素材。

② 网站结构。这是最简单却又最关键的一步。为方便日后管理，在构建网站前，最好把文件分门别类地存放，例如，把图像放到 images 目录中。

③ 版面设计。可以发挥想象力先用纸和笔绘制出网页的草图。

(3) 尽量不要使用太多特效。把网页设计得非常与众不同是很困难的，但是很多人却对特效情有独钟，例如，"水波纹"、背景音乐等。除非那些特效出色的难以舍弃，否则还是尽量少用。另外凡是用 Java 制成的特效，应注意浏览器是否支持，是否需要下载其他插件。如果计算机的配置不高也可以使用 GIF 动画、JavaScript 或者 Flash 替代特效(例如，onMouseOver、跳跃文字、走马灯等效果)。

(4) 慎用图像。好看的网页必然要有图像，但我们在使用图像时，一定要注意不要使用太大的图像文件。如果在浏览网站时，其中一两副小图像的下载时间特别长，原因可能是网站把一副很大的图像，设置了<img>中的 width 和 height 属性，硬缩小了其显示的大小。这样做有两个问题：一是图像的像素产生锯齿，影响显示效果；另外一个是图像的真实大小没有改变，浏览时要花很长时间才能完成下载。

2．网页外观设计

一个好的网站，首先是内容丰富，其次就是网页外观的设计。网页外观设计时须注意以下几点：

(1) 根据网站访问者要提供的信息以及制作目标，得出一个最适合的网页构架，然后决定网页的外观。

(2) 每页排版不要太松散或用太大的文字，尽量避免访问者看网页时要用大幅度的滚动，对于篇幅太长的一页可以使用内部链接解决。页面上方是最显眼而宝贵的地方，不要只放几个粗大的字或图片。

(3) 不应在每页中插入太多的广告。要考虑该页内容与广告的比例以及广告摆放的位置，广告太多，会令人厌烦。

(4) 不要每页都采用不同的背景，以免每次转页都要花时间去下载，采用相同的背景可以增强网页的一致性，以树立自己的风格。

(5) 文字必须与背景对比强烈，便于阅读。这并不是要求总是要使用鲜亮的背景搭配深色的文字，但深色背景常要求与主题配合。若网页中包含大量的文字，不妨在底色与文字的搭配上下些功夫，力求让访问者能够舒适地阅读网页。

3．常用网站开发技术

(1) HTML(HyperText Markup Language)超文本标记语言，所谓超文本，是因为它可以加入图像、声音、动画、影视等内容，可以从一个文件跳转到另一个文件。

超文本标记语言的结构包括"头"部分(Head)和"主体"部分(Body)，其中"头"部提供关于网页的信息，"主体"部分提供网页的具体内容。超文本标记语言文档制作不是很复杂，但功能强大，支持不同数据格式的文件嵌入，这也是万维网(WWW)盛行的原因之一，其主要特点如下：

① 简易性：超文本标记语言版本升级采用超集方式，从而更加灵活方便。

② 可扩展性：超文本标记语言的广泛应用带来了加强功能，增加标识符等要求，超文本标记语言采取子类元素的方式，为系统扩展带来保证。

③ 平台无关性：虽然个人计算机大行其道，但使用 MAC 等其他机器的大有人在，超文本标记语言可以使用在广泛的平台上，这也是万维网(WWW)盛行的另一个原因。

④ 通用性：HTML 是网络的通用语言，它允许网页制作人建立文本与图像相结合的复杂页面，这些页面可以被网上任何其他人浏览到，无论使用的是什么类型的电脑或浏览器。

通常采用 HTML + CSS + JavaScript 相结合的方法将网页的内容、格式和行为分离。HTML 负责为网站添加元素内容，CSS 样式负责网页的外观格式设计，JavaScript 负责为网站添加各种特效，使页面更加生动。HTML、CSS 和 JavaScript 都是跨平台的，与操作系统无关，只依赖于浏览器，目前几乎所有的浏览器都支持 HTML、CSS 和 JavaScript。

(2) ASP(Active Server Page)，是由 Microsoft 公司开发的用于制作动态 Web 网页的技术。它的核心是在 HTML 中嵌入代码，如 VBScript 或 JavaScript，这些代码由服务器执行，并把执行结果返回给客户机。

ASP 技术是生成小型网页的技术，在生成较大网页时，速度较慢。

(3) PHP(Hypertext Preprocessor，超文本预处理器)是一种通用开源脚本语言，语法吸收了 C 语言、Java 和 Perl 的特点，利于学习，使用广泛，主要适用于 Web 开发领域。用 PHP 做出的动态页面与其他的编程语言相比，PHP 是将程序嵌入到 HTML 文档中去执行，执行效率比完全生成 HTML 标记的 CGI 要高许多，PHP 与 Windows、Linux、UNIX 系统兼容，还包括一定数量的 HTTP 服务器，如 Apache、IIS、Netscape Enterprise Server 等。

(4) JSP(Java Server Pages，Java 服务器页面)是一种动态网页技术标准。JSP 技术和 ASP 技术有些类似，它是在传统的网页 HTML 文件中插入 Java 程序段和 JSP 标记，从而形成 JSP 文件，后缀名是 jsp。用 JSP 开发的 Web 应用是跨平台的，可以在任何操作系统上运行。

7.2　认识 HTML

HTML + CSS + JavaScript 是网站设计人员常采用的网站开发技术，它将网页的内容、表现和行为分离。HTML、CSS 和 JavaScript 都是跨平台的，编写的文档与操作系统无关，只依赖于浏览器。HTML 用于在页面上添加各种元素，是制作网页的基本标记语言。

7.2.1　HTML 简介

HTML 是一种用来制作超文本文档的简单标记语言，它允许建立文本与图像相结合的复杂页面，这些页面可以在网上任意浏览，无论使用的是什么类型的计算机或浏览器。

一个 HTML 文件中包含了所有将显示在网页上的文字信息，其中包括对浏览器的一些指示，例如，哪些文字应该放在何处以及显示模式等。如果还有一些图像、动画、声音或其他形式的资源，HTML 文件也会告诉浏览器到哪里去查找这些资源，以及这些资源将放置在网页的什么位置。HTML 文件通过标签来实现这一功能。

创建一个 HTML 文档，需要两个工具，一个是 HTML 编辑器，一个是 Web 浏览器。HTML 编辑器是用于编辑 HTML 文档的应用程序，Web 浏览器是用来打开 Web 网页文件且提供查看 Web 资源的客户端程序。可以使用 Windows 自带的记事本来编写 HTML 文件，也可以用其他任意的文本编辑器来编写 HTML 文件，如 Urtra Edit、EditPlus 或 Notepad++等。

7.2.2　HTML 文件结构

HTML 网页实际上就是由各种各样的 HTML 元素构成的文本文件，并且任何网页浏览器都可以直接运行 HTML 文件。HTML 元素是构成 HTML 文件的基本对象，是通过使用 HTML 标签进行定义的。

标签(也称为标记)就是<head>、<body>、<table>等被尖括号"<"和">"括起来的对象，绝大部分的标签都是成对出现的，如<table></table>、<form></form>等。当然还有少部分不是成对出现的，如
(换行标签)、<hr>等。标签就是用来标记 HTML 元素的，位于起始标签和结束标签之间的文本就是 HTML 元素的内容，标签不区分大小写，但建议小写。

为 HTML 元素提供各种附加信息的就是 HTML 属性，它总是以"属性名=属性值"这种名值对的形式出现，而且属性总是在 HTML 元素的开始标签中进行定义。

HTML 超文本文档分为文档头(标题区)和文档体(主体区)两部分，其 HTML 文件结构如下。

```
        <html>                    <!--    开始标记        -->
          <head>                  <!--    头部标记        -->
            <title>网页标题</title>
          </head>
          <body>                  <!--    主体开始标记  -->
            网页内容
          </body>                 <!--    主体结尾标记  -->
        </html>                   <!--    结尾标记        -->
```

在该结构中，"<title>网页标题</title>"就是 HTML 标题元素，其中"网页标题"就是元素的具体内容了。<html>与</html>、<head>与</head>、<title>与</title>、<body>与</body>都是标签，这些标签构成了 HTML 基本结构。

7.2.3　HTML 基本结构标签介绍

1．<head>标签

<head>标签出现在文档的开头部分，用于设置页面的功能，包括页面的标题及各种参数。<head>与</head>之间的内容不会在浏览器的文档窗口显示，但是其中的标签有特殊重要的意义。<head>标签中可以加入以下标签。

(1) <title>标签定义 HTML 文档的标题，一个网页最多有一个<title>标签(可以省略)。<title>与</title>之间的内容将显示在浏览器窗口的标题栏左边。

(2) <meta>标签定义页面相关参数信息，在<head>头部中，可以包含任意数量的<meta>标签，<meta>标签无结束标签。meta 标签共有两个属性，它们分别是 name 属性和 http-equiv 属性，每个属性又有不同的参数值，这些不同的参数值实现了不同的网页功能。

① <meta name="键名"　content="键值">

在<meta>标签中使用 name/content 属性可为网络搜索引擎提供信息，其中 name 属性提供搜索内容名，content 属性提供对应的搜索内容值。例如：

```
        <meta name="keywords"    content="内容关键字 1,内容关键字 2,...">
        <meta name="author"    content="网页作者名">
```

② <meta http-equiv="键名"　content="键值">

http-equiv，相当于 http 的文件头作用，它可以向浏览器传回一些有用的信息，以帮助正确和精确地显示网页内容，与之对应的属性值为 content，content 中的内容其实就是各个参数的变量值。例如：

```
        <meta http-equiv="Content-Type" content="text/html;charset=gb2312">
```

说明：http-equiv="Content-Type"代表的是 HTTP 的头部协议，提示浏览器网页的信息；content="text/html;charset=gb2312" 代表说明网站采用的编码是简体中文。

注意：name 属性与 http-equiv 属性不能同时在一个<meta>标签中使用。又如，

```
        <meta http-equiv="refresh"content=5;URL=http://www.sohu.com>
```

说明：代表停留 5 秒钟后自动刷新到 URL 网址。

2．<body>标签

网页设计中，<body>标签是必不可少的，它表示文档主体内容的开始和结束，网页上显示的所有内容都必须在<body></body>标签中。<body>标签有多种属性：

(1) bgcolor 属性。bgcolor 属性设置 HTML 文档的背景颜色。如设置红色背景：bgcolor="#ff0000"或者 bgcolor="red"。

(2) background 属性。background 属性设置 HTML 文档的背景图像。如，background ="images/bg.gif"。可以使用的图像格式为 GIF 和 JPG。

(3) text 属性。text 属性设置 HTML 文档的正文文字颜色。如，text="#FF6666"。text 元素定义的颜色将应用于整篇文档。

(4) link、vlink、alink 属性。link、vlink、alink 分别控制普通超级链接、访问过的超级链接、当前活动超级链接颜色。

(5) leftmargin 和 topmargin 属性。设置网页主体内容距离网页左端和顶端的距离。如，leftmargin="20"、topmargin="30"。

7.2.4　文字格式与页面布局

1．文字格式

(1) 文字颜色设置：

　　<font color=颜色值> ... </font>

颜色值可以是一个十六进制数(用"#"作为前缀)，也可以是以下表格中的颜色名称，如表 7-1 所示。

(2) 文字字体设置：

　　<font face="字体名称"> ... </font>

其中字体名称为客户端可获得的字体。

(3) 文字大小设置：

　　<font size=字号大小> ... </font>

其中字号大小的有效范围为 1～7，默认值为 3。

表 7-1　文 字 颜 色

颜色	颜色值	十六进制表示
黑色	Black	#000000
绿色	Green	#00ff00
灰色	Gray	#808080
红色	Red	#ff0000
蓝色	Blue	#0000ff
黄色	Yellow	#ffff00
褐红色	Maroon	#800000
蓝绿色	Teal	#008080

(4) 文字标题设置：

　　<h#> ... </h#>

其中 #=1, 2, 3, 4, 5, 6，分别代表一级标题、二级标题、三级标题等。

(5) 其他格式设置：

为了让文字富有变化，或者为了强调某一部分，HTML 提供了一些元素产生特殊的效果，常用的有：

　　倾斜文本

　　粗体文本

　　<u>下划线文本</u>

　　<s>删除线文本</s>

2．页面布局

(1) 段落标签。为了排列的整齐、清新，在文字之间，常用<p>标签来分段。文件段落的开始由<p>来标记，段落的结束由</p>来标记，</p>可以省略，因为下一个<p>的开始就意味着上一个<p>的结束。

HTML 的段落与段落之间有一定的空格。如果不希望出现空格而只想换行的话，需要用
标签。
标签可以使所在的位置出现换行。在 HTML 的语言规范里，浏览器窗口缩小时，文字会自动换行。所以，编写者对于自己需要换行的地方，应该加上
标签，
标签不是成对出现的。如果不需要换行，则使用<nobr>标签。

(2) div 标签。<div>标签是通用的块标签，内部可以包含其他<div>标签和<p>标签。

(3) 对齐属性。对齐用 align 属性进行设置。

段落对齐设置：<p align=#>...</p>，其中属性值 # 可以为 left、center 或 right。

块对齐设置：<div align=#> ... </div>。

(4) 水平线。水平线用<hr>标签实现，没有结束标记。

<hr size = #>：设定线段宽度，以像素为单位。

<hr width= #>：设定线段长度，属性值可以是像素或相对页面宽度的百分比。

<hr align= #>：设定对齐方式，属性值为 center、left 或 right。

<hr color= #>：设定线段的颜色。

<hr noshade>：设定线段无阴影，为实心线段；无 noshade 属性，默认为阴影线段。

【例 7-1】 设置如图 7-2 所示的网页。

建立一个文件名为"7-1.html"的文本文件，其内容如下：

```
<html>
    <head>
        <title>文字格式与页面布局</title>
    </head>
    <body>
        <h3 align="left"><b><font face="幼圆" size="5">李白古诗欣赏</font></b></h3>
        <hr size="3" width="150px" align="left" color ="blue"><p>
        <div align="left">
            <font face="黑体" size="3" color="#008000">
            <p>      静夜思</p>
            <p>    窗前明月光, <br>
                    疑是地上霜。<br>
                    举头望明月, <br>
                    低头思故乡。
            </p>
            </font>
        </div>
    </body>
</html>
```

图 7-2　文字与页面格式

双击运行 7-1.html 文件，则显示如图 7-2 所示的网页效果。

3．列表标签

列表在 HTML 文档里有重要的地位，HTML 规定了多种列表标签。列表所起的主要作用是使特定的文本有序或无序的显示，可以对网页文字进行更好的布局。列表分为无序列表、有序列表和定义性列表。

(1) 无序列表标签。无序列表标签为<ul>，<li>标签定义列表中的项目，在 HTML 文件中只要在需要使用无序列表的地方插入成对的标签<ul></ul>，就可以完成无序列表的插入。例如：

```
<ul>
    <li>水果类</li>
    <li>蔬菜类</li>
</ul>
```

无序列表的默认符号是圆点，<ul>标签有 type 属性，通过定义不同的 type 属性可以改变列表的项目符号。type 属性的属性值有：disc(实心圆)、circle(空心圆)、square(方块)。

(2) 有序列表标签。有序列表标签为<ol>，同样由<li>定义列表中的项目，在 HTML 文件中只要在需要使用有序列表的地方插入成对的标签<ol></ol>，就可以完成有序列表的插入。例如：

```
<ol>
    <li>苹果</li>
    <li>香蕉</li>
    <li>桔子</li>
</ol>
```

<ol>标签也有自己的 type 属性，type 属性值有 1、A、a、I、i 等。<ol>标签还可以定义列表的起始编号，如希望列表的第一个编号为 5，而不是 1，则需要定义<ol>标签的 start 属性。

(3) 自定义列表标签。自定义列表由<dl>标签定义，其中标题项由<dt>标签定义、内容项由<dd>标签定义。在 HTML 文件中只要在需要使用自定义列表的地方插入成对的标签<dl></dl>标签，就可以完成自定义列表的插入。例如：

```
<dl>
    <dt>联系方式</dt>
        <dd>QQ88156694</dd>
        <dd>E-mailwanxiaohong.kk@163.com</dd>
        <dd>Tel138359698**</dd>
</dl>
```

【例 7-2】　利用列表标签设置如图 7-3 所示的网页。

建立一个扩展名为 "7-2.html" 的文本文件，其内容如下：

```
<html>
  <head>
    <title>多种列表在网页中的使用</title>
  </head>
```

```
<body>
  <ul>
    <li>水果类
      <ol>
        <li>苹果</li>
        <li>香蕉</li>
        <li>桔子</li>
      </ol>
    </li>
    <li>蔬菜类
      <ol>
        <li>萝卜</li>
        <li>白菜</li>
        <li>土豆</li>
      </ol>
    </li>
  </ul>
  <hr>
  <dl>
    <dt>联系方式</dt>
    <dd>QQ88156694</dd>
    <dd>E-mailwanxiaohong.kk@163.com</dd>
    <dd>Tel138359698**</dd>
  </dl>
</body>
</html>
```

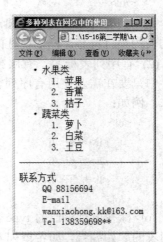

图 7-3　列表标签设置

双击运行 7-2.html 文件，则显示如图 7-3 所示的网页效果。

4．图像标签

1）<img>标签

插入图片用<img>标签，没有结束标记。<img>标签中的基本属性是 src 属性，src 属性是必需的。src 的属性值为所引用图像的 URL 地址，URL 可以是绝对地址，也可以是相对地址，一般使用相对地址，这样有利于防止文件移动后绝对路径改变使图像无法显示的问题。URL 是在 Internet 的 WWW 服务程序上用于指定信息位置的表示方法。例如：

```
<img src="image/lenoveo.gif"/>
<img src="c:/image/lenovo.gif"/>
<img src = "http://www.lenovo.com/lenovo.gif"/>
```

HTML 支持的图像格式有 JPG、PNG 和 GIF 等。

2）图像属性设置

(1) 图像的显示大小。用 width 属性和 height 属性为一幅图像在浏览器窗口里设置显示大小。例如：

```
<img src="image/logo.jpg" width="1024px" height="100px"/>
```

width 指定图像的宽度，height 指定高度。它们的属性值可以是像素，也可以是百分比。

(2) 图像的边框。用 border 属性设置图像是否有边框，或者指定边框的大小以突出显示图像。例如：

```
<img src="image/06.jpg" width="200px" height="147px" border="2px"/>
```

(3) 图像的替换文本。图像的替换文本是指，网页中图像不能显示时或用鼠标指向图像时，将显示替换文本作为提示。在 HTML 文档中，在<img>标签中用 alt 属性为图像指定替换文本(不超过 1024 个字符)。例如：

```
<img src=" image/12.jpg" width="30%" height="10%" alt="美景"/>
```

5．超链接

超链接是整个 WWW 应用的核心和基础。在浏览网页时，单击一张图片或者一段文字都可以弹出一个新的网页，页面与页面之间的关系就是依靠超链接实现的。

1) 超链接标签

在网页文件中，超链接都是通过<a>标签建立的，href 属性值是超级链接目标文件的绝对地址或相对地址。例如：

```
<a href="http://www.baidu.com">百度</a>
<a href="world-scenes.htm">世界风光</a>
```

【例 7-3】　设置如图 7-4 所示的超级链接，当单击页面上的"百度"时打开百度网页，单击"图片"时打开"Lenovo.gif"图片文件。

建立一个文件名为"7-3.html"的文本文件，其内容如下：

```
<html>
  <head><title>超级链接设置</title></head>
    <body>
      <p>
        <a href="http://www.baidu.com">百度</a>
      </p>
      <p>
        <a href="image/Lenovo.gif">图片</a>
      </p>
    </body>
  </html>
```

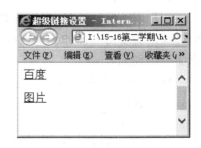

图 7-4　超链接设置

双击运行 7-3.html 文件，则显示如图 7-4 所示的网页效果。

另外，<a href="">< /a>标签还有一个 target 属性，它决定单击链接时网页在框架的哪一页显示，一般值是_blank，这样单击此链接时会新打开一个浏览器窗口，否则它会在当前浏览器中打开网页。例如：

```
<a href="image/12577731.jpg" target="_blank"> <img src="image/12577731.jpg" width = "149px"
height="110px" border="0px"></a>
```

2) 锚点链接

锚点链接可以实现在点击链接后跳转到同一网页文档中的某个指定位置，如果需要在网页文档的某个位置设置锚点链接，必须先在该位置(通常是特定主题处或顶部)用 id 属性设置锚点标识符：<aid="锚点标识符">这里是用户想链接的点</a>，然后再到需要链接到锚点标识符的位置设定链接：<a href="#锚点标识符">链接</a>。

【例 7-4】 设置锚点链接。

```
<html>
        <head><title>网页内部超链接-设置链接锚记</title></head>
        <body>
            <aid="top">这里是顶部</a>                    <!--创建一个名为 top 的锚点-->
            <br><br><br><br><br><br><br><br><br><br>
            <br><br><br><br><br><br><br><br><br><br>
            <br><br><br><br><br><br><br><br><br>
            <br><br><br><br><br><br><br><br><br>
            <br><br><br><br><br><br><br><br>
            <a href="#top">单击此处回到顶部</a>         <!--超链接到名为 top 的锚点-->
        </body>
    </html>
```

以上代码中的
换行标签是为了让本页的内容显示超过一页，这样在单击时才会有效果。另外，单击锚点链接时，锚点将会显示在页的起始位置。

6．表格标签

制作网页时，为了以一定的形式将网页中的信息组织起来，同时使网页便于阅读且页面美观，需要对页面的版式进行设计或者进行页面布局。表格标签在传统网页制作的布局方面举足轻重。

1) 表格的基本结构

```
<table>
    <tr>                            <!--定义表行-->
        <th>…</th>          <!--定义表头-->
    </tr>
    <tr>
        <td>…</td>           <!--定义单元格-->
    </tr>
</table>
```

<table>标签：定义一个表格。每一个表格只有一对<table>和</table>，一张页面中可以有多个表格。

<tr>标签：定义表格的行，一个表格可以有多行，所以<tr>对于一个表格来说不是唯一的。

<td>标签：定义表格的一个单元格。每行可以有不同数量的单元格，在<td>和</td>之间是单元格的具体内容。

需要注意的是：上述的三个元素必须、而且只能够配对使用。缺少任何一个标签，都无法定义出一个表格。

2) 表格的常用属性

(1) width 属性：指定表格或单元格的宽度。单位可以是百分比形式的值或像素值。

(2) height 属性：指定表格或单元格的高度。单位可以是百分比形式的值或像素值。

(3) border 属性：指定表格边线粗细，包括表格外围边框和表格内每个单元格的边框。默认值为 0。

(4) bgcolor 属性：指定表格或某一个单元格的背景颜色。

(5) background 属性：指定表格或某一个单元格的背景图像，其属性值为一个 URL 地址。

(6) bordercolor 属性：指定表格或某一个单元格的边框颜色。

(7) cellspacing 属性：指定单元格间距。

(8) cellpadding 属性：指定单元格边距。

cellspacing 和 cellpadding 的默认值是 2，若将它设置成 0，可以得到一个很紧凑的表格，一般插入一个无边表格时要这样设置，因为无边表大都是在排版和布局时使用，这样文字和表格之间就不会有太大的间隙。

(9) align 属性：指定表格或单元格内容(文本、图像等)的水平对齐方式。其值可以为：left(左对齐)、center(居中对齐)、right(右对齐)，默认的对齐方式是居中对齐。

(10) valign 属性：指定单元格内容(文本、图像等)的垂直对齐方式。其值可以为：top(顶端对齐)、middle(居中对齐)、bottom(底端对齐)、Baseline(相对于基线对齐)，默认的对齐方式是居中对齐。

(11) colspan：指定当前单元格跨越几列。

(12) rowspan：指定当前单元格跨越几行。

【例 7-5】　利用表格标签设计一个如图 7-5 所示的有关世界风景的页面。

图 7-5　表格结构

建立一个文件名为 "7-5.html" 的文本文件，其内容如下：

```
<html>
```

```
  <head>
    <title>表格结构</title>
  </head>
  <body>
    <table width="1024px" border="1px" align="center" cellpadding="5px"
        cellspacing="2px" bgcolor="#FFFFFF">
    <tr bgcolor="#FFFFFF">
      <td colspan="5"><img src="image/logo.jpg" width="1024px"
        height="100px"></td>
    </tr>
    <tr>
      <td>我的主页</td><td>世界风光</td><td>视频欣赏</td><td>精美
        flash</td><td>休闲游戏</td>
    </tr>
    <tr>
      <td height="30px" colspan="5">欢迎您光临我的主页，
      <p>     世界地理……的了解。</p>
      </td>
    </tr>
    </table>
  </body>
</html>
```

双击运行 7-5.html 文件，则显示如图 7-5 所示的网页效果。

7．表单

表单是网页提供的一种交互式操作手段，在网页中的使用十分广泛。无论是提交搜索的信息，还是网上注册等都需要使用表单。

在 HTML 里，可以使用<form>和</form>标签来创建表单，即定义表单的开始和结束，在<form>和</form>之间的内容都属于表单的内容。

1）表单标签<form>

基本语法：

```
    <form name=" " method=" " action=" " ectype=" " target=" ">
    </form>
```

表单属性说明：

(1) name 属性：设置表单名称。

(2) method 属性：设置表单发送的方式，可以是"post"或者"get"。

(3) action 属性：设置表单处理程序。

(4) ectype 属性：设置表单的编码方式。

(5) target 属性：设置表单实现目标。

2) 信息输入标签<input>

表单是网页提供的交互式操作手段，用户必须在表单控件中输入必要的信息，发送到服务器请求响应，然后服务器将结果返回给用户，这样才体现了交互性。<input>标签是表单中输入信息最常用的标签。

基本语法：

　　　　<input name="" type="" value="">

在<input>标签中，name 属性定义控件名称，type 属性定义控件类型，如：文本框、单选按钮、复选框等，value 属性定义控件的值。

(1) 文本框。type 属性值为 text。如：

　　　　<input name="" type="text" value="">

(2) 密码框。type 属性值为 password。如：

　　　　<input name="" type="password">

(3) 文件域。type 属性值为 file。如：

　　　　<input name="" type="file">

(4) 复选框。type 属性值为 checkbox。如：

　　　　<input name="" type="checkbox" value="">

(5) 单选按钮。type 属性值为 radio。如：

　　　　<input name="" type="radio" value="">

(6) 标准按钮。type 属性值为 button，用 value 属性指定标准按钮的值。如：

　　　　<input name="" type="button" value="">

(7) 提交按钮。type 属性值为 submit。如：

　　　　<input type="submit" >

(8) 重置按钮。type 属性值为 reset。如：

　　　　<input type="reset" >

(9) 文字域。用户有时需要一个多行的文字域，用来输入更多的文字信息，行间可以换行，并将信息作为表单元素的值提交到服务器，文字域使用<textarea>标签插入。如：

　　　　<textarea name=" "></textarea>

【例 7-6】　表单标签应用实例，效果如图 7-6所示。

建立一个文件名为"7-6.html"的文本文件，其内容如下：

```
<html>
    <head><title>表单输入标签实例</title></head>
    <body>
        <h3 align="center">表单输入标签实例<h3>
        <hr align="center" color="red">
        <form action="" method="post">
            <table>
            <tr><td>输入名称:</td><td><input
```

图 7-6　表单输入标签实例

```
type="text" name="user"></td></tr>
            <tr><td>输入密码:</td><td><input type="password" name="pass1" /></td></tr>
            <tr><td>选择性别:</td><td> <input type="radio" name="sex" value="男" >男
                    <input type="radio" name="sex" value="女" >女</td></tr>
            <tr><td> 喜 欢 的 运 动 :</td><td><input  type="checkbox"  name="yd"  value="爬 山 "
checked="checked">爬山 <input type="checkbox" name="yd" value="游泳" checked =
"checked">游泳</td></tr>
            <tr><td>上传照片:</td><td><input type="file" name="pic" size="30"></td></tr>
            <tr><td>人物介绍:</td><td><textarea name="jieshao"></textarea></td></tr>
             <input type="submit" value="提交"><input type="reset"><br>
        </table>
      </form>
    </body>
  </html>
```

双击运行 7-6.html 文件，则显示如图 7-6 所示的网页效果。

8．框架

在网页文件中，框架常用于网页的布局，框架是一种能在一个网页中显示多个网页的技术，通过超链接可以为框架之间建立内容之间的联系，从而实现页面导航的功能。框架的基本结构分为框架集和框架两个部分。框架集指在一个网页文件中定义一组框架结构，包括定义一个窗口中显示的框架数、框架尺寸以及框架中载入的内容；框架指在网页文件上定义的一个显示区域。

1) 框架的基本语法

```
<frameset>
    <frame src="url">
    <frame src="url">
    …
</frameset>
```

通过<frameset>子窗口标签<frame>定义每一个子窗口和子窗口页面属性。<frame>是单个标签，没有结束标签，<frame>要放在框架集<frameset>中，<frameset>设置几个子窗口就必须对应几个<frame>标签，而且每一个<frame>标签内还必须设定一个网页文件(src="*.html")。

2) 设置框架集

框架的作用主要是在一个浏览器窗口中显示多个网页，每个区域显示的网页内容可以不同，在 html 文档中利用 cols 属性在框架集中设置网页的左右分割，用 rows 属性在框架集中设置网页的上下分割。

(1) 左右分割网页——cols 属性。

```
<frameset cols="*,*">
    <frame src="url">
```

```
        <frame src="url">
        …
    </frameset>
```

在 html 文档中利用 cols 属性在框架集中设置网页的左右分割，分割方式可以是百分比也可以是具体的数值。

【例 7-7】　设计如图 7-7 所示的左右分割效果的框架网页。

建立一个文件名为"7-7.html"的文本文件，其内容如下：

```
<html>
        <head><title>左右结构的框架</title></head>
        <frameset cols="300,*">
                <frame src="left.html">
                <frame src="main.html">
        </frameset>
</html>
```

文件中的 left.html 和 main.html 文件代码在下面给出，双击运行 7-7.html 文件，则显示如图 7-7 所示的网页效果。

图 7-7　左右结构的框架

(2) 上下分割网页——rows 属性。

```
<frameset rows="*,*">
    <frame src="url">
    <frame src="url">
    ......
</frameset>
```

在 html 文档中利用 rows 属性在框架集中设置网页的上下分割，分割方式可以是百分比也可以是具体的数值。

【例 7-8】 设计如图 7-8 所示的上下分割效果的框架网页。

建立一个文件名为"7-8.html"的文本文件，其内容如下：

```
<html>
    <head><title>上下结构的框架</title></head>
    <frameset rows="140,*">
        <frame src="top.htm">
        <frame src="main.htm">
    </frameset>
</html>
```

文件中的 top.html 和 main.html 文件代码在下面给出，双击运行 7-8.html 文件，则显示如图 7-8 所示的网页效果。

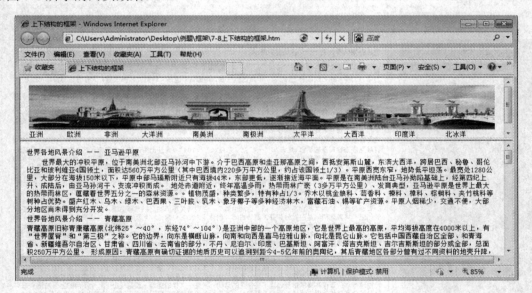

图 7-8　上下结构的框架

3) <frame>的属性

(1) name：定义该框架的名称，是超链接标签 target 属性所要的参数。如：

　　<a href="url" target="frame name"></a>

(2) src：在本框架里显示网页的文档地址。

(3) bordercolor：设置边框颜色。

(4) frameborder：设置是否要边框，1 显示边框，0 不显示边框。

(5) border：设置边框粗细。

(6) noresize：说明不能调整窗口大小，省略此项时可调整窗口的大小。

(7) scorling：设置是否有滚动条，auto 根据需要自动出现，yes 有，no 无。

(8) marginwidth：设置内容与窗口左右边缘的距离，默认为 1。

(9) marginheight：设置内容与窗口上下边缘的距离，默认为 1。

(10) width & height：设置框架窗口的宽及高，默认为 width="100px"，height="100px"。

(11) align：可选值为 left，right，top，middle，bottom 等。

4) 小实例——框架的实际应用

通常网页布局使用"厂"字形布局较多，先设计上下型框架，然后再在下面的框架中分出一个左右型框架。

【例 7-9】 设计如图 7-9 所示的框架结构。

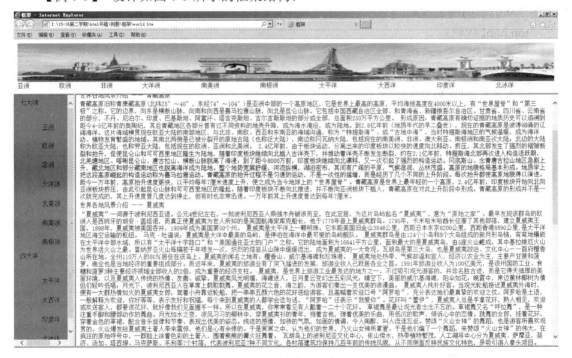

图 7-9　框架的实际应用

建立一个文件名为"7-9.html"的文本文件，其内容如下：

框架集 7-9.html 代码：

```html
<html>
    <head><title>框架</title></head>
    <frameset rows="140px,*",cols="*"  >   <!--定义框架集，先设计上下型框架-->
        <frame src="top.html" frameborder="0"
    name="top" scrolling="no" noresize>    <!--定义框架，同时为框架命名-->
        <frameset rows="*" cols="300px,*">   <!--定义框架集，设计左右型框架，整体形成"厂"
```

字型网页布局-->

```
        <frame src="left.html" frameborder="1px" name="left" scrolling="yes" noresize>
        <frame src="main.html" frameborder="1px" name="main"    scrolling="yes"
                 noresize>
        </frameset>
        <noframes>    <!--当浏览器不支持框架显示内容时，会显示不支持框架中的内容-->
        <body>
        </body>
        </noframes>
        </frameset>
    </html>
```

文件中的 left.html 和 main.html 文件代码在下面给出，双击运行 7-9.html 文件，则显示如图 7-9 所示的网页效果。

top.html 代码：

```
    <html>
    <head>
        <title>框架头</title>
    </head>
    <body>
        <div>
          <table width="1024px" height="123px" border="0px" align="center">
            <tr>
              <td colspan="11"><img src="image/1.jpg" width="1024px" height="100px" alt=""></td>
            </tr>
            <tr>
              <td>亚洲</td><td>欧洲</td><td>非洲</td><td>大洋洲</td><td>南美洲/td>
              <td>南极洲</td><td>太平洋</td><td>大西洋</td><td>印度洋</td><td>北冰洋</td>
            </tr>
          </table>
        </div>
    </body>
    </html>
```

left.html 代码：

```
    <html>
    <head>
    <title>左框架</title>
    </head>
    <body bgcolor="#0099FF">
        <table width="295px" height="640px" border="0px" align="left">
```

```
            <tr>
                <td rowspan="8" width="140px" valign="top" align="right">七大洲</td>
                <td width="140px" align="center">;       <td></tr>
            <tr><td><a href="asia.html" target="main">亚洲</a></td></tr><!--asia.html 为提前设计
好的网页-->
            <tr><td>欧洲</td></tr><tr><td>非洲</td></tr>
            <tr><td>大洋洲</td></tr><tr><td>北美洲</td></tr>
            <tr><td>南美洲</td></tr><tr><td>南极洲</td></tr>
            <tr><td rowspan="5" width="140px" valign="top" align="right">四大洋</td>
                <td width="140px" align="center">      <td></tr>
            <tr><td>太平洋</td></tr><tr><td>大西洋</td></tr>
            <tr><td>印度洋</td></tr><tr><td>北冰洋</td></tr>
        </table>
        </body>
    </html>
```

main.html 代码：

```
    <html>
     <head><title>主页面</title></head>
     <body>
        <table width="100%" height="100% " border="0px" align="left">
            <tr><td align="left">世界各地风景介绍——亚马逊平原</td></tr>
            <tr><td>   世界……充分开发。<td></tr>
                            <!--此处省略号代替要显示的文章内容-->
            <tr><td>世界各地风景介绍——青藏高原</td></tr>
            <tr><td>青藏高原……到每年 7 cm。</td></tr>
            <tr><td>世界各地风景介绍……夏威夷</td></tr>
        </table>
     </body>
    </html>
```

7.3　认识 CSS

在网页制作时采用 CSS 技术，可以有效地对页面的布局、字体、颜色、背景和其他效果实现精确方便的控制。只要对相应的代码做一些简单的修改，就可以改变同一页面的不同部分，或者不同网页的外观和格式。

7.3.1　CSS 简介

CSS 是一种叫做样式表(style sheet)的技术，诞生于 1996 年，也叫层叠样式表(Cascading Style Sheet，CSS)。样式就是格式，对网页来说，像文字的大小、颜色以及图片位置等，都是网页显示信息的样式。层叠是当我们在 HTML 文件中引用多个定义样式文件(CSS 文件)时，若多个样式文件间所定义的样式发生冲突，将依据层次处理。

　　CSS 样式表的宗旨就是将内容和格式分离。样式表将内容和定义格式的两部分相互分离，从而使网页设计人员能够对网页的布局施加更多的控制。HTML 仍可以保持简单明了的初衷，而样式表代码独立出来后则可以从另一角度控制网页外观。

7.3.2　CSS 样式表的基本结构

1．基本结构

通过一个简单实例，了解样式表的基本结构。

【例 7-10】　建立一个简单的样式表。

首先，建立一个简单的 HTML 文件，其网页浏览效果如图 7-10 所示。

```
<html>
    <head>
        <title>简单的样式表</title>
    </head>
    <body bgcolor="lightblue">
      <div align="center">
          <h1>样式表</h1>
          <p>这是一个简单的样式表</p>
      </div>
    </body>
</html>
```

其次，给这个 HTML 文件加一些样式表，即在<head>标签内部插入以下代码：

```
<style type="text/css">
<!--
h1{color:red; font-size:35px; font-family:黑体}
p{background:yellow; color:blue; font-size:25px; font-family:隶书;}
-->
</style>
```

使用以上样式表的网页，网页显示效果如图 7-11 所示。

图 7-10　无 css 样式　　　　　　　　　　　图 7-11　简单 css 样式

由这个简单的样式表实例可以看出：一个样式表由许多样式规则组成，用以告诉浏览器怎样去显示一个网页文档。样式表的核心是规则，样式表的基本结构规则如下：

选择符{属性 1:值 1; 属性 2:值 2; …属性 n;值 n;}

例如，

h1{color:green}

这个规则就是告诉浏览器所有标签<h1>和</h1>之间的文字以绿色显示。

(1) 其中选择符，是一个附带样式功能的 HTML 标签。可以同时为多个选择符定制相同的样式规则。

(2) 花括号中所包含的就是属性，它用于定义实际的样式，每个属性包括两部分：属性名(如 color)和属性值(如 green)。同时可以为一个或多个属性设置样式，多个属性之间用分号";"分隔。

2．编码规范

(1) 在样式设定内容中，空格没有任何意义。如 a{color:red; font-size:12px}中的空格。

(2) 不要在属性值与单位之间留有空格，如"margin-left: 20 px"，仅在 IE6 中有效。

(3) 当为同一个属性先后多次设定，那么后面的设定将覆盖前面的设定。

(4) 选择符不区分大小写，但通常要求用小写来完成。

(5) 同元素的不同选择符设定，优先级高的生效。

(6) 在 CSS 代码中，注释只有一种方法：/* 这里是注释内容 */

7.3.3　CSS 样式表的声明方法

声明 CSS 通常有四种方法，并且这四种方法可以混合使用。

1．行间样式表

行间样式表有时也称为内联样式表，是指可以直接在 HTML 代码行中加入样式规则，这种方法适用于指定网页内的某一小段文字的显示风格。不过，利用这种方法定义样式时，效果只可以控制当前标签，其语法如下：

<标签名称 style="样式属性:属性值；样式属性:属性值;...">

这种方式比较灵活，但结构与样式混杂在一起，没有实现内容与格式分离，因此非特定情况下，不推荐使用。行间样式表拥有最高的优先权。如：

行间样式表

2．内部样式表

使用行间样式表在 HTML 标记中用设置 style 属性的方法，一次只能控制一个标签的样式。在文档头中嵌入内部样式表的方法可以让浏览器在整个 HTML 网页中都执行该规则。这种样式表很好地做到了样式与内容分离，使用最为广泛。

内部样式表是将所有的样式表信息都列于 HTML 文档的头部，基本语法如下：

```
<html>
  <head>
    <style type="text/css">
    <!--
```

选择符 1{样式属性:属性值；样式属性:属性值；...}
　　　　　　　选择符 2{样式属性:属性值；样式属性:属性值；...}
　　　　　　　...
　　　　　　　选择符 n{样式属性:属性值；样式属性:属性值；...}
　　　　　-->
　　　　　</style>
　　　</head>
　　　<body>...</body>
　　</html>
　　说明：
　　(1) 样式表基本格式中的 type="text/css" 用于说明这是一段 CSS 规则代码。
　　(2) 为了防止不支持 CSS 的浏览器将<style>…</style>标签间的 CSS 规则当成普通字符串，而显示在网页上，应将 CSS 的规则代码插入<!--和-->标签之间。
　　(3) 选择符就是样式的名称，选择符可以使用 HTML 标签的名称，所有 HTML 标签都可以作为 CSS 选择符。
　　(4) 样式属性是定义样式的属性名称。

3．外部样式表

　　前面介绍了在文档头嵌入内部样式表规则的方法，通过这种方法定义出的样式，将只限于在该 HTML 文件中。如果想要达到集中管理网站中多个网页的样式，可在独立的 CSS 文件中设定所有网页的样式规则，并将该文件链接或输入到要运用样式的 HTML 文件中，如果改变样式表文件中的某一个规则细节，所有网页样式都会随之改变。
　　外部样式表的使用方法是：创建一个普通的网页，但不使用<style>规则，而是在 HTML 文档头部使用<link>标签，链接外部 CSS 文件。基本语法如下：
　　　<head>
　　　　<title>外部样式表</title>
　　　　<link rel=stylesheet href="*.css" type="text/css">
　　　</head>
　　说明：
　　(1) *.css 为预先编写好的样式表文件。
　　(2) 外部样式表文件中不能含有任何像<head>或<style>这样的 HTML 标签。样式表仅由样式表规则或声明组成。
　　(3) 在 href 属性中可以使用绝对 URL 或者相对 URL。
　　(4) 外部样式表文件中，无须使用注释标记。
　　(5) 如同发布 HTML 文件那样，将这个 CSS 文件发布到服务器中。在网页被打开时，浏览器将依照链接标签将含有链接外部样式表文件的 HTML 网页按照样式表规则显示。

4．输入样式表

　　输入样式表的方法同链接到外部样式表文件类似,在样式表的<style>区域使用@import语句做声明，引用一个外部的样式表文件。基本语法如下：

```
<style type="text/css">
  <!—
    @importurl(外部样式表的文件名称);
  -->
</style>
```

说明：

(1) import 语句后的 "；" 号是必需的。

(2) 要输入的样式表文件的扩展名为.css。

在不同类型的层叠样式表同时作用在一个 HTML 文档时，样式表之间并不会产生冲突或发生错误。样式表之间会产生一种覆盖效果，高级别的样式属性覆盖低级别的样式属性。

样式表的优先级：行间样式>内部样式>外部样式(输入样式表)>浏览器缺省设置

7.3.4　常用 CSS 选择符

1. 标签名选择符

最常见的 CSS 选择符，是利用 HTML 标签作为选择对象。对这一类型标签，全部赋予层叠样式。格式如下：

　　标签名｛｝

例如：

html {color:black; background-color:blanchedalmod;}　　/* HTML 文档中，所有标签的字体为黑色，背景为白杏色*/

h2 {color:green;}　/*所有<h2>标签，字体都是绿色(子元素定义，将覆盖父元素的字体颜色属性。)*/

p {color:blue;}　/*所有<p>标签，字体都是蓝色(子元素定义，将覆盖父元素的字体颜色属性。)*/

效果如图 7-12 所示。

如果对多个标签进行选取，可以使用逗号分隔。格式如下：

　　标签 1,标签 2,…{}

例如：

h1, h2, h3, h4, h5, h6 {

color:gray;

background: white;

padding: 10px;　/*padding 属性用来设置内边距)*/

border: 1px solid black;

font-family: Verdana;

}

图 7-12　简单 css 样式

2. 类选择符

对使用 class 属性的 HTML 标签，作为选择对象。格式如下：

　　.类名　{}

例如：定义所有类名为 important 的元素，字体为红色。

　　.important {color:red;}

例如：定义所有<p>标签，类名为 important 的元素，字体为红色。

　　p.important {color:red;}

如果要在标签中引用类选择符定义的样式，就需要在 HTML 标签里使用 class="样式类名"属性引用该样式。

例如：在 HTML 文档中引用以上已经定义的类选择符样式。

　　<p class="important"></p>

例：创建内部样式，对多类进行处理。

```
        <html>
          <head>
            <style type="text/css">
             <!--
              .important { color:red;}          /* class 包含 important，为红色*/
              .warning {color:green;}           /*class 包含 warning，为绿色*/
              .important.warning { color:blue;}  /* class 包含 important 和 warning，为蓝色*/
             -->
            </style>
          </head>
        <body>
          <p class="important">class 包含 important，为红色</p>
          <p class="warning ">class 包含 warning，为绿色</p>
          <p class="importanturgentwarning">class 包含 important 和 warning，为蓝色</p>
          <p class="ddd">class 值，不包含，不被选取</p>
          <p>无 class，不被选取</p>
        </body>
        </html>
```

3．id 选择符

对使用 id 属性的 HTML 标签，作为选择对象。格式如下：

　　#id 名　{ }

【例 7-11】　对 id 名为 mostImportant 的标签，赋予属性，效果如图 7-13 所示。

建立一个文件名为"7-11.html"的文本文件，其内容如下：

```
    <html>
      <head>
        <style type="text/css">
          <!--
          #mostImportant {color:red; background:yellow;}
          -->
        </style>
```

```
    </head>
    <body>
        <h1>This is important!</h1>
        <ul>
            <li id="mostImportant" >item1</li>
            <li>item2</li>
            <li>item3</li>
        </ul>
        <p>This is a paragraph.</p>
    </body>
</html>
```

图 7-13　简单 css 样式

双击运行 7-11.html 文件，则显示如图 7-13 所示的网页效果。

4．属性选择符

将包含此属性的所有标签，作为选择对象。格式如下：

[属性] { }

属性描述如表 7-2 所示。

表 7-2　属性选择符描述

类　　型	描　　述
[abc^="def"]	abc 属性值以"def"开头的所有元素
[abc$="def"]	abc 属性值以"def"结尾的所有元素
[abc~="def"]	abc 属性并列值中，列有"def"的所有元素
[abc*="def"]	abc 属性值包含"def"的所有元素
[abc|="def"]	abc 属性值等于"def"的元素

例如，将 href ="http://www.163.com/"的 a 标签，字体变红。

　　a[href="http://www.163.com/ "] {color: red;}

例如：将 href ="http://www.163.com/"，title="网易"的 a 标签，字体变红。

　　a[href="http://www.163.com/ "][title="网易"] {color: red;}

【例 7-12】将[title](鼠标停留在元素上时,显示的提示文字)属性并列值中有 "网易" 的 a 标签，字体变红。效果如图 7-14 所示。

```
        <html>
        <head>
        <style type="text/css">
            a[title ~="网易"] {color: red;}              /*title 属性，并列值中，列有"网易"*/
        </style>
        </head>
        <body>
        <a href="http://www.163.com" title="163 网易">网易</a>
```

```
        <a href="http://www.163.com" title="门户网站网易">网易</a>
        <a href="http://www.163.com" title="网易网易">网易</a>    <!--无空格，是一个值-->
        <a href="http://www.163.com" title="门户网易">网易</a>    <!--无空格，是一个值-->
        <a href="http://www.163.com" title="门户">网易</a>    <!--只有一个值，无指定值-->
    </body>
</html>
```

图 7-14　简单 css 样式

7.3.5　CSS 样式的常用属性

1．颜色和背景属性

背景属性如表 7-3 所示。

表 7-3　背　景　属　性

属　　性	值	描　　述
background-image （背景图像）	url(图片链接地址)	指定图像路径
	none	默认，无背景图像
background-color （背景的颜色）	数值或颜色值	三种模式，设置背景颜色
	transparent	默认，背景颜色为透明
background-attachment （是否随页面滚动）	scroll	默认，背景图像会随页面滚动
	fixed	背景图像不会随页面滚动
background-repeat （是否重复）	repeat	默认，背景图像将在垂直和水平方向重复
	repeat-x	背景图像将在水平方向重复
	repeat-y	背景图像将在垂直方向重复
	no-repeat	背景图像不重复，仅显示一次

例如，给页面设置一个背景图像，水平方向重复，不随页面滚动。

```
body {
    background-image: url(image/bg_03.gif);
    background-repeat: repeat-x;
    background-attachment:fixed; }
```

2．文本属性

文本属性如表 7-4 所示。例如：

```
p {    color:white;                              /*文本颜色为白色*/
       background-color:black;                   /*文本背景为黑色*/
       line-height:50px;                         /*文本行框高度*/
       letter-spacing:2cm;                       /*字符间距*/
       text-align: center;                       /*文本对齐方式*/
       word-spacing:2px;                         /*单词间距*/
       text-indent:1cm;                          /*段落格式，首行缩进 1cm*/
}
```

表 7-4　文　本　属　性

属　性	值	描　　述
line-height (设置文本行的高度)	normal	默认行距
	数值	使用数值设置，1 为默认值
	数值	设置固定的行间距，20px 为默认值
	百分比数值	使用百分比，100%为默认值
letter-spacing (设置字符间距)	normal	默认，常规间距
	数值	设置固定的字符间距，默认为 0px 或 0cm
text-align (文本内容对齐的方式)	left	文本排列到左边
	right	文本排列到右边
	center	文本排列到中间
	justify	两端对齐
text-decoration (设置文本分格)	none	去除所有任何修饰
	underline	给本文添加一条下划线
	overline	给本文添加一条上划线
	line-through	给文本添加一条删除线
	blink	定义闪烁的文本(IE 不闪烁)
text-indent (缩进文本的首行)	数值	设置固定的缩进，默认为 0
	百分比	以百分比缩进
word-spacing (设置单词间距)	normal	默认，常规间距
	数值	设置固定的单词间距，默认为 0px 或 0cm

3．字体属性

字体属性如表 7-5 所示。例如：

```
p{    font-style:italic;                         /*设置字体的斜体*/
      font-weight: 900;                          /*设置字体的粗细*/
      font-size: 300%;                           /*设置字体的尺寸*/
      font-family:Arial,Verdana,Sans-serif;      /*设置文本的字体*/
}
```

表 7-5　字 体 属 性

属　　性	值	描　　述
font-family (设置字体系列)	字体名称	指定字体系列"arial","courier"，如果浏览器不支持第一个，会自动尝试使用之后的字体
font-size	数值或百分比	设置字体的大小
font-style (设置字体风格)	normal	默认值，标准的字体样式
	italic	斜体的字体样式
font-weight (设置字体粗细)	normal	默认值，标准的字体粗细
	bold	粗体字符
	bolder	更粗的字符
	lighter	更细的字符
	100-900	100 最细，900 最粗，400 等同 normal，700 等同 bold

4．列表属性

列表属性如表 7-6 所示。

表 7-6　列 表 属 性

属　　性	值	描　　述
list-style-position (设置列表标志的位置)	inside	列表标签放置在文本以内，且环绕文本
	outside	默认值，标志位于文本左侧，放置在文本以外
list-style-tpye (设置列表标志的类型)	none	无标记
	disc	默认值，实心圆
	circle	空心圆
	square	实心方块
	decimal	标记是数字
	decimal-leading-zero	0 开头的数字标记(01, 02, 03，等。)
	lower-roman	小写罗马数字(i ，ii ，iii ，iv ，v ，等。)
	upper-roman	大写罗马数字(I ，II ，III ，IV ，V ，等。)
	lower-alpha	小写英文字母 The marker is lower-alpha (a, b, c, d, e, 等。)
	upper-alpha	大写英文字母 The marker is upper-alpha (A, B, C, D, E, 等。)

5．表格属性

表格属性如表 7-7 所示。

表 7-7　表 格 属 性

属　　性	值	描　　述
caption-side (设置表格标题的位置)	top	位于表格之上
	bottom	位于表格之下
table-layout (设置单元格长度是否根据内容的长度变化)	automatic	默认，根据内容长度变化
	fixed	不根据内容变化

6．轮廓属性

轮廓属性如表 7-8 所示。

表 7-8　轮 廓 属 性

属　　性	值	描　　述
outline-style (设置轮廓的样式)	none	默认值，无轮廓
	dotted	点状虚线
	dashed	条状虚线
	solid	粗实线
	double	双细线
outline-width (设置轮廓线的宽度)	thin	细轮廓
	medium	默认值，中等轮廓
	thick	粗轮廓
	length	设置轮廓固定值

7.4　JavaScript 基础

　　JavaScript 是一种简单、易学的脚本编程语言，可用于 Web 系统的客户端和服务器端编程。通常 JavaScript 脚本是通过嵌入在 HTML 中来实现自身的功能的，即使没有任何编程经验的用户，也可以利用 JavaScript 快捷的编写出实用的交互式网页。

7.4.1　JavaScript 嵌入 HTML 的方法

　　(1) 放置在由<script>标签的 src 属性指定的外部文件中。例如：
　　　　<script src="../../javascript/util.js"></script>
　　(2) 放置在标签对<script></script>之间。放置在事件处理程序中，该事件处理程序由 onclick 或 onmouseover 这样的事件指定。例如：
　　　　<marquee scrollamount=3 direction="up" onmouseover="this.stop()"　onmouseout = "this.start()">
　　(3) 作为 URL 的主体，这个 URL 使用特殊的"Javascript"协议。例如：
　　　　a href=javascript:alert("Hello!")>
　　【例 7-13】　设计如图 7-15 所示的网页效果，单击页面上的"运行程序"按钮，打开"JavaScript 提醒对话框"。
　　建立一个文件名为"7-13.html"的文本文件，其内容如下：

```
<html>
  <head>
    <title>第一个 JavaScript 程序</title>
  </head>
  <body>
    <script type="text/javascript">
      function rec()
        {   alert("Hello 欢迎学习 JavaScript!");
        }
    </script>
    <form>
      <input name="button" type="button" onclick="rec()" value="运行程序"/><br>
    </form>
  </body>
</html>
```

双击运行 7-13.html 文件，则显示如图 7-15 所示的网页效果。

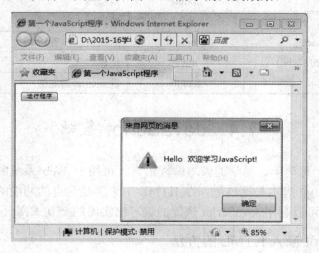

图 7-15　简单 Javascript 脚本

7.4.2　JavaScript 的事件

JavaScript 是基于事件驱动的脚本语言。事件是脚本响应用户动作的唯一途径。JavaScript 为不同的页面元素提供了不同的可用事件，当某个页面元素的事件发生时，该事件所对应的事件处理程序将被触发。

为页面元素指定事件处理程序的语法格式：

　　onEvent="JavaScript 代码"

　　onEvent="事件处理函数"

其中：Event 为事件名，如 load(页面加载)、mouseover(鼠标移过)、click(鼠标单击)等。

【例 7-14】 利用 Javascript 的事件设计如图 7-16 所示的滚动文字效果网页。

建立一个文件名为"7-14.html"的文本文件，其内容如下：

```
<html>
  <head>
    <title>JavaScript 示例-动态文字效果</title>
    <style type="text/css">
    <!--
      .tab{ width:20%;height:40%;border-style:solid;border-color:#ffcc00;
            text-align:center ;}
      a{link:ff0000}
      div{text-align:center}
    -->
    </style>
  </head>
  <body >
    <table class="tab" >
      <tr ><td ><b>最新动态</b></td></tr>
      <tr ><td >
        <marquee scrollamount=2 direction="up" hspace=2 behavior="scroll"
        onmouseover="this.stop()" onmouseout="this.start()">
        <div>
        <p><a href="#">1.学院新闻</a></p>
        <p><a href="#">2.招生信息</a></p>
        </div>
        </marquee></td></tr>
    </table>
  </body>
</html>
```

图 7-16 Javascript 事件 1

双击运行 7-14.html 文件，则显示如图 7-16 所示的网页效果。

<marquee>标签的 start()方法和 stop()方法分别用于控制滚动字幕的启动和停止。

【例 7-15】 利用 Javascript 的事件设计网页，效果如图 7-17 所示，单击"弹出窗口按钮"时，弹出欢迎光临的消息框。

```
<html>
  <head>
    <title>JavaScript 示例-事件处理程序 1</title>
    <script type="text/javascript">
      function message(){ alert("欢迎光临!"); }
    </script>
```

```
    </head>
      <body>
        <form>
        <input type="button"    onclick="message();"    value="弹出窗口按钮">
        </form>
      </body>
    </html>
```

双击运行 7-15.html 文件，则显示如图 7-17 所示的网页效果。

onclick 是 JavaScript 的事件，当单击鼠标按钮时，触发事件处理函数 message()，弹出欢迎光临对话框。

图 7-17　Javascript 事件 2

7.4.3　JavaScript 的对象

JavaScript 是一种基于对象的编程语言，可以使用系统内置对象实现一些特定的功能；也可以使用浏览器对象操作浏览器窗口的行为和特性；甚至允许用户自定义对象。

JavaScript 的对象由属性和方法两个基本元素组成。属性是用来描述对象特性的一组数据，方法是用来操纵对象的相关动作。常用的内置对象有 Math、Number、Date、String、Array 等；常用的浏览器对象有 Window、Navigator、Screen、Location、History、Document 等。

【例 7-16】利用 Javascript 的浏览器对象 document 输出"helloworld!"，效果如图 7-18 所示。

```
    <html>
      <head>
        <title></title>
        <script language="javascript">
          <!--
          document.write("helloworld!");
          -->
        </script>
```

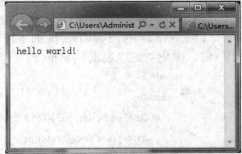

图 7-18　浏览器对象简单应用

```
    </head>
    <body>
    </body>
</html>
```

write()是 document 对象的一个方法，用于向浏览器输出相关内容。

【例 7-17】 利用 Javascript 的内置对象 Date 获取系统时间，效果如图 7-19 所示。

```
<html>
    <head>
        <title></title>
        <script language="javascript">
        <!--
        var myDay=new Date();
        var output;
        output=myDay.getHours()+":";
        output+=myDay.getMinutes()+":";
        output+=myDay.getSeconds();
        document.write("系统当前时间：" +output);
        -->
        </script>
    </head>
    <body>
    </body>
</html>
```

图 7-19 内置对象简单应用

使用 Date 对象，必须先用 new 运算符实例化它。getHours()、getMinutes()和 getSeconds() 是 Date 对象的方法，分别用于获取系统当前时钟的小时、分钟和秒数。

第8章　多媒体技术简介

　　20 世纪 80 年代中后期开始，多媒体计算机技术成为人们关注的热点之一。多媒体技术是一种迅速发展的综合性电子信息技术，是计算机技术与传统的视听科技相结合的产物，它给传统的计算机系统、音频和视频设备带来了方向性的变革，使人们的工作、生活和娱乐方式发生了深刻的变化，并对大众传媒产生了深远的影响。20 世纪 90 年代以来，世界向着信息化社会发展的速度明显加快，而多媒体技术的应用在这一发展过程中发挥了极其重要的作用。多媒体改善了人类信息的交流方式，缩短了人类传递信息的路径。

8.1　多媒体技术概述

　　多媒体技术的飞速发展是近几年来最引人注目的事情。随着计算机硬件性能的整体提高以及软件功能的普遍增强，普通计算机都具备了处理多媒体信息的功能。本节简单介绍多媒体的基本概念、特点和应用领域。

8.1.1　多媒体的基本概念

　　在学习多媒体的相关知识之前，首先要明确有关概念，如媒体、多媒体、多媒体技术等。

1. 媒体(Medium)

　　媒体又常常称为媒介，是日常生活和工作中经常用到的词汇，如我们经常把报纸、广播、电视等机构称为新闻媒体，报纸通过文字、广播通过声音、电视通过图像和声音来传送信息。我们把传播信息的载体称为媒体。而在计算机领域中，媒体有两层含义：一是指传递信息的载体，如数字、文字、声音、图形和图像等，二是指存储信息的实体，如磁盘、光盘、磁带、半导体存储器等。

　　根据国际电报电话咨询委员会(Consultative Committee for International Telegraph and Telephone，CCITT)的定义，目前媒体的表现形式可分为五大类，如表 8-1 所示。

表 8-1　媒体的表现形式

媒体类型	媒体特点	媒体形式	媒体实现方式
感觉媒体	人类感知环境的信息	视觉、听觉、触觉等	文字、图形、声音、图像、视频等
表示媒体	信息的处理方式	计算机数据格式	图像编码、音频编码、视频编码等
显示媒体	信息的表达方式	输入和输出信息	数码相机、显示器、打印机等
存储媒体	信息的存储方式	存取信息	内存、硬盘、光盘、U 盘、纸张等
传输媒体	信息的传输方式	网络传输介质	电缆、光缆、电磁波等

人类利用视觉、听觉、触觉、味觉和嗅觉感受各种信息。其中通过视觉得到的信息最多，其次是听觉和触觉，三者一起得到的信息，达到了人类感受到的信息量的 95%左右。因此，感觉媒体是人们接收信息的主要来源，而多媒体技术则充分利用了这种优势。

2．多媒体(Multimedia)

　　"多媒体"一词译自英文"Multimedia"，而该词又是由 Multiple(多种)和 Media(媒体)复合而成，所以一般理解为"多种媒体的综合"。在计算机信息处理领域中，所谓多媒体是指计算机与人进行交流的多种媒体信息，包括文本、图形、图像、声音、动画、视频等信息。

　　多媒体信息的类型主要包括以下几种：

　　(1) 文本：指以文字和各种专用符号表达信息的形式。

　　(2) 图形：一般指矢量图，如几何图形、统计图、工程图等。

　　(3) 图像：是自然空间照片，通过扫描仪、数字照相机等输入设备捕捉的真实场景画面，数字化后以位图文件形式存储。

　　(4) 音频：包括话语、音乐以及各种动物和自然界发出的各种声音。

　　(5) 动画：指表现连续动作的图形或图像，如缩放、旋转、淡入淡出等。

　　(6) 视频：指由摄像机、录像机等拍摄的真实生活和自然场景的活动画面，数字化后以视频文件格式存储。

3．多媒体技术(Multimedia Technology)

　　多媒体技术不是各种信息媒体的简单复合，它是利用计算机对文本、图形、图像、声音、动画、视频等多种信息综合处理、建立逻辑关系和人机交互作用的技术。

　　多媒体技术主要有以下几个特点：

　　(1) 多样性：指信息载体的多样化，包括文本、图形、图像、视频、语音等多种媒体信息。

　　(2) 集成性：能够以计算机为中心综合处理多种信息媒体，包括信息媒体的获取、存储、组织与合成。

　　(3) 交互性：是多媒体技术区别于其他媒体技术的一个显著特征，指用户可以与计算机的多种信息媒体进行交互操作，从而为用户提供更加有效地控制和使用信息的手段。

　　(4) 实时性：由于多媒体系统需要处理各种复合的信息媒体，因此多媒体技术必然支持实时处理。接收到的各种信息媒体在时间上必须是同步的，比如语音和活动的视频图像必须严格同步，因此要求实时性，甚至是强实时(Hard Real Time)。例如，电视会议系统的声音和图像不允许存在停顿，必须严格同步，包括"唇音同步"，否则传输的声音和图像就会失去意义。

　　(5) 数字化：指将各种媒体信息都以数字形式(0 和 1)进行存储和处理，而不是传统的模拟信号方式。数字不仅易于进行加密、压缩等数值运算，且可提高信息的安全性和处理速度，增强抗干扰能力。

　　总之，多媒体技术是一门基于计算机技术，包括数字信号的处理技术、音频和视频技术、多媒体计算机系统(硬件和软件)技术、多媒体通信技术、图像压缩技术、人工智能和模式识别等的综合技术。

8.1.2　多媒体技术的应用

随着科学技术的不断发展，多媒体技术已经渗透到了各行各业，特别是多媒体技术与网络通信技术的结合，进一步加强了多媒体技术在经济、科技、教育、医疗、文化、传媒、娱乐等各个领域的广泛应用。

多媒体技术的应用主要体现在以下几个方面。

1. 家庭娱乐

数字影视和娱乐工具已进入我们的生活，例如，家庭有线电视可以通过增加机顶盒和铺设高速光纤电缆，将单向有线电视改造成为双向交互电视系统。另外，游戏是多媒体的一个重要应用领域，运用了三维动画、虚拟现实等先进多媒体技术的游戏软件变得更加丰富多彩，给日常生活带来了更多的乐趣。现在的大型网络游戏几乎都运用了多媒体技术，使游戏情节生动、声情并茂。在网络上看电影、听音乐、视频聊天等都属于多媒体技术的具体应用。

2. 教育培训

教育培训是多媒体计算机最有前途的应用领域之一，世界各国的教育学家们正努力研究用先进的多媒体技术改进教学与培训方式。计算机多媒体教学已在较大范围内替代了基于黑板的教学方式，利用多媒体技术编制的教学课件、测试和考试课件能创造出图文并茂、绘声绘色、生动逼真的教学环境和交互式学习方式，从而大大激发学生的学习积极性和主动性，提高学生的学习兴趣和接受能力，并且可以方便地进行交互指导和因材施教，提高教学质量。

另外，在行业培训中用于军事、体育、医学、驾驶等的多媒体计算机，不仅提供了生动、直观、逼真的场景，而且设置了各种复杂环境，非常有利于开展培训活动。

3. 商业领域

多媒体技术在商业领域的应用十分广泛，它不仅给我们的日常生活带来了无限的便利和轻松，而且也给广大的商家带来了巨大的利润。例如，产品展示、企业宣传片、电视广告等多媒体作品在进行企业与产品推广的同时，也为商家赢得了商机。另外，各种基于多媒体技术的演示查询系统和信息管理系统，如车票销售系统、气象咨询系统、病历库、新闻报刊音像库等也在人们的日常生活中扮演着重要的角色，发挥着重要的作用。

4. 信息领域

多媒体技术的应用已渗透进每一个信息领域，使传统信息领域的面貌发生着根本性的变化。利用 CD-ROM 大容量的存储空间与多媒体声像功能结合，可以提供大量的信息产品，如百科全书、地图系统、旅游指南等电子工具。又如电子出版物、多媒体电子邮件、多媒体会议等，都是多媒体在信息领域中的应用。

5. 医疗领域

多媒体技术可以帮助远离服务中心的病人，通过多媒体通信设备、远距离多功能医学传感器和微型遥测接受医生的询问和诊断，为抢救病人赢得宝贵的时间，并充分发挥名医专家的作用，节省各种费用开支。

6．其他领域

多媒体技术在办公自动化方面体现在对声音和图像的处理上。采用语音自动识别系统可以将语言转换成相应的文字，同时又可以将文字翻译成语音。通过光学字符识别(Optical Character Recognition，OCR)系统可以自动输入手写文字，并以文字的格式存储。利用多媒体技术可以进行多媒体测试，如心理测试、环境测试和系统测试等，还可以辅助设计、虚拟现实等。另外，多媒体技术在工农业生产、旅游业、军事、航空航天等领域也有广泛应用。

8.2　图像基础知识

图像是信息传递的重要方式，也是多媒体技术研究中的重要媒体之一。它是人类视觉所感受到的一种形象化的信息，其特点是生动形象、直观可见。使用计算机处理图像数据，首先要将图像数字化。

8.2.1　位图与矢量图

计算机中的图像可分为位图图像和矢量图形两大类。前者以点阵的形式描述图像，后者以数学方法描述由几何元素组成的图形。通常我们将点阵图称为图像，把矢量图称为图形。

1．位图

位图(Bitmap)，也叫做点阵图、栅格图像、像素图，由描述图像的各个像素点的明暗强度与颜色的位数集合组成。将图像放大到一定的程度，就会发现它是由一个个小栅格组成的，这些小栅格称为像素，像素是图像中的最基本的元素。位图图像的大小与质量取决于图像中像素的多少。画图工具、Photoshop 等很多图像处理软件都生成位图图像，处理位图时，实际上是编辑像素而不是图像本身。因此，在表现图像中的阴影和色彩的细微方面或者进行一些特殊效果处理时，位图是最佳的选择，但是位图的清晰度与其分辨率有关。所以，利用 Photoshop 等软件处理图像时，要根据实际情况设置分辨率，否则图像中将出现锯齿边缘，甚至会遗漏图像的细节，如图 8-1 所示。

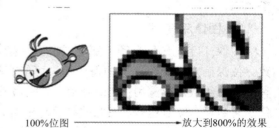

100%位图 ──────────► 放大到800%的效果

图 8-1　位图

2．矢量图

矢量图(Vector)，也叫做向量图，简单地说，就是缩放不失真的图形格式。矢量图是通过多个对象组合生成的，对其中每一个对象的记录方式，都是以数学函数来实现的，也就是说，矢量图实际上并不像位图那样记录画面上每一点的信息，而是记录了元素形状及颜色的算法。当打开一幅矢量图的时候，软件对图形对应的函数进行运算，将运算结果(图形的形状和颜色)显示出来。无论显示画面是大还是小，画面上对象对应的算法是不变的。所以，即使对画面进行倍数相当大的缩放，其显示效果仍然相同(不失真)。诸如 Adobe Illustrator 以及 Flash 处理的图形，都是矢量图形。矢量图形与分辨率无关，因而任意缩放图形都不会出现锯齿，如图 8-2 所示。

一般来说，位图能够细致、真实地描述对象，但是放大图像时会失真；而矢量图无论如何放大都不会失真，但是难以表现色彩层次丰富的图像。

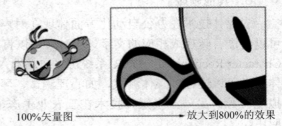

100%矢量图 —————————→ 放大到800%的效果

图 8-2　矢量图

8.2.2　图像文件的属性

图像文件一般指位图文件，它有三个基本属性：分辨率、图像深度和图像文件大小。

1．分辨率

在位图中，图像的分辨率是指单位长度上的像素数，习惯上用每英寸中的像素数来表示(即 pixels per inch，ppi)。相同尺寸的图像，分辨率越高，单位长度上的像素数越多，图像越清晰；分辨率越低，单位长度上的像素数越少，图像越粗糙。例如，分辨率为 72ppi 时，1×1 英寸的图像总共包含 5184 个像素(72 像素宽 × 72 像素高 = 5184)。同样是 1×1 英寸，但分辨率为 300ppi 的图像总共包含 90 000 个像素，所以高分辨率的图像通常比相同尺寸的低分辨率图像表现出更精细的颜色变化。

这里介绍的是图像的分辨率，实际上，我们在处理图像时，涉及显示器的分辨率、打印机的分辨率和图像的分辨率三方面。

显示器的分辨率是指显示器屏幕上单位长度显示的像素数。打印机的分辨率是指输出图像时单位长度上的油墨点数，通常以 dpi 表示。打印机的分辨率决定了输出图像的质量。

一般地，图像的质量取决于图像自身的分辨率及打印机的分辨率，而与显示器的分辨率无关。

2．图像深度

图像深度，又称为颜色深度或位深，指存储每个像素时用于表示颜色的二进制数字位数。位深确定了彩色图像的每个像素可能有的色彩数，或者确定灰度图像的每个像素可能有的灰度级数。位深用位(bit)表示，一般写成 2 的 n 次方，n 代表位数，反映了构成图像颜色的总数目，位数越多，图像的颜色越丰富。当用 1 位二进制数表示像素时，即单色(黑白)图像，即只有黑色、白色两种颜色；当用 8 位二进制数表示像素时，即灰度图像，它可以由 0～255 不同灰度值来表示图像的灰阶；当位数达到 24 位时，可以表现出 1680 万种颜色，即真彩色。

颜色深度一般有 1 bit、4 bit、8 bit、24 bit 和 32 bit 等。随着定义颜色深度的位的增加，每个像素可利用的颜色范围也增加。因此，颜色深度越大，图片占的空间也就越大。

3．图像文件大小

计算机以字节(Byte)为单位表示图像文件的大小，数据量大是图像数据的显著特点，即使用压缩算法存储的文件格式，数据量也是相当大的。图像文件的大小与图像所表现的内容无关，与图像的尺寸、分辨率、颜色数量等文件格式有关。

用字节表示图像文件大小时，一幅未经压缩的数字图像存储容量的大小计算如下：

$$图像存储容量 = 像素总数 × 图像深度 ÷ 8$$

例如，一幅 640 × 480 的 256 色图像的存储容量为：640 × 480 × 8 ÷ 8 = 307 200 字节。

8.2.3　色彩的基本知识

我们知道，只要是彩色都可用亮度、色调和饱和度来描述，人眼中看到的任一彩色光都是这三个特征的综合效果。那么亮度、色调和饱和度分别指的是什么呢？

亮度：是光作用于人眼时所引起的明亮程度的感觉，它与被观察物体的发光强度有关。

色调：是当人眼看到一种或多种波长的光时所产生的彩色感觉，它反映颜色的种类，是决定颜色的基本特性，如红色、棕色就是指色调。

饱和度：指的是颜色的纯度，即掺入白光的程度，或者说是指颜色的深浅程度。对于同一色调的彩色光，饱和度越深颜色越鲜明(或越纯)。通常我们把色调和饱和度通称为色度。

亮度用来表示某彩色光的明亮程度，而色调则表示颜色的类别与深浅程度。除此之外，自然界常见的各种颜色光，都可由红(R)、绿(G)、蓝(B)三种颜色光按不同比例相配而成；同样，绝大多数颜色光也可以分解成红、绿、蓝三种色光，这就形成了色度学中最基本的原理——三原色原理(RGB)。

8.2.4　图像文件格式

1．BMP 格式

BMP(Bit Map Picture)格式是微软开发的 Microsoft Paint 的固有格式，是 Windows 采用的图像文件存储格式，被大多数软件所支持，也是 PC 上最常用的位图格式。BMP 文件的图像深度可选 1 bit、4 bit、8 bit、24 bit 等。除了图像深度可选以外，BMP 文件不采用其他任何压缩，因此 BMP 文件所占的空间很大，不宜在网络中使用。BMP 位图文件默认的扩展名为.BMP。

2．JPEG 格式

JPEG(Joint Photographics Expert Group)格式是目前网络上最流行的图像格式，文件扩展名为".jpg"。JPEG 是一种很灵活的图像格式，具有调节图像质量的功能，允许用不同的压缩比例对图像文件进行压缩，支持多种压缩级别，压缩比率通常在 10∶1 到 40∶1 之间。压缩比越大，品质就越低；相反地，压缩比越小，品质就越好。由于 JPEG 格式优异的性能，因此其应用非常广泛。

3．WMF 格式

WMF(Windows Metafile Format)是 Microsoft Windows 图元文件，具有文件短小、图案造型化的特点。该类图形比较粗糙，并只能在 Microsoft Office 中使用编辑。它是比较特殊的图元文件，属于位图与矢量图的混合体。Windows 中许多剪贴画图像是以该格式存储的。它广泛应用于桌面出版印刷领域。

4．GIF 格式

GIF(Graphics Interchange Format)格式称为图形交换格式，是 CompuServe 公司开发的图像文件格式，目的是为了在不同的平台上方便地进行图像交流和传输。它是世界通用的图像格式，是一种在各种平台的各种图形处理软件上均可处理的经过压缩的图形格式。GIF文件采用了 LZW 压缩算法存储图像数据，定义了允许用户为图像设置背景的透明属性。此外，GIF 文件格式可以在一个文件中存放多幅彩色图形和图像，形成连续的动画。GIF文件的特点是压缩比高，存储空间占用较少，但不能存储超过 256 色的图像。在 Internet的 WWW 中和其他网上服务的 HTML 文档中，GIF 文件格式普遍被用于显示索引图形和图像。目前 Internet 上大量采用的彩色动画文件也多采用这种格式。

5．PSD 格式

PSD(Photoshop Standard)是 Photoshop 中的标准文件格式，专门为 Photoshop 而优化的格式。它有其他文件格式所不能包括的图层、通道及一些专用信息。因此，图像在没有定稿之前应采用这种格式，便于以后修改。其缺点是图像占用空间大、不通用。

6．PNG 格式

PNG(Portable Network Graphic，流行网络图形)格式是 20 世纪 90 年代中期开发的图像文件存储格式，是目前不失真率最低的格式，它汲取了 GIF 和 JPEG 二者的优点，存储形式丰富，兼有 GIF 和 JPEG 的色彩模式；它的另一个特点是能把图像文件压缩到极限，采用了一种颇受好评的 LZ77 算法的一个变种，以利于网络传输；它的第三个特点是显示速度快，只需下载 1/64 的图像信息就可以显示出低分辨率的预览图像。PNG 的缺点是不支持动画应用效果。Macromedia 公司 Fireworks 软件的默认格式就是 PNG。现在越来越多的软件开始支持这一格式，而且在网络上也越来越流行。

7．CDR 格式

CDR 格式是绘图软件 CorelDRAW 的专用图形文件格式。因为 CorelDRAW 是矢量图形绘图软件，所以 CDR 可以记录文件的属性、位置和分页等。但它在兼容度上比较差，用其他图像编辑软件打不开此类文件。

8.2.5　常用的图像处理软件

图像处理软件是用于处理图像信息的各种应用软件的总称，最出色的工具软件是Photoshop，除此之外，还有专业级的图形(图像)处理软件 CorelDraw 和 Freehand，以及非主流软件美图秀秀、可牛软件、光影魔术手等，动态图片处理软件有 Ulead GIF Animator、Gif Movie Gear 等。

1．Windows 系统的画图工具

画图工具是 Windows 7 自带的一款简单的图形绘制工具。单击"开始"菜单—"所有程序"—"附件"—"画图"命令，可以打开画图工具。使用画图工具，用户可以编制各种简单的图形，也可以对计算机中的图片进行简单的处理，包括裁剪图片、旋转图片以及在图片中添加文字等。另外，通过画图工具，还可以方便地转换图片格式，如图8-3 所示。

图 8-3 画图工具

2．Photoshop

Photoshop 是著名的图像处理软件，是美国 Adobe 公司出品的。从功能上看，该软件可分为图像编辑、图像合成、校色调色及特效制作部分等。Photoshop 是目前使用最广泛的专业图像处理软件。

3．CorelDRAW

CorelDRAW 是加拿大的 Corel 公司开发的矢量图形设计软件，除了可以进行矢量图形设计外，还集成了图像编辑、图像抓取、位图转换、动画制作等一系列的使用程序，构成了一个高级矢量图形设计和编辑的软件包。CorelDRAW 的功能大致分为两大类：绘图与排版。绘图工具包括圆形、矩形、多边形、方格、螺旋线，并配合塑性工具，可对各种基本形状作出更多的变换，提供了一整套的图形精确定位和变形控制方案，给商标、标志等需要准确尺寸的设计带来极大的便利。该软件的文字处理与图像的输入输出构成了排版功能。文字处理相当优秀，支持大部分图像格式的输入与输出。因此，CorelDRAW 广泛应用于平面设计、标志制作、模型绘制、插图描画、排版及分色输出等诸多领域。

4．Adobe Illustrator(AI)

Adobe Illustrator 是一种应用于出版、多媒体和在线图像的工业标准矢量插画的软件，广泛应用于印刷出版、专业插画、多媒体图像处理和互联网页面的制作等，也可以为在线稿提供较高的精度和控制，适合任何小型项目设计到大型的复杂项目设计。

5．动态图片处理软件

动态图片处理软件 Ulead GIF Animator 是一个简单、快速、灵活、功能强大的 GIF 动画编辑软件，同时也是一款不错的网页设计辅助工具，还可以作为 Photoshop 的插件使用。

丰富而强大的内置动画选项,让我们可以更方便地制作符合要求的 GIF 动画。它是 Ulead(友立)公司最早在 1992 年发布的一个 GIF 动画制作工具。

GIF Movie Gear 是普通用户制作 GIF 动画文件的最佳工具之一,它不仅功能强大,而且界面直观,操作简便,相对于庞大而专业的 GIF 动画制作软件而言,GIF Movie Gear 让普通用户觉得上手更容易、使用更方便。

6. 非主流图片处理软件

美图秀秀(又称美图大师)是新一代的非主流图片处理软件,可以在短时间内制作出非主流图片、非主流闪图、QQ 头像和 QQ 空间图片等。

可牛影像内嵌上千张日历、宝宝照、大头贴、婚纱照、非主流场景,无需任何 PS 技巧即可轻松制作,支持多图场景,一张日历、婚纱、宝宝照中可内嵌多张照片,制作效果很好。该软件集成了超强人像美容及影楼特效智能人像柔焦美容,一秒钟呈现朦胧艺术感觉,如冷蓝、冷绿、暖黄、复古四大影楼特效,颇具冷艳、唯美风情。

光影魔术手是国内很受欢迎的图像处理软件,是一个对数码照片画质进行改善及效果处理的软件。光影魔术手能够满足绝大部分照片后期处理的需要,批量处理功能非常强大。

7. 图片浏览软件

图片浏览软件是一款可在计算机上立即找到并修改和共享所有图片的软件。每次打开图片浏览软件时,它都会自动查找所有图片,甚至是那些已经被遗忘的图片,并将它们按日期顺序放在可见的相册中,同时以易于识别的名称命名文件夹。用户可以通过拖放操作来排列相册,还可以添加标签来创建新组。图片浏览软件保证图片从始至终都井井有条。

ACDSee(图片编辑器)广泛应用于图片的获取、管理、浏览、优化。ACDSee 是一款非常出色的图片管理软件,不论拍摄的相片是什么类型,家人与朋友的,或是作为业余爱好而拍摄的艺术照,都需要相片管理软件来轻松快捷地整理以及查看、修正和共享这些相片。

Isee 是一款功能全面的数字图像浏览处理工具,不但具有和 ACDSee 相媲美的强大功能,还针对中国的用户量身定做了大量图像娱乐应用,让图片动起来,使人们留下更多、更美好的记忆。

8.2.6　Photoshop 图像处理软件

1. Photoshop 的工作界面

Adobe 公司出品的 Photoshop 是目前使用最广泛的专业图像处理软件,以前主要用于印刷排版、艺术摄影和美术设计等领域。随着计算机的普及,越来越多的文档需要对其中的图像进行处理。例如,办公人员需要对报表中的图像进行处理和制作,工程技术人员需要对工程图和效果图进行处理,大学生需要对论文中的图片进行处理,个人用户需要对数码相片进行处理等。这些市场需求极大地推动了 Photoshop 图像处理软件的普及,使它迅速成为继 Office 软件后的又一大众型普及软件。Photoshop CS3 的工作界面如图 8-4 所示。

图 8-4 Photoshop CS3 的工作界面

Photoshop CS3 的工作界面包含以下部分。

(1) 菜单栏。菜单栏包括文件、编辑(图像的复制、粘贴、删除、描边、填充、变形、旋转等功能)、图像(图像的色彩和亮度调整等功能)、选择(对选区进行反选、羽化、扩展、收缩、旋转、变形等功能)、滤镜(图像特殊效果处理,如浮雕、变形等功能)、视图(图像的尺寸、对齐等功能)、窗口(控制面板的打开、关闭等功能)、帮助等菜单。在 Photoshop CS3 中,可以选择菜单操作,也可以选择快捷键操作。

(2) 工具栏。工具栏中的常用工具有选区工具、移动工具、画笔工具、橡皮擦工具、色彩填充工具、图像局部处理工具、文字输入工具、钢笔路径工具、矢量图形工具、选色滴管工具、前景色选择工具等,这些工具的功能非常强大。在操作时,将光标移到工具图标上稍作停留,Photoshop CS3 会自动显示工具名称。常用工具如图 8-5 所示。

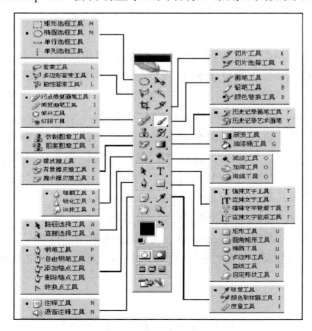

图 8-5 Photoshop CS3 的常用工具

(3) 工具参数栏。当用户选择某个工具后，工具参数栏就会显示该工具的选项和参数，用户可以进行该工具的详细选择和参数调整等操作。例如，选择画笔工具后，单击工具参数栏左边的"画笔"图标的下拉按钮，就可以选择画笔的形状和大小，如圆点、草、枫叶等，如图 8-6 所示。

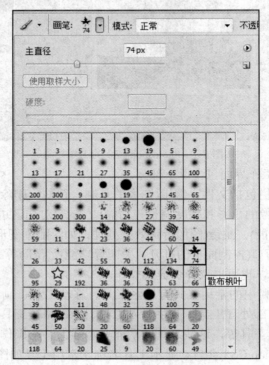

图 8-6 Photoshop CS3 的画笔形状

(4) 面板。

① "导航器"、"信息"、"直方图"面板：这些面板中，使用最多的是"导航器"面板，可以用它调整绘图区在屏幕中的位置和大小。在设计和制作一个图像时，一般将导航器的图像比例调整为 100%，这样做使用户在设计图像时有一个准确的比例。在对图像进行修改时，为了减少操作失误，一般将导航器比例放大到 200%。在预览高分辨率图像时，由于计算机屏幕有限，一般将导航器比例调小到能够在屏幕上看到全部图像。

② "颜色"、"色板"、"样式"面板：经常利用"颜色"或"色板"面板选择颜色。

③ "图层"、"通道"、"路径"、"历史记录"、"动作"面板：其中"图层"面板是 Photoshop CS3 中最为精华的功能，也是使用最频繁的一个面板。由于有了图层功能，使图像处理这样一个非常专业的工作，变成了一个简单的拼图游戏。

(5) 绘图区。绘图区是 Photoshop CS3 显示和处理图像的区域。

(6) 状态栏。状态栏显示当前绘图区图像的显示比例、图像文件的大小和简单的使用帮助。

2. 选区操作

选区是 Photoshop 中最基本的操作，这项工作往往利用选区工具进行。Photoshop CS3

提供了矩形选区、椭圆选区、多边形套索、磁性套索、魔术棒等选区工具。如果利用选区工具选择了图像的某个部分，选区的边缘会有闪烁的虚线。选区操作主要在"选择"菜单中进行，主要有全选、反选、取消选区、色彩范围选择、羽化、扩展、收缩、选取相似色彩区域、变换选区(移动、旋转、变形等)等操作，还可以对多个选区进行相加、相减、相交等操作。

3．图层操作

图层是 Photoshop 最重要的功能之一。因为在图像处理过程中，很少有一次成型的作品，常常是经历若干次修改以后才能得到比较满意的效果。一般而言，用户不是直接在一个图层上进行编辑和修改，而是将图像分解成为多个图层，然后分别对每个图层进行处理，最后组成一个整体的效果。这样完成之后的成品，在视觉效果上与在一个图层上编辑形成的效果是一样的。

Photoshop CS3 中的图层类型有背景图层、透明图层、不透明图层、效果图层、文字图层、形状图层等，如图 8-7 所示。

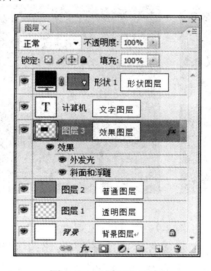

图 8-7　"图层"面板

在 Photoshop CS3 中，每个图层是相对独立的，可以对它们进行选择、重命名、增加、删除、复制、移动、打开、关闭、栅格化、合并、锁定等操作。

(1) 图层的选择。先选中图层，再进行移动或其他操作。例如，想要使用画笔工具画图形，就必须先明确要画在哪个图层上。选错图层是初学者常犯的错误。

(2) 图层的层次。图像中的各个图层之间彼此是有层次关系的，层次最直接的效果就是遮挡。位于"图层"面板下方的图层层次较低，越往上层次越高。位于较高图层层次的图像内容会遮挡较低图层层次的图像内容。

(3) 背景图层。背景图层有着特殊的性质，它位于最底层且图层层次不能改变，无法移动，无法改变不透明度。因此，应当尽量不在背景图层上作图。背景图层不是必须存在的，它可以转换为普通图层，一副图像最多只能有一个背景图层。

(4) 不透明度。不透明度表示当前图层的透明程度，不透明度数值越大，图层透明度越差。降低不透明度后，图层中的图像会呈现出半透明的效果。

4．案例

Photoshop 的功能十分强大，不仅可以处理生活中的照片，设计广告和公司 LOGO，还可以印刷排版。这里我们分享一个实用的案例，了解 Photoshop 软件在生活中的应用。

【例 8-1】 将生活照处理为一寸蓝底照片。操作步骤如下：

(1) 在 Photoshop CS3 中打开"生活照.jpg"图片，在工具栏中选择裁剪工具，并在工具参数栏里进行设置：宽度为 2.5 厘米，高度为 3.5 厘米，分辨率为 300 像素/英寸。参数设置如图 8-8 所示。

图 8-8　裁剪工具的参数设置

(2) 使用裁剪工具在人物的头像处拖动鼠标，即可画出一个矩形区域，按回车键表示确定裁剪，如图 8-9 所示。

(a) 原图　　　　　　　　　(b) 使用裁剪工具裁剪照片　　　　　　　(c) 裁剪完成

图 8-9　使用裁剪工具裁剪照片

(3) 在工具栏中选择魔棒工具或者快速选择工具，选中图片的背景区域；按快捷键 F6，打开颜色面板，将前景色设置为蓝色(RGB:0，0，255)；使用油漆桶工具进行填充，即将照片的背景填充为蓝色，如图 8-10 所示。

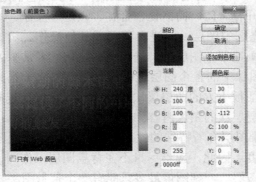

(a) 选择背景区域　　　　　　(b) 设置前景色为蓝色　　　　　(c) 使用油漆桶填充背景选区

图 8-10　将肖像照的背景设置为蓝色

（4）填充完成后，可以取消选区，即按下快捷键 Ctrl + D。

（5）执行"图像"菜单下的"画布大小"命令，在弹出的对话框中设置参数，使得图像的宽度和高度均变大一些，如相对 0.2 厘米，画布扩展颜色为白色，单击"确定"按钮，如图 8-11 所示。

（6）执行"文件"菜单下的"存储为"命令，保存图片，即可将该生活照处理为一寸蓝底照片。

图 8-11 调整画布大小

8.3 音频基础知识

在多媒体作品中，声音是不可缺少的一种媒体形式，在人类传递信息的各种方式中，声音占了 20% 左右。本节主要介绍声音方面的基础知识。

8.3.1 声音的基本特性

声音是人们用来传递信息最方便、最熟悉的一种方式。多媒体计算机中增加了音乐和一些有特殊效果的声音，使多媒体应用程序显得丰富多彩、充满活力。目前，音频技术在多媒体技术中的应用非常广泛，一些技术也已经成熟并产品化，甚至进入了家庭，如数字音响、视频图像的配乐、可视电话等。

1. 声音的三要素

声音分为乐音和噪音。乐音的振动比较有规则，有固定音高；而噪音的振动则毫无规则，无法形成音高。决定声音的三个条件是：音高、音量和音色。

1）音高

为什么钢琴上的每个琴键声音都不一样呢？打开钢琴盖可以看到钢琴的弦是由粗到细排列的，由于琴弦的粗细不同，琴弦的振动频率也就不同，粗的琴弦不如细的琴弦振动得快。不同音高的产生是由于振动频率不同，振动频率越高，音高也就越高。

声音频率的单位是 Hz(赫兹)，也就是 1 秒内振动的次数。1 Hz 就是一秒钟振动一次。例如，音乐中的标准音 A 是 440 Hz，也就是每秒振动 440 次，这个声音是乐器定音的标准。

2）音量

音量就是声音的强弱，音量由声波的振幅决定。例如，轻轻拨动吉他的琴弦，琴弦的振动幅度很小，发出的声音也很小；如果用力拨动琴弦，琴弦的振动幅度就会很大，发出的声音也就越大。在振动中，振动的物理量偏离中心的最大值称为"振幅"。

声波的振幅越大，声音越响。声波的幅度能量按高于或低于正常大气压来度量，这个变化部分的压强就称为"声压"，单位为 Pa(帕斯卡)。为了方便计算，通常采用 dB(分贝)表示，0 dB 是声压的基准，它以人耳刚刚能听到的声音为标准(大约 3 m 外一只蚊子在飞的声音)。3 dB 内的音量变化，一般人是难以察觉的。

3) 音色

音色是人耳对某种声音的综合感受。音色与多种因素有关，但主要取决于声音的频谱特性和包络。同样是标准音 A，振动频率都是 440 Hz，但钢琴和二胡的声音相差很远，即使都是二胡，一把好的二胡与一把一般的二胡相比，音色相差也非常大。

2．声音信号的数字化

声音是一种波，人的听觉感到的声音信号是一种模拟信号。声音有两个基本参数：频率和振幅。频率是单位时间内声音信号的变化次数，以赫兹(Hz)为度量单位。声音的振幅指声音的大小和强弱程度。一般来说，频率范围越宽，声音的质量越好。人耳可听到的频率是 20 Hz～20 kHz。

计算机存储的是二进制数字，要使计算机能存储和处理声音，就必须将模拟音频数字化。每隔固定时间间隔对模拟音频信号截取一个振幅值，并用给定字长的二进制数表示，就可将连续的模拟音频信号变成离散的数字音频信号。截取模拟信号振幅值的过程称为采样(Sampling)，得到的振幅值为采样值。采样值以二进制形式表示称为量化编码(Quantization)。

音频信号数字化不仅是为了能让计算机处理，更重要的是数字化后的音频信号具有极好的保真度和极强的抗干扰能力。计算机要利用数字音频信息驱动喇叭发声，还必须通过一个设备将离散数字量变为连续的模拟量，这一过程称为数/模转换。它是由外界声音经过采样、量化和编码后得到的。

数字音频的技术指标主要有采样频率、量化位数以及声道数。这就是衡量数字声音波形质量的三个要素。

1) 采样频率

每秒钟采样的次数就是采样频率。采样频率越高，数字化音频信号的保真度越高，但同时所需要的存储量就越大。常用的采样频率有 11.025 kHz、22.05 kHz 和 44.1 kHz 三种频率。较低的采样频率会丢失泛音成分而导致声音失真。一般来说，采用 44.1 kHz 频率的声卡可以满足一般用户对音质的要求。

人耳所能听到的频率范围为 20 Hz～20 kHz，所以实际采样过程中，为了达到好的效果，就采用 44.1 kHz 作为高质量声音的采样频率。如果达不到这么高的频率，声音恢复的效果就会差一些。例如，电话话音的信号频率约为 3.4 kHz，采样频率就选为 8 kHz。

2) 量化位数

量化位数是指在采集声音时使用多少二进制位来存储数字声音信号。这个值越大，分辨率越高，录制和回放的声音就越真实。量化位数客观地反映了数字声音信号对输入声音信号描述的准确程度。目前常用的有 8 位、12 位和 16 位三种，位数越多，音质越好，但存储的数据量也越大。

3) 声道数

声道数包括单声道和双声道(立体声)两种。声卡能提供单声道或是双声道。单声道只记录和产生一个波形；双声道产生两个波形，即立体声(声音是有方向的，而且通过反射产生特殊的效果，声音到达左右两耳的相对时差和不同的方向感及不同的强度，就产生了立体声)，其占用的存储空间是单声道的两倍。立体声不仅音色与音质好，而且更能反映人们的听觉效果。但随着声道数的增加，所耗用的存储容量将成倍增长。

一般来说，要求声音的质量越高，则量化级数和采样频率也越高，为了保存这一段声音的相应文件也就越大，即要求的存储空间越大。数字化音频信号的存储量由采样频率、量化位数、声道数等因素决定，以字节为单位，其计算公式如下：

$$存储量 = 采样频率 \times 量化位数/8 \times 声道数 \times 时间$$

例如，用 44.1 kHz 的采样频率进行采样，量化位数选用 16 位，则录制 1 分钟的立体声节目，其波形文件所需的存储量为 $44\,100 \times 16/8 \times 2 \times 60 = 10\,584\,000$(字节)。

8.3.2　音频文件格式

1．WAVE 格式

WAVE 文件的扩展名为 .wav。WAV 文件格式是 Microsoft 公司开发的一种音频文件格式，用于保存 Windows 平台的音频信息资源，被 Windows 平台及其应用程序所广泛支持，是 Windows 本身存放数字声音的标准格式。由于微软的影响力，WAV 目前也成为一种通用性的数字声音文件格式，几乎所有的音频处理软件都支持它。波形文件是最基本的一种声音文件，该格式记录声音的波形，故只要采样率高、采样字节长、机器速度快，利用该格式记录的声音文件就能够和原声基本一致，质量非常高，但这样做的代价就是文件太大，不适于在网络上传播。因此，WAV 格式多用于存储简短的声音片断，使用媒体播放机可以直接播放。

2．MP3 格式

MP3 全称是 MPEG-1 Layer 3 音频文件，是目前流行的声音文件格式。由于 MP3 是经过压缩后产生的文件，因此需要一套 MP3 播放软件进行还原，目前 Windows 自带的媒体播放器、酷我音乐、酷狗等很多软件都支持这种声音文件格式。为了降低失真度，MP3 采取"感观编码技术"，以极小的声音失真转换了较高的压缩比，这使得 MP3 既能在 Internet 上自由传播，又能把它轻而易举地下载到便携式数字音频设备中，这种便携式数字音频设备基于数字信号处理器(DSP)，无需计算机支持便可实现 MP3 文件的存储、解码和播放。

3．WMA 格式

WMA 文件的扩展名为 .wma。WMA(Windows Media Audio)是微软公司针对 Real 公司开发的新一代网上流式数字音频压缩技术。这种压缩技术的特点是同时兼顾了保真度和网络传输需求，所以具有一定的先进性，是继 MP3 后最受欢迎的音乐格式，在压缩比和音质方面都超过了 MP3，在较低的采样频率下能够产生好的音质。WMA 有微软的 Windows Media Player 做强大的后盾，目前网上的许多音乐纷纷转向 WMA 格式。

4．Real Audio 格式

Real Audio 文件的扩展名为 .ra、.rm、.ram。Real Audio 是 Real Networks 公司开发的一种新型流行音频文件格式，这种格式可谓是网络的灵魂，强大的压缩量和极小的失真使其在众多格式中脱颖而出。与 MP3 相同，它也是为了解决网络传输带宽资源而设计的，因此首要目标是压缩比和容错性，其次才是音质。由于它的目标是实时的网上传播，因此在高保真方面远不如 MP3，但在只需要低保真的网络传播方面却无与伦比。播放 RA，需要使用 Real Player。

5．CD 格式

CD Audio 音乐文件的扩展名为 .cda，是唱片采用的格式，又叫"红皮书"格式，是目前音质最好的音频格式。在大多数播放软件的"打开文件类型"中，都可以看到 *.cda 格式，这就是 CD Audio 了。CD 音轨可以说是近似无损的，因此它的声音基本上是忠于原声的，如果你是一个发烧友的话，CD 就是你的首选，它会让你感受到天籁之音。它记录的是波形流，绝对的纯正、高保真。但缺点是无法编辑，文件太大。

6．MIDI 格式

MIDI 文件的扩展名为 .mid，它是乐器数字接口(Musical Instrument Digital Interface)的缩写。MIDI 是目前最成熟的音乐格式，实际上已经成为一种产业标准，其在科学性、兼容性、复杂程度等方面远远超过前面介绍的所有标准(除交响乐 CD、Unplug CD 外，其他 CD 往往都是利用 MIDI 制作出来的)，它的 General MIDI 就是最常见的通行标准。作为音乐工业的数据通信标准，MIDI 能指挥各音乐设备的运转，而且具有统一的标准格式，能够模仿原始乐器的各种演奏技巧，而且文件非常小。MIDI 的主要缺陷是无法模拟自然界中其他非乐曲类声音。

8.3.3　常用的音频播放器和音频处理软件

常用的音频播放器有 QQ 音乐、酷狗音乐、酷我音乐盒等，除此之外，还有 Windows Media Player 播放器。Windows Media Player 是微软公司出品的一款免费的播放器，是 Microsoft Windows 的一个组件，通常简称"WMP"。Windows Media Player 支持通过插件增强功能。

常用的音频处理软件有 QQ 影音、Gold Wave、Cool Edit 等。Windows 附件中的录音机程序也可以完成简单声音的录制、混合、拆分和音乐的播放。声音的混合是将两个声音文件混合成一个声音文件；声音的拆分是为了语音的同步，将一个波形音频文件分解成多个波形音频文件，把大段声音拆分成若干小段。对声音的各种操作可通过"编辑"菜单下的各命令实现。

8.4　动画基础知识

多媒体作品中使用的动画主要有两种：二维动画和三维动画。通常情况下，比较普及的二维动画设计软件是 Flash，而三维动画设计软件是 3ds Max。当然也可以使用一些小型的制作工具，如 Switsh、Cool3D 等。

8.4.1　动画的类型

动画(Animation)是多幅按一定频率连续播放的静态图像。动画利用了人眼的"视觉暂留效应"。人在看物体时，画面在人脑中大约要停留 1/24 秒，如果每秒有 24 幅或更多画面进入大脑，那么人们在来不及忘记前一幅画面时，就看到了后一副画面，从而形成了连续动态的影像，这就是动画的形成原理。动画有逐帧动画、矢量动画和变形动画几种类型。

逐帧动画是由多帧内容不同而又相互联系的画面，连续播放而形成的视觉效果，如图

8-12 所示。构成这种动画的基本单位是帧，人们在创作逐帧动画时需要将动画的每一帧描绘下来，然后将所有的帧排列并播放，工作量非常大。

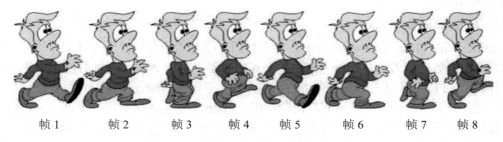

帧 1　　　帧 2　　　帧 3　　　帧 4　　　帧 5　　　帧 6　　　帧 7　　　帧 8

图 8-12　逐帧动画

矢量动画是一种纯粹的计算机动画形式。矢量动画可以对每个运动的物体分别进行设计，对每个对象的属性特征，如大小、形状、颜色等进行设置，然后由这些对象构成完整的动画画面。

变形动画是把一个物体从原来的形状改变成另一种形状，在改变过程中，把变形的参考点和颜色有序地重新排列，就形成了变形动画。这种动画的效果有时候是惊人的，如将一个奔跑的猎豹逐渐变形为一辆奔驰的汽车。变形动画适用于场景转换、特技处理等影视动画制作。

8.4.2　动画文件格式

1. SWF 格式

SWF 文件是由 Macromedia 公司于 1999 年 6 月推出的 Flash 软件生成的。SWF 文件格式基于矢量图形的交互式多媒体技术，有较强的人机交互功能。SWF 文件采用先进的流式播放技术，即用户可以边下载边观看，完全适应了当前网络的带宽问题，使用户在网上观看动画时再也不用等。SWF 文件也可以在 Flash 独有的 Action Script 脚本中加入等待时间，使动画在下载完毕后再观看，从而使动画效果更加流畅。该格式文件由于体积小、功能强、交互能力好、支持多个层和时间线程等特点，越来越多地应用到网络动画中。SWF 文件是 Flash 的其中一种发布格式，已广泛用于 Internet 上，客户端浏览器只要安装了 Shockwave 插件即可播放。

2. MMM 格式

MMM 文件是微软多媒体电影(动画片)的文件格式。MMM 的动画被称为多媒体影片文件(Multimedia Movie Files)，是用 Macromedia 公司的多媒体制作软件 Director 生成的，一般都集成在完整的应用程序中，单独出现的文件比较少见。专门用于播放 MMM 动画的程序较少。

8.4.3　常用的动画制作软件

随着对多媒体技术的广泛使用，使用计算机来制作动画变得越来越普遍，图形、图像制作、编辑软件的介入极大地方便了动画的绘制，降低了成本消耗，减少了制作环节，提高了制作效率。对于二维动画，创作时可以使用 Adobe ImageReady、Gif Animator、Flash 等；对于三维动画，制作时可以使用 3ds Max、Maya、Softimage 等软件。下面介绍几种常用的动画制作软件。

1．Macromedia Flash

Macromedia Flash 是 Macromedia 公司出品的一款功能强大的二维动画制作软件，有很强的矢量图形处理能力，它提供了遮罩、交互的功能，支持 Alpha 遮罩的使用，并能对音频进行编辑。Flash 采用了时间线和帧的制作方式，不仅在动画方面有强大的功能，在网页制作、媒体教学、游戏等领域也有广泛的应用。Flash 是交互式矢量图和 Web 动画的标准。网页设计者使用 Flash 能创建漂亮的、可改变尺寸的以及极其紧密的导航界面。对于专业的动画设计者或是业余动画爱好者，Flash 都是一个很好的动画设计软件。

2．3ds MAX

3D Studio Max，常简称为 3ds Max，是 Autodesk 出品的一款三维动画制作软件，功能很强大，可用作影视广告、室内外设计等领域。它的光线、色彩渲染都很出色，造型丰富细腻，跟其他软件相配合可产生很专业的三维动画制作效果。

完成一幅三维动画，最基本的工作流程为建模、渲染和动画。

(1) 建模。建模是指使用计算机软件创建物体的三维形体框架。目前，使用最广泛和最简单的建模方式是多边形建模方式。这种建模方式是利用三角形或四边形的拼接，形成一个立体模型的框架。三维动画设计软件提供了很多种预制的二维图形和简单的三维几何体，加上三维动画软件强大的修改功能，就可以选择不同的基本形体进行组合，从而完成更为复杂的造型。但是，在创建复杂模型时，有太多的点和面要进行计算，所以处理速度会变慢。

(2) 渲染。在三维动画中，物体的光照处理、色彩处理和纹理处理过程称为"渲染"。将不同的材质覆盖在三维模型上，就可以表现物体的真实感。影响物体材质的因素有两个方面：一是物体本身的颜色和质地；二是环境因素，包括灯光和周围的场景。

(3) 动画。动画是三维创作中最难的部分。如果说在建模时需要立体思维，在渲染时需要美术修养，那么在动画设计时，不但需要熟练的技术，还要有导演的能力。

3．Maya

Maya 是 Alias/Wavefront 公司出品的三维动画制作软件，对计算机的硬件配置要求比较高，所以一般都在专业工作站上使用，随着个人计算机性能的提高，使用者也逐渐多了起来。Maya 软件主要分为 Animation(动画)、Modeling(建模)、Rendering(渲染)、Dynamics(动力学)、Live(对位模块)、Cloth(衣服)六个模块，有很强大的动画制作能力，很多高级、复杂的动画制作都用 Maya 来完成，许多影视作品中都能看到用 Maya 制作的绚丽的视觉效果。

4．Gif Animator

Gif Animator 是一款专门用作平面动画制作的软件，其操作、使用都十分简单，比较适合非专业人士使用。这款软件提供"精灵向导"，使用者可以根据向导的提示一步一步地完成动画的制作。同时，它还提供了众多帧之间的转场效果，实现画面间的特色过渡。

这款软件的主要输出类型是 Gif，因此主要用作一些简单的标头动画的制作。

8.4.4　Flash 动画制作软件

1．Flash CS6 工作界面

Adobe 公司出品的 Flash CS6 是一款用于矢量图形创作和矢量动画制作的专业软件，主要应用在网页设计和多媒体动画制作中。Flash CS6 动画分为逐帧动画和区间动画两种。逐帧动画要求用户为每一帧创建一个独立的画面，而区间动画只要求用户创建动画的开始帧和结束帧，Flash CS6 可以自动生成这两个帧之间的所有帧。

Flash CS6 的工作界面主要包括菜单栏、时间轴、工具箱、面板、舞台等，如图 8-13 所示。

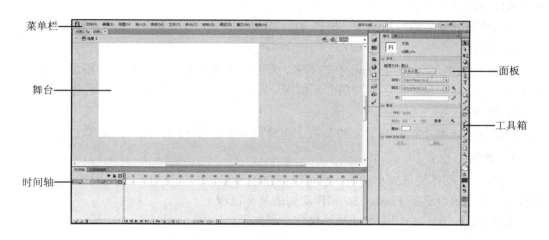

图 8-13　Flash CS6 的工作界面

2．Flash CS6 动画制作的基本概念

1）舞台

舞台是指 Flash CS6 制作动画的窗口，其大小是输出动画窗口的大小，可以由动画设计人员设置大小。在动画设计中，对象可以从舞台外走向舞台中进行动画表演，舞台外的动画观众无法看到。

2）场景

Flash CS6 提供了多场景动画的制作功能。场景是动画中的一个片段，整个动画可以由一个场景组成，也可以由多个场景组成。

3）帧

帧是动画中的一幅图像。帧具有两个要素：一是帧的长度，即从起始帧到结束帧的时间；二是帧在时间轴中的位置，不同的位置会产生不同的动画效果。帧的长度和在时间轴中的位置由动画设计人员制定。

4）关键帧

在 Flash CS6 中，只要设置了动画的开始帧和结束帧，中间帧的动画效果可以由计算机自动生成。设定的开始帧和结束帧称为"关键帧"，中间帧称为"补间动画"。例如，制作一个球体的动画时，只需要制定球体的起始帧和结束帧在舞台中的位置，以及球体的运

动路径，Flash CS6 可以生成中间的所有补间动画。

5) 元件

在 Flash CS6 中，大量的动画效果是依靠一些小物件、小动画组成的，这些小物件和小动画在 Flash CS6 中可以进行独立的编辑和重复使用，这些小物件和动画被称为"元件"。元件分为 3 种类型：图形元件、按钮元件和影片剪辑元件。

图形元件可以是单帧的矢量图、图像、声音或动画，它可以实现移动、缩放等动画效果，但在场景中要受到当前场景中帧序列的限制。

按钮元件的作用是在交互过程中激发某一事件。按钮元件可以设置四帧动画，表示在不同操作下的 4 种状态：一般、鼠标经过、鼠标按下和反应区。

影片剪辑元件与图形元件有一些共同点，但影片剪辑元件不受当前场景中帧序列的影响。

6) 图层

Flash 中的图层与 Photoshop 中差不多。为了动画设计的需要，Flash 还添加了遮罩层和动画引导层。遮罩层决定了动画的显示情况，动画引导层用于设置动画的运动路径。

7) 时间轴

时间轴表示整个动画与时间的关系。在时间轴上包含了层、帧和动画等元素。

3. 案例

Flash 可以制作简单的小动画，也可以制作较为复杂或专业的动画。下面，通过一个简单的动画小案例，了解 Flash CS6 制作动画的基本过程。

【例 8-2】 制作小球弹跳动画。操作步骤如下：

(1) 打开 Flash CS6，新建一个项目，命名为"小球弹跳.fla"。

(2) 单击图层 1 的第 1 帧，选择"椭圆工具"，在属性面板设置填充颜色，在舞台上绘制一个圆。

(3) 在第 25 帧、第 50 帧上右击，选择"插入关键帧"，如图 8-14 所示。

(4) 单击第 25 帧，将小球垂直向下方移动到合适位置(可使用键盘上的向下箭头移动小球)，并修改小球的颜色和大小，如图 8-15 所示。

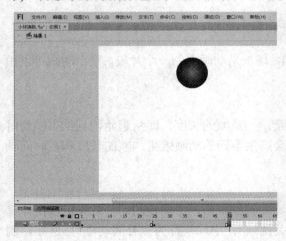

图 8-14 插入关键帧

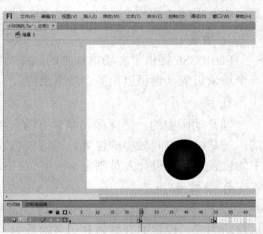

图 8-15 修改 25 帧处对象的颜色和大小

(5) 将鼠标放在 1～25 帧中间任意一帧的位置，右键单击，在弹出的快捷菜单中选择"创建补间形状"；在 25～50 帧中间任意一帧的位置，右键单击，选择"创建补间形状"，如图 8-16 所示。

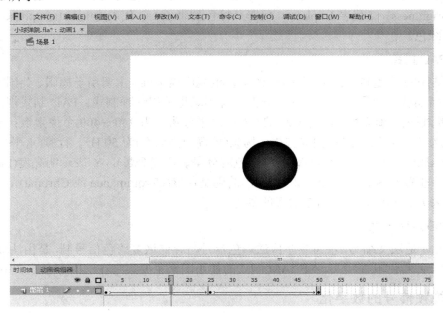

图 8-16　创建补间形状

(6) 小球弹跳动画制作完成，按 Ctrl + Enter 键测试动画效果。

(7) 保存动画。

8.5　视频基础知识

视频在多媒体作品中是不可缺少的信息载体，是其他信息元素所无法替代的。本节主要介绍视频的基础知识和压缩技术等。

8.5.1　视频的基本概念

视频(Video)泛指将一系列静态影像以电信号的方式加以捕捉、记录、处理、存储、传送与重现的各种技术。连续的图像变化每秒超过 24 帧画面以上时，根据视觉暂留原理，人眼无法辨别单幅的静态画面，看上去是平滑连续的视觉效果，这样连续的画面叫做视频。

国际上现行的视频标准有三种：NTSC 制式(National Television System Committee)、PAL 制式(Phase Alteration Line)和 SECAM 制式。

1．NTSC 制式

NTSC 制式是 1952 年由美国国家电视系统委员会制定的彩色电视广播标准，美国、加拿大等大部分西半球国家，中国台湾、日本、韩国、菲律宾等均采用这种制式。NTSC 制式的主要特性是：每秒显示 30 帧画面；每帧画面水平扫描线为 525 条；一帧画面分成两场，每场 262.5 线；电视画面的长宽比为 4∶3，电影为 3∶2，高清晰度电视为 16∶9，采用隔行扫描方式，场频(垂直扫描频率)为 60 Hz，行频(水平扫描频率)为 15.75 kHz，信号类型为 YIQ(亮度、色度分量、色度分量)。Y 是提供黑白电视及彩色电视的亮度信号(Luminance)，即亮度(Brightness)，I 代表 In-phase，色彩从橙色到青色，Q 代表 Quadrature-phase，色彩从紫色到黄绿色。

2．PAL 制式

PAL 制式是由德国在 1962 年制定的彩色电视广播标准，主要用于德国、英国等一些西欧国家，新加坡、中国、澳大利亚、新西兰等国家也采用这种制式。PAL 制式规定：每秒显示 25 帧画面；每帧水平扫描线为 625 条；水平分辨率为 240～400 个像素点；电视画面的长宽比为 4∶3；采用隔行扫描方式，场频(垂直扫描频率)为 50 Hz，行频(水平扫描频率)为 15.625 kHz，信号类型为 YUV(亮度、色度分量、色度分量)。Y 表示明亮度(Luminance 或 Luma)，也就是灰阶值；而 U 和 V 表示的则是色度(Chrominance 或 Chroma)，作用是描述影像色彩及饱和度，用于指定像素的颜色。

3．SECAM 制式

SECAM 是法文缩写，意为顺序传送彩色信号与存储恢复彩色信号制，是由法国在 1966 年制定的一种彩色电视制式。SECAM 制式的使用国家主要集中在法国、东欧和中东一带。

8.5.2　视频信号的数字化

视频信号的数字化过程与音频信号的数字化过程一样，也是将模拟信号经过采集、量化、编码，使模拟信号转换成为数字视频信号存储到存储器，在存储和播放时，对数字信号进行压缩和解压缩。

视频信号的采集过程一般需要借助于视频采集设备，如摄像机、录像机以及视频采集卡来完成对模拟信号的数字化。视频采集卡的采样方式可以是连续多帧的采样，也可以是单帧的采样。

模拟视频信号的数字化一般采用以下方法。

1．复合数字化

复合数字化方式是先用一个高速的模/数转换器对模拟视频信号进行数字化，然后在数字域中分离出亮度和色度信号，以获得 YUV(PAL 制)分量或 YIQ(NTSC 制)分量，最后再将它们转换成计算机能够接受的 RGB 色彩分量。

2．分量数字化

分量数字化方式是先把模拟视频信号中的亮度和色度分离，得到 YUV 或 YIQ 分量，然后用 3 个模/数转换器对 YUV 或 YIQ 的 3 个分量分别进行数字化，最后再转换成 RGB 色彩分量。

将模拟视频信号数字化并转换为计算机图形信号的多媒体接口卡称为"视频捕捉卡"。

8.5.3　视频文件格式

若干有联系的图像连续播放形成视频。计算机上的视频是数字的。数字视频文件较动画文件要复杂些，它多与数字视频标准有关。一般数字视频文件都经过标准的压缩，只是压缩的方式有所不同。

1. AVI 格式

AVI 文件的扩展名为 .avi。AVI 是 Audio Video Interleaved(音频视频交互)的缩写，是微软公司采用的音频视频交错格式，是一种桌面系统上的低成本、低分辨率的视频格式。该格式的文件是一种不需要专门的硬件支持就能实现音频与视频压缩处理、播放和存储的文件。AVI 格式文件可以把视频信号和音频信号同时保存在文件中，在播放时，音波和视频同步播放。AVI 可在 160×120 的视窗中以 15 帧/秒的速度回放视频，并可带有 8 位的声音，也可以在 VGA 或超级 VGA 监视器上回放。AVI 视频文件使用非常方便。例如，在 Windows 环境中，利用"媒体播放机"能够轻松地播放 AVI 视频图像；也可以利用 Office 系列中的 PowerPoint 软件，调入和播放 AVI 文件；在网页中也能很容易地加入 AVI 文件；还可以利用高级程序设计语言定义、调用和播放 AVI 文件。

2. MPEG 格式

MPEG 文件扩展名为 .mpeg、.mpg、.dat。MPEG 文件格式是运动图像压缩算法的国际标准。MPEG 标准包括 MPEG 视频、MPEG 音频和 MPEG 系统(视频、音频同步)三个部分。MPEG 视频是标准的核心，是最新数字视频标准文件，在播放时需要解压软件支持。前面介绍的 MP3 音频文件就是 MPEG 音频的一个典型应用。MPEG 压缩标准是针对运动图像而设计的，其基本方法是：在单位时间内采集并保存第一帧信息，然后只存储其余帧相对第一帧发生变化的部分，达到压缩的目的。它主要采用两个基本压缩技术：运动补偿技术，实现时间上的压缩；变换域压缩技术，实现空间上的压缩。MPEG 的平均压缩比为 50∶1，最高可达 200∶1，压缩效率非常高，同时图像和音响的质量非常好。

MPEG 的制定者原打算开发 MPEG1～MPEG4 四个版本，以适用于不同带宽和数字影像质量的要求。后由于 MPEG-3 被放弃，所以现存的只有三个版本，即 MPEG-1、MPEG-2、MPEG-4。

VCD 使用 MPEG-1 标准制作，而 DVD 则使用 MPEG-2 标准制作。MPEG-4 标准主要应用于视频电话、视频电子邮件和电子新闻等，由于其压缩比例更高，因此对网络的传输速率要求相对较低。

3. MOV 格式

MOV 文件扩展名为 .mov。MOV 是 Movie Digital Video Technology 的缩写，该文件格式是 Apple 公司推出的视频格式，相应的视频软件是 Apple's QuickTime for Macintosh。该软件的功能与 VFM 类似，只不过用于 Macintosh 机。同时 Apple 公司也推出了适用于 PC 的视频应用软件 Apple's QuickTime for Windows，因此在 PC 上也可以播放 MOV 视频文件。几乎所有的操作系统都支持 QuickTime 的 MOV 格式，现在它已经是数字媒体事实上的工业标准，多用于专业领域。

4. WMV 格式

WMV(Windows Movie Video)是微软推出的一种采用独立编码方式并且可以直接在网上实时观看视频节目的文件压缩格式，是目前应用最广泛的流媒体视频格式之一。WMV

格式的主要优点包括：本地或网络回放、可扩充的媒体类型、多语言支持、环境独立性以及扩展性等。

5．RM 格式

RM 文件扩展名为 .rm。RM 是 Real Media 的缩写，它是 RealNetworks 公司开发的视频文件格式，也是出现最早的视频格式。它可以是一个离散的单个文件，也可以是一个视频流。它在压缩方面做得非常出色，生成的文件非常小。它已成为网上直播的通用格式，并且这种技术已相当成熟。

8.5.4　常用的视频播放器和视频处理软件

常用的视频播放器有暴风影音、QQ 影音、百度影音、腾讯视频等，当然还有 Windows Media Player 播放器。

常用的业余视频处理软件有 Ulead Video Studio(会声会影)、Windows Movie Maker 等。而专业的视频制作和处理软件主要有 Adobe Premiere 和 Adobe After Effects 等。

会声会影是友立出品的一款功能非常强大的视频编辑软件，最新版的会声会影提供了专业视频编辑所需要的一切，包含从摄影设备提取视频到对视频进行剪辑、加入专业的字幕、制作多样化视频特效，以及进行视频光盘刻录的全方位的视频编辑流程，再加上内置的专业视频模板和声音大师的强劲音效，使制作出的视频绽放异彩，令人惊艳叫绝。

Movie Maker 是 Windows 系统自带的视频制作工具，简单易学。通过简单的拖放操作，精心的筛选画面，然后添加一些效果、音乐和旁白，视频作品就初具规模了。

Adobe 公司推出的基于非线性编辑设备的视音频编辑软件 Premiere 已经在影视制作领域取得了巨大的成功。现在被广泛应用于电视台、广告制作、电影剪辑等领域，成为 PC 和 MAC 平台上应用最为广泛的视频编辑软件。After Effects 是 Premiere 的自然延伸，主要用于将静止的图像推向视频和声音综合编辑的新境界。它集创建、编辑、模拟、合成动画、视频于一体，综合了影像、声音、视频的文件格式。

8.6　数据压缩技术

多媒体技术中普遍地使用了数字化技术，各种媒体信息(特别是图像和动态视频)的数据量非常大。为了存储、处理和传输这些数据，解决办法之一就是进行数据压缩，压缩后再进行存储和传输，到需要时再解压、还原。相比之下，语音的数据量较小，且基本压缩方法已经成熟，目前的数据压缩研究主要集中在图像和视频信号的压缩方面。

8.6.1　数据压缩的基本概念

数据压缩是指在一定的精度损失条件下，以最少的数码表示信源所发出的信号。其作用是：能较快地传输各种信号，如传真、Modem 通信等；使现有的通信干线并行开通更多的多媒体业务，如各种增值业务；紧缩数据存储容量，如 CD-ROM、VCD 和 DVD 等；降低发射机功率，这对于多媒体移动通信系统尤为重要。由此看来，通信时间、传输带宽、存储空间甚至发射能量，都可能成为数据压缩的对象。

8.6.2　数据为什么能被压缩

首先，数据中间常存在一些多余成分，即冗余度。如在一份计算机文件中，某些符号会重复出现、某些符号比其他符号出现得更频繁、某些字符总是在各数据块中可预见的位置上出现等，这些冗余部分便可在数据编码中除去或减少。冗余度压缩是一个可逆过程，因此叫做无失真压缩，或称保持型编码。

其次，数据中间尤其是相邻的数据之间，常存在着相关性。如图片中常常有色彩均匀的背景，电视信号的相邻两帧之间可能只有少量的变化影物是不同的，声音信号有时具有一定的规律性和周期性等。因此，有可能利用某些变换来尽可能地去掉这些相关性。但这种变换有时会带来不可恢复的损失和误差，因此叫做不可逆压缩，或称有失真编码、熵压缩等。

此外，人们在欣赏音像节目时，由于耳、目对信号的时间变化和幅度变化的感受能力都有一定的极限，如人眼对影视节目有视觉暂留效应，人眼或人耳对低于某一极限的幅度变化已无法感知等，故可将信号中这部分感觉不出的分量压缩掉或"掩蔽掉"。这种压缩方法同样是一种不可逆压缩。

对于数据压缩技术而言，最基本的要求就是要尽量降低数字化的再码率，同时仍保持一定的信号质量。不难想象，数据压缩的方法应该是很多的，但本质上不外乎上述完全可逆的冗余度压缩和实际上不可逆的熵压缩两类。冗余度压缩常用于磁盘文件、数据通信和气象卫星云图等不允许在压缩过程中有丝毫损失的场合中，但它的压缩比通常只有几倍，远远不能满足数字视听应用的要求。

在实际的数字视听设备中，差不多都采用压缩比更高但实际有损的熵压缩技术。只要作为最终用户的人觉察不出或能够容忍这些失真，就允许对数字音像信号进一步压缩以换取更高的编码效率。熵压缩主要有特征抽取和量化两种方法，指纹的模式识别是前者的典型例子，后者则是一种更通用的熵压缩技术。

8.6.3　数据压缩技术

数据的压缩处理一般是由两个过程组成的：一是编码过程，就是将原始数据经过编码进行压缩，以便于存储与传送；二是解码过程，就是对编码的数据进行解码，还原为可以使用的数据。数据压缩的方法种类繁多，根据多媒体数据冗余类型的不同，相应地有不同的压缩方法。根据压缩编码后数据与原始数据是否完全一致进行分类，压缩方法可以分为无损压缩和有损压缩两大类。

1．无损压缩

无损压缩，也称为冗余压缩或无失真压缩。无损压缩常用于原始数据的存档，如文本数据、程序以及珍贵的图片和图像等。无损压缩利用数据的统计冗余进行压缩，可完全恢复原始数据而不引入任何失真，但压缩率受到数据统计冗余度的理论限制，一般为 2∶1 到 5∶1。冗余压缩是可逆的，它能保证百分之百地恢复原始数据。这类方法广泛用于文本数据、程序和特殊应用场合的图像数据(如指纹图像、医学图像等)的压缩。常用的压缩编码方法有 LZW 编码、行程编码、霍夫曼(Huffman)编码等。由于压缩比的限制，仅使用无损压缩方法不可能解决图像和数字视频的存储和传输问题。

2．有损压缩

有损压缩，也称为有失真压缩或熵压缩法。这种压缩利用人类视觉和听觉器官对图像或声音中的某些频率成分不敏感的特性，允许压缩过程中损失一定的信息。这种压缩方法是不可逆的。虽然不能完全恢复原始数据，但是所损失的部分对理解原始图像的影响较小，却换来了大得多的压缩比。有损压缩广泛应用于图像、声音、动态视频等数据的压缩，对动态视频的压缩比可达到 50∶1～200∶1。当然，对多媒体数据进行有损压缩后，就涉及压缩质量的问题，一般的要求是压缩后的内容不应该影响人们对信息的理解。在多媒体技术中常用的压缩方法有 PCM(脉冲编码调制)、预测编码、变换编码(主成分变换或 K-L 变换、离散余弦变换 MT 等)、插值和外推法(空域亚采样、时域亚采样、自适应)、统计编码(Huffman 编码、算术编码、Shannon-Fano 编码、行程编码等)、矢量量化和子带编码等。混合编码是近年来广泛采用的方法。新一代的数据压缩方法，如基于模型的压缩方法、分形压缩和小波变换方法等也已经接近实用化水平。

数据压缩研究中应注意的问题是：首先，编码方法必须能用计算机或 VLSI 硬件电路高速实现；其次，数据压缩要符合当前的国际标准。

8.6.4　数据压缩的国际标准

数据压缩技术经过多年的发展，已经进入了非常成熟的实用阶段。衡量压缩技术的好坏有三个重要指标：一是压缩比要大；二是压缩和解压缩的速度要快，实时性好；三是解压缩效果好，即图像的质量或音质失真小。

1．JPEG——静止图像压缩标准

国际标准化组织(ISO)和国际电报电话咨询委员会(CCITT)联合成立的专家组 JPEG 经过五年艰苦细致的工作后，于 1991 年 3 月提出了 ISO CDIO918 号建议草案：多灰度静止图像的数字压缩编码(通常简称为 JPEG 标准)。这是一个适用于彩色和单色多灰度或连续色调静止数字图像的压缩标准。它广泛应用于多媒体 CD-ROM、彩色图像传真、图文档案管理等方面。JPEG 对于单色和彩色图像的压缩比一般分别为 10∶1 和 15∶1。

JPEG 标准支持很高的图像分辨率和量化精度。它制定了无损和有损压缩两种编码方法。它包括基于 DPCM(差分脉冲编码调制)的无损压缩算法和基于 DCT(离散余弦变换)的有损压缩算法两个部分。前者不会产生失真，但压缩比很小；后一种算法进行图像压缩时信息虽有损失但压缩比可以很大，例如压缩 20 倍左右时，人眼基本上看不出失真。

JPEG 标准实际上有三个范畴：

(1) 基本顺序过程(Baseline Sequential processes)，实现有损图像压缩，重建图像质量达到人眼难以观察出来的要求。采用的是 8×8 像素自适应 DCT 算法、量化及 Huffman 型的墒编码器。

(2) 基于 DCT 的扩展过程(Extended DCT Based Process)，使用累进工作方式，采用自适应算术编码过程。

(3) 无失真过程(Lossless Process)，采用预测编码及 Huffman 编码(或算术编码)，可保证重建图像数据与原始图像数据完全相同。

其中的基本顺序过程是 JPEG 最基本的压缩过程，符合 JPEG 标准的软硬件编码/解码

器都必须支持和实现这个过程。另两个过程是可选扩展，对一些特定的应用项目有很大的实用价值。

2. MPEG——运动图像压缩编码

视频压缩的一个重要标准是运动图像专家小组(Moving Pictures Experts Group，MPEG)，是 1990 年形成的一个标准草案(简称 MPEG 标准)。它适用于视频和音频信号的压缩。它兼顾了 JPEG 标准和 CCITT 专家组的 H.261 标准。MPEG 标准有三个组成部分：MPEG 视频(Video)、MPEG 音频(Audio)、MPEG 系统(System)。MPEG 视频是 MPEG 标准的核心，MPEG 系统对视频与音频联合考虑，产生一个视频和音频同步实时的形式。目前 MPEG 标准主要有 MPEG-1、MPEG-2、MPEG-4、MPEG-7 及 MPEG-21 等。

MPEG 算法除了对单幅图像进行编码外(帧内编码)，还利用图像序列的相关特性去除帧间图像冗余，大大提高了视频图像的压缩比，压缩比可达到 60～100 倍。

MPEG 视频压缩技术是针对运动图像的数据压缩技术。为了提高压缩比，帧内图像数据和帧间图像数据压缩技术必须同时使用。MPEG 通过帧运动补偿有效地压缩了数据的比特数，它采用了三种图像：帧内图、预测图和双向预测图，有效地减少了冗余信息。对于 MPEG 来说，帧间数据压缩、运动补偿和双向预测，是和 JPEG 主要不同的地方。而 JPEG 和 MPEG 相同的地方是均采用了 DCT 帧内图像数据压缩编码。另外，MPEG 中视频信号包含有静止画面(帧内图)和运动信息(帧间预测图)等不同的内容，量化器的设计比 JPEG 压缩算法中量化器的设计考虑的因素要多。

1) MPEG-1 压缩标准

MPEG-1 标准的目标是以约 1～1.5 Mb/s 的速率传输电视质量的视频信号，亮度信号的分辨率为 360×240，色度信号的分辨率为 180×120，每秒 30 帧。MPEG-1 标准包括 MPEG 系统、MPEG 视频、MPEG 音频和测试验证四大部分内容。因此，MPEG 涉及的问题是视频压缩、音频压缩以及多种压缩数据流的复合和同步问题。

MPEG-1 标准于 1992 年通过，通常称为 MPEG 标准。VCD 节目的制作就是根据 MPEG-1 标准进行的。

2) MPEG-2 压缩标准

1993 年 11 月，ISO 正式通过了 MPEG-2 标准。MPEG-2 标准包括 MPEG 系统、MPEG 视频、MPEG 音频和一致性四大部分内容，是运动图像及其伴音的通用编码国际标准。

MPEG-2 视频体系的视频分量的位速率范围大约为 2～15 MB/s。MPEG-2 视频体系要求保证与 MPEG-1 视频体系向下兼容，并且同时应力求满足数字存储媒体、可视电话、数字电视、高清晰电视、通信网络等领域的应用。MPEG-2 视频体系的分辨率有低(352×288)、中(720×480)、次高(1440×1080)、高(1920×1080)等不同档次，压缩编码方法也从简单到复杂有不同等级。

DVD 节目的制作就是根据 MPEG-2 标准进行的。

3) MPEG-4 压缩标准

MPEG-4 标准于 1998 年公布，是为了播放流式媒体的高质量视频而专门设计的。它利用很窄的带宽，采用全新的压缩理念，通过帧重建技术，压缩和传输数据，以求使用最少的数据获得最佳的图像质量，并将其作为网络传送之用。

较之前两个标准而言，MPEG-4 为多媒体数据压缩提供了一个更为广阔的平台。它更多定义的是一种格式、一种架构，而不是具体的算法。它可以将各种各样的多媒体技术充分利用进来，包括压缩本身的一些工具、算法，也包括图像合成、语音合成等技术。

MPEG-4 涉及的应用范围包括有线通信、无线通信、移动通信和因特网等领域。MPEG-4 是以内容为中心的描述方法，对信息元的描述更加符合人的心理，不仅可以获得比原有标准更为优越的性能，还提供了各种新的功能。它具有高速压缩、基于内容交互和基于内容分级扩张等特点，并且具有基于内容方式表示的视频数据，在信息描述中首次采用了对象的概念。

4) MPEG-7 标准

随着各种各样的多媒体信息的出现和网络信息的爆炸性增长，查询和获取用户感兴趣信息的难度越来越大。传统的基于关键字或者文件名的检索方法显然不再适合于数据量巨大的声像数据，因此引起了基于内容检索的研究热潮。实现基于内容检索的一个关键步骤就是定义一种描述声像信息内容的格式，而此格式又是同信息的存储编码息息相关的。因此，ISO 的 MPEG 专家组开始制定多媒体内容描述接口的方案，也就是 MPEG-7。

MPEG-7 于 2001 年 12 月制定成国际标准草案。MPEG-7 是"多媒体内容描述接口"(Multimedia content description interface)标准。它定义了一个描述符标准集和与之相应的描述方案、描述定义语言(Description Definition Language，DDL)以及描述的编码方法，从而为实现基于内容和语义的检索提供了规范化的接口。准确来说，MPEG-7 并不是一种压缩编码方法，其目标就是产生一种描述多媒体信息的标准，将该描述与所描述的内容相联系，以实现快速有效的检索。只有首先解决了多媒体信息的规范化描述后，才能更好地实现信息定位。该标准不包括对描述特征的自动提取。

MPEG-7 标准可以独立于其他 MPEG 标准使用，其适用范围广泛，既可以应用于存储，也可以用于流式应用，还可以在实时或非实时的环境下应用。MPEG-7 的应用领域包括数字图书馆、多媒体目录服务、广播媒体的选择、多媒体编辑等。此外，其潜在的应用领域包括教育、娱乐、新闻、旅游、医疗、购物、地理信息系统等。

5) MPEG-21 标准

MPEG-21 标准是多媒体框架和综合应用方面的框架。MPEG 在 1999 年 10 月的 MPEG 会议上提出了"多媒体框架"的概念，同年 12 月的 MPEG 会议确定了 MPEG-21 的正式名称是"多媒体框架"或"数字视听框架"，它以将标准集成起来支持协调的技术，管理多媒体商务为目标，目的就是理解将不同的技术和标准结合在一起需要什么新的标准以及完成哪些标准的结合工作。

3. H.26X——视频编码标准

该标准是由国际电报电话咨询委员会(Consultative Committee for International Telegraph and Telephone，CCITT，从 1993 年 3 月 1 日起，改组为 ITU)制定的标准，包括 H.261、H.263、H.264，简称为 H.26X，主要应用于实时视频通信领域。

图像压缩技术、视频技术与网络技术相结合的应用前景十分可观，如远程图像传输系统、动态视频传输——可视电话、电视会议系统等已经开始商品化。MPEG 标准与视频技术相结合的产物——家用数字视盘机和 VideoCD 系统等早已进入市场。这些技术和产品的发展对 21 世纪社会的进步将产生重大影响。

第9章 软件技术基础和数据组织

在现代社会中，各个行业都有计算机软件的应用，这些应用促进了经济和社会的发展，也提高了工作效率和生活质量。软件工程是一门研究用工程化方法构建和维护有效的、实用的和高质量软件的学科，它涉及程序设计语言、数据库、数据结构等方面的内容。程序是用程序设计语言编写的指令序列，数据结构是计算机存储、组织数据的方式，数据库是按照数据结构来组织、存储和管理数据的仓库。

9.1 程序设计基础

程序设计是使用计算机给出解决特定问题的过程。使用计算机解决问题，先要根据给定的问题，给出解决问题的实现步骤，即算法，然后选用某种程序设计语言进行描述，编写好计算机程序，将程序交给计算机去执行。

9.1.1 算法

1．算法的概念

算法在中国古代文献中称为"术"，最早出现在《周髀算经》和《九章算术》中。特别是《九章算术》，其中给出了四则运算、最大公约数、最小公倍数、开平方根、开立方根、线性方程组求解的算法等。三国时著名的数学家刘徽用"割圆术"计算出圆周率。经典的算法还有很多，如：贪心算法、分治策略、动态规划、快速排序、快速傅立叶变换、二分查找、分支界限法等。

算法(Algorithm)是指解决特定问题的准确而完整的描述。一个算法应该具有以下几个基本特征：

(1) 有穷性(Finiteness)。一个算法必须在有限个步骤、有限的时间内结束。

(2) 确定性(Definiteness)。算法的每一个步骤都必须有明确定义，不能有二义性。

(3) 可行性(Effectiveness)。算法的每一个步骤都可以执行。

(4) 输入(Input)。一个算法有 0 个或 1 个或多个输入，0 个输入是指算法本身已经给出了初始条件。

(5) 输出(Output)。一个算法必须有一个或多个输出。

2．算法的描述

算法的描述就是用文字或图形把算法表示出来。常用的表示方法有：自然语言、流程图、N-S 图和伪代码等。

(1) 自然语言(Natural Language)。自然语言就是人们日常生活中所使用的语言,可以是汉语、英语或其他语言。

【例 9-1】 有黑和蓝两个墨水瓶,但却错把黑墨水装在了蓝墨水瓶里,而蓝墨水错装在了黑墨水瓶里,要求将其互换。

算法分析:因为两个瓶子的墨水不能直接交换,所以,解决这一问题的关键是需要借助第三个墨水瓶。假设第三个墨水瓶为红色,用自然语言可将算法表示如下:

① 将蓝墨水瓶里的黑墨水倒入红墨水瓶中。

② 将黑墨水瓶里的蓝墨水倒入蓝墨水瓶中。

③ 将红墨水瓶里的黑墨水倒入黑墨水瓶中。

用自然语言表示算法清楚易懂,但要用较冗长的文字才能表达清楚要进行的操作,而且容易产生歧义,往往需要根据上下文才能正确判断出表示的含义,不太严谨。因此,除了一些简单问题外,一般不采用自然语言表示算法。

(2) 传统流程图(Flow Chart)。传统流程图就是使用特定的图形符号加上说明表示算法的图,是使用图形表示解决问题的方法、思路或算法的一种描述。

ANSI(American National Standards Institute,美国国家标准协会)规定了一些常用传统流程图符号代表各种性质不同的操作,图框中的文字和符号表示操作的内容,一般用椭圆表示“开始”与“结束”,菱形表示问题判断或判定,矩形表示处理计算,平行四边形表示数据的输入或输出,箭头表示工作流方向等。流程图的常用符号如图 9-1 所示。

图 9-1　流程图的常用符号

【例 9-2】 求任意两个数中较大的数。

算法分析:

任意输入两个数 n1 和 n2,根据两个数的比较结果,将两个数中较大的数存入 max 后输出。

用传统流程图描述算法如图 9-2 所示。

传统流程图采用简单规范的符号,画法简单;结构清晰,逻辑性强;便于描述,容易理解,但是由于允许使用流程线,过于灵活,不受约束,使用者可使流程任意转向,从而造成程序阅读和修改上的困难,不利于结构化程序的设计。

(3) N-S 图。N-S 图是取代传统流程图的一种描述方式,它是由美国学者 I.Nassi 和 B.Shneiderman 在 1973 年提出的,也被称为盒图或 CHAPIN 图。N-S 图完全去掉了流程线,算法的每一步都用一个矩形框来描述,把一个个矩形框按执行的次序连接起来就是一个完整的算法描述。

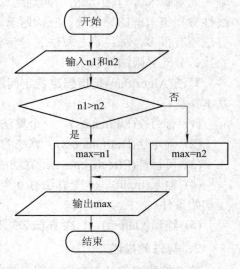

图 9-2　求任意两个数中较大的数

N-S 图以结构化程序设计(Structure Programming，SP)方法为基础，仅含有如图 9-3 所示的几种基本成分，它们分别表示 SP 方法的几种标准控制结构。

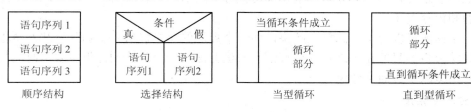

图 9-3　N-S 图的标准控制结构

　　【例 9-3】　求某班学生某门课程成绩的平均分。

算法分析：

　　假设某班有 n 名学生，首先输入这些学生的成绩 cj，求出成绩的和值 sum，然后用和值 sum 除以总人数 n 计算出平均值，最后输出平均值。

　　使用 N-S 流程图描述解决该问题的循环结构算法如图 9-4 所示。

　　N-S 图强制设计人员按 SP 方法进行思考并描述他的设计方案，因为除了表示几种标准结构的符号之外，它不再提供其他描述手段，这就有效地保证了设计的质量，从而也保证了程序的质量；N-S 图形象直观，具有良好的可读性；N-S 图简单、易学易用，可用于软件教育和其他方面；N-S 图的控制转移不能任意规定，必须遵守结构化程序设计的要求；N-S 图很容易表现嵌套关系，也可以表示模块的层次结构。但是当问题很复杂时，N-S 图可能很大，手工修改比较麻烦，这是有些人不用它的主要原因。

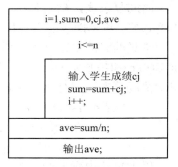

图 9-4　求 n 个数据的平均值

　　(4) 伪代码(Pseudocode)。伪代码是一种算法描述语言，介于自然语言与程序设计语言之间，用文字和符号来描述算法。伪代码借助于某些高级语言的控制结构和一些自然语言的描述，每一行或几行表示一个基本操作。用伪代码表示算法没有固定的、严格的语法规则，比程序设计语言更容易描述和理解，又比自然语言更接近程序设计语言，只要把意思表达清楚，书写格式清晰易读即可。

　　【例 9-4】　求任意三个数中最大的数。

使用伪代码描述解决该问题的算法如下：

输入三个数 a，b，c

如果 a > b

　　　　a→max

否则

　　　　b→max

如果 c > max

　　　　c→max

输出 max

3. 算法的复杂度

算法的复杂度，就是当算法在编写成可执行程序后，运行时所需要的资源，资源包括时间资源和内存资源。

同一个问题可以用不同的算法解决，而一个算法的质量优劣将影响到算法乃至程序的效率。算法分析的目的在于选择合适算法和改进算法。一个算法的评价主要从时间复杂度和空间复杂度两个方面来考虑。

1) 时间复杂度

所谓时间复杂度是指执行算法时所需要的计算工作量。算法的工作量用算法所执行的基本运算次数来度量。一般选取一个标准操作，找出随着问题规模 n 的变化，算法所执行标准操作的运算次数与其之间的函数关系 f(n)，以 f(n) 的数量级 O(f(n)) 来表示时间复杂度 T(n)。

$$T(n) = O(f(n))$$

时间复杂度，指的是在给定的问题规模 n 下，算法中语句重复执行次数的数量级。其中 f(n) 表示基本操作的重复执行次数。

常见的时间复杂度有：常数阶 O(1)、线性阶 O(n)、平方阶 $O(n^2)$、立方阶 $O(n^3)$、对数阶 O(lb n) 和指数阶 $O(2^n)$ 等。分析某算法的时间复杂度时，有时还从最好情况、最坏情况、平均情况等方面进行全面比较。例如：

```
for(i=1;i<=n;i++)
     for(j=1;j<=n;j++)
          a++;
```

以上算法中频度最大的是第 3 条语句，它的执行次数与循环变量 i 和 j 有直接关系，其基本操作重复执行次数 f(n) = n × n，所以该算法的时间复杂度为平方阶，记作 $T(n) = O(n^2)$。

2) 空间复杂度

所谓空间复杂度，是指执行算法所需要的内存空间。算法执行期间所需要的内存空间包括：算法程序所占的空间、输入的初始数据所占的存储空间，以及算法执行过程中所需要的额外空间等。

一个算法所需的存储空间用 f(n) 表示。类似于算法的时间复杂度，空间复杂度作为算法所需存储空间的度量，记作 S(n) = O(f(n))，其中 n 为问题的规模(或大小)，空间复杂度也是问题规模 n 的函数。

4. 算法设计的基本方法

算法设计的任务是为各类具体的问题设计高质量的算法，以及研究设计算法的一般规律和方法。对于一个给定的问题，需要找到行之有效的算法，以下介绍几种常见的算法设计。

1) 递归

程序调用自身的编程技巧称为递归(Recursion)。一个过程或函数在其定义或说明中有直接或间接调用自身的一种方法，它通常把一个大型复杂的问题层层转化为一个与原问题相似的规模较小的问题来求解，递归策略只需少量的程序就可描述出解题过程所需要的多次重复计算，大大减少了程序的代码量。递归的能力在于用有限的语句来定义对象的无限集合。一般来说，递归需要有边界条件、递归前进段和递归返回段。当边界条件不满足时，递归前进；当边界条件满足时，递归返回。

2) 穷举

穷举法也称为暴力破解法，是一种针对于密码的破译方法，即将密码进行逐个推算直到找出真正的密码为止。例如，一个已知是四位并且全部由数字组成的密码，其可能共有10 000 种组合，因此最多尝试 10 000 次就能找到正确的密码。理论上利用这种方法可以破解任何一种密码，问题只在于如何缩短试误时间。因此有些人运用计算机来增加效率，有些人辅以字典来缩小密码组合的范围。

3) 迭代

迭代法也称辗转法，是一种不断用变量的旧值递推新值的过程，与迭代法相对应的是直接法(或者称为一次解法)，即一次性解决问题。迭代法分为精确迭代和近似迭代两种。"二分法"和"牛顿迭代法"属于近似迭代法。迭代算法是用计算机解决问题的一种基本方法。它利用计算机运算速度快、适合做重复性操作的特点，让计算机对一组指令(或一定步骤)进行重复执行，在每次执行这组指令(或这些步骤)时，都从变量的原值推出它的一个新值。

4) 回溯

回溯法也称为试探法，该方法首先暂时放弃关于问题规模大小的限制，将问题的候选解按某种顺序逐一枚举和检验。当发现当前候选解不可能是解时，就选择下一个候选解；倘若当前候选解除了还不满足问题规模要求外，满足所有其他要求时，继续扩大当前候选解的规模，并继续试探。如果当前候选解满足包括问题规模在内的所有要求时，该候选解就是问题的一个解。在回溯法中，放弃当前候选解，寻找下一个候选解的过程称为回溯。扩大当前候选解的规模，继续试探的过程称为向前试探。

5) 查找

查找是指在一个给定的数据列表中查找出指定的数据及该数据在列表中的位置。若找到，称为查找成功；否则(找不到)，则称为查找失败。常用的查找方法有顺序查找、折半查找、索引顺序查找、树表查找和哈希查找等。这里只介绍两种基本的查找方法——顺序查找和二分法查找。

(1) 顺序查找。顺序查找是从数据列表中的第一个元素开始，依次将列表中的元素与被查找的元素进行比较，若相等则表示找到(即查找成功)；若列表中所有的元素都与被查找的元素进行了比较但不相等，则表示数据列表中没有要找的元素(即查找失败)。

在进行顺序查找过程中，如果数据列表中的第一个元素就是被查找元素，则只需做一次比较就查找成功，查找效率最高；但如果被查的元素是数据列表中的最后一个元素，或者被查元素根本不在列表中，则为了查找这个元素需要与列表中所有的元素进行比较，这是顺序查找的最坏情况。在平均情况下，利用顺序查找法在数据列表中查找一个元素，大约要与线性表中一半的元素进行比较。因此，对于长度为 n 的线性表，平均要进行 n/2 次比较，在最坏的情况下要进行 n 次比较。

顺序查找适用于无序的小列表，当数据量非常大时，用顺序查找效率太低。

(2) 折半查找(二分查找)。折半查找只适用于顺序存储的有序表，有序表是指数据列表中的元素按由小到大或由大到小有序排列。查找的基本思想是：先确定待查找记录所在的范围，然后逐步缩小范围，直到找到或确认找不到该记录为止。

设由小到大有序排列的数据列表的长度为 n，被查元素为 x，则二分查找的方法如下：

将 x 与数据列表的中间项(中间项 mid = (n−1)/2，mid 的值四舍五入取整)进行比较。

① 若中间项的值等于 x，则说明查到，查找结束；

② 若 x 小于中间项的值，则在线性表的前半部分(即中间项以前的部分)以相同的方法进行查找；

③ 若 x 大于中间项的值，则在线性表的后半部分(即中间项以后的部分)以相同的方法进行查找。

这个过程一直进行到查找成功或子表长度为 0(说明数据列表中没有这个元素)为止。

只有当有序数据列表为顺序存储时才能采用二分查找，并且，二分查找的效率要比顺序查找高得多。可以证明，对于长度为 n 的有序线性表，在最坏情况下，二分查找只需要比较 lb n 次，而顺序查找需要比较 n 次。

6) 排序

排序是将一组"无序"的数据列表调整为"有序"的数据列表。常用的排序方法有冒泡排序、选择排序、直接插入排序、折半插入排序、快速排序、希尔排序、堆排序等。这里介绍三种基本的排序方法——冒泡排序、选择排序和直接插入排序。

(1) 冒泡排序。冒泡排序是通过相邻数据元素的交换逐步将数据列表变成有序。

基本思想是：从数据列表的一端开始，逐个比较相邻的两个元素的值，如果不符合顺序要求(由小到大或由大到小)就立即交换。每一次比较都是将值大(或小)的元素后移，将值小(或大)的元素前移，每一轮比较的结果是将当前数据列表中值最大(或最小)的元素排到最后，就像在水面上的重物下沉、轻物上浮一样，故称之为"冒泡"排序。

已知一组无序数据 a[1]、a[2]、…、a[n]，需要将其按升序排列，根据冒泡排序的思想，排序过程如下：

① 首先比较 a[1] 和 a[2] 的值，若 a[1] 大于 a[2]，则交换两者的值，否则不变；

② 接着比较 a[2] 和 a[3] 的值，若 a[2] 大于 a[3]，则交换两者的值，否则不变；

③ 再比较 a[3] 和 a[4] 的值，若 a[3] 大于 a[4]，则交换两者的值，否则不变；

④ 以此类推，最后比较 a[n−1] 和 a[n] 的值。

第一轮比较结束后，a[n] 的值就是这组数据中最大的。接着对 a[1]~a[n−1] 以相同方法处理一轮，则 a[n−1] 的值就是 a[1]~a[n−1] 中最大的。再对 a[1]~a[n−2] 以相同方法处理一轮，以此类推。共处理 n−1 轮后 a[1]、a[2]、…、a[n] 就以升序排列了。

降序排列与升序排列类似，若 a[1] 小于 a[2] 则交换两者的值，否则不变，后面以此类推。

对于长度为 n 的序列，冒泡排序最多进行 n−1 趟，在某趟的两两比较过程中，如果一次交换都未发生，表明已经有序，则排序结束。

(2) 选择排序。基本思想是：扫描整个线性表，从中选出最小(或最大)的元素，将它交换到表的最前面(这是它应有的位置)；然后对剩下的子表采用同样的方法，直到子表空为止。

对于长度为 n 的序列，选择排序需要扫描 n−1 遍，每一遍扫描均从剩下的子表中选出最小(或最大)的元素，然后将该元素与子表中的第一个元素进行交换。

简单选择排序法在最坏情况下需要比较 n(n−1)/2 次。

(3) 直接插入排序。直接插入排序是最简单直观的排序方法。其基本思想是：每次将一个待排序的记录，按其关键字大小插入到前面已经排好序的序列的适当位置上，反复进行，直到全部记录插入完成为止。

9.1.2　程序设计语言

1. 程序设计语言的发展历程

从计算机问世至今，程序设计语言也经历了一个从机器语言到高级语言的发展历程。

1) 机器语言

机器语言是第一代计算机语言。机器语言与硬件有关，特定的一类计算机有着自己的机器语言。机器语言由数字 0 和 1 组成，繁琐且难以读懂，但是可以被计算机直接识别并执行，所以效率很高。

例如，完成 1＋2 的运算，需要使用 10111000 命令将加数 1(1 用二进制数表示为 00000001)保存起来，然后使用 00000100 命令完成 1＋2 的运算(2 用二进制数表示为 00000010)。机器语言的代码如下：

```
10111000
00000001
00000100
00000010
```

用计算机机器指令编写程序，要把解决问题的算法描述逐步逐条转换成机器指令，表达成机器能够识别和执行的由 0 和 1 组成的代码。每一种计算机体系结构都有自己的指令系统和寻址方式，机器语言记忆困难，与计算机硬件密切相关。机器语言是早期使用的编程语言，它的编制和操作需要计算机专业人员来完成。

2) 汇编语言

汇编语言是第二代语言。用自然语言中具有一定意义的单词或单词的缩写来代替机器指令，这就是助记码，也称为汇编语言。这些助记码是与机器指令对应的，由专门的汇编程序翻译成机器指令，汇编语言也与计算机硬件密切相关。

汇编语言不能被计算机直接执行，只能通过一个汇编程序翻译成机器语言后再执行。例如，完成 1＋2 的运算，需要使用 MOV 命令将加数 1 保存在累加器 AL 中，然后使用 ADD 命令完成 1＋2 的运算。汇编语言代码如下：

```
MOV AL, 1
ADD AL, 2
```

从机器语言到汇编语言的演变代表了改进计算机应用的基本做法和方向，即建立一些专用的"工具"，将某些由机器来完成的信息处理工作交给计算机去做，使得软件开发工作比较容易。这种语言依然是低级程序设计语言，侧重于改进语言的逻辑结构。

3) 高级语言

虽然汇编语言比机器语言容易理解，但即使实现简单的功能，它的程序代码仍然很长。在汇编语言的基础上，逐渐形成了高级语言。高级语言更加接近自然语言，所以它的代码简短，易学易用。如 C 语言、Visual Basic 语言等都属于高级语言。

例如，完成 1＋2 的运算，高级语言(使用 C)的代码如下：

x = 1 + 2

高级语言依然不能被计算机直接执行，而是要通过翻译程序将其转换为计算机可直接执行的代码。翻译程序有两种工作方式：一种是用户每输入一条语句，计算机就转换一条语句，这种方式称为解释方式；另一种是用户输入完所有语句后，对整个程序进行转换，这种方式称为编译方式。

2. 常用的程序设计语言

从 20 世纪 60 年代至今，世界上公布的程序设计语言已有上千种之多，在这些众多的程序设计语言中，只有少部分得到了比较广泛的应用，以下是几种常用的程序设计语言。

1) C 语言

C 语言既具有高级语言的特点，又具有汇编语言的特点。它由美国贝尔研究所推出，1978 年后，C 语言已先后被移植到大、中、小及微型机上，它可以作为工作系统设计语言，编写系统应用程序，也可以作为应用程序设计语言，编写不依赖计算机硬件的应用程序。它的应用范围广泛，具备很强的数据处理能力，不仅仅是在软件开发上，各类科研都需要用到 C 语言，具体应用如单片机以及嵌入式系统开发等。

2) C++ 语言

C++ 语言是在 C 语言的基础上发展而来的，但比 C 语言更容易被人们学习和掌握。C++ 语言具有数据抽象和面向对象的能力，是对 C 语言的扩充，它几乎保留了 C 语言的全部特性，并增加了对象的支持。C++ 可使 C 程序员不需要重新学习一门语言就可以开发面向对象的程序。现在比较流行的版本是 Microsoft Visual C++ 和 Borland C++ Builder。

3) Java 语言

Java 是一种可以撰写跨平台应用软件的面向对象的程序设计语言，是由 Sun Microsystems 公司于 1995 年 5 月推出的 Java 程序设计语言和 Java 平台(即 JavaSE、JavaEE、JavaME)的总称。Java 技术具有卓越的通用性、高效性、平台移植性和安全性，广泛应用于个人 PC、数据中心、游戏控制台、科学超级计算机、移动电话和互联网，同时拥有全球最大的开发者专业社群。在全球云计算和移动互联网的产业环境下，Java 更具备显著优势和广阔前景。

4) Visual Basic 语言

Visual Basic(简称 VB)是一种由微软公司开发的包含协助开发环境的事件驱动编程语言，它源自于 BASIC 编程语言。VB 拥有图形用户界面(GUI)和快速应用程序开发(RAD)系统，可以轻易地使用 DAO、RDO、ADO 连接数据库，还可以轻松地创建 ActiveX 控件。程序员可以轻松使用 VB 提供的组件快速建立一个应用程序。

5) HTML 语言

HTML(HyperText Markup Language 超文本标记语言)是一种用来描述网页文档的简单标记语言，不需要编译，直接由浏览器执行。用 HTML 编写的超文本文档称为 HTML 文档，它能独立于各种操作系统平台(如 UNIX，Windows 等)。HTML 标准由万维网联盟(Word Wide Web Consortium，W3C)负责开发和制定。HTML 自 1989 年首次应用于网页编辑后，便迅速成为网页编辑主流语言，目前发布的版本有 HTML3.2，HTML4，HTML4.01，HTML5。

9.1.3　程序设计方法

目前，程序设计有两大类方法，一种是面向过程的结构化程序设计方法，另一种是面向对象的程序设计方法。结构化程序设计方法强调程序设计风格和程序结构的规范化，提倡清晰的结构，面向对象的程序设计方法则主张从客观世界固有的事物出发来构造系统，强调建立的系统能映射问题域。

1．结构化程序设计

结构化程序设计方法引入了工程思想和结构化思想，使大型软件的开发和编程都得到了极大的改善。

1) 结构化程序设计的原则

结构化程序设计的原则是：自顶向下，逐步求精，模块化，限制使用 GOTO 语句。

(1) 自顶向下：程序设计时，先考虑总体，后考虑细节；先考虑全局目标，后考虑局部目标。

(2) 逐步求精：对复杂问题，设计一些子目标作为过渡，逐步细化。

(3) 模块化：把一个复杂问题要解决的总目标分解为分目标，再进一步分解为具体的小目标，每个小目标称为一个模块。

(4) 限制使用 GOTO 语句：程序的质量与 GOTO 语句的数量成反比。

2) 结构化程序的基本结构与特点

采用结构化程序设计方法编写程序，可使程序结构良好、易读、易理解、易维护。

(1) 顺序结构。计算机在执行时，按照程序语句行的自然先后顺序，一条语句一条语句地按顺序执行程序。其流程如图 9-5 所示，即执行完 A 框内的操作后，接着执行 B 框内的操作。

(2) 选择结构。选择结构又称为分支结构，它包括简单选择和多分支选择结构。即程序执行的控制出现了分支，它根据设定的条件，判断应该选择哪一条分支来执行相应的语句序列。其流程如图 9-6 所示，即判断条件 P，若成立，执行 A 框内的操作，若不成立，则执行 B 框内的操作。

(3) 循环结构。循环结构是根据给定的条件，判断是否需要重复执行某一相同的或类似的操作。其流程如图 9-7 所示，即判断条件 P，若成立，执行 A 框内的操作，执行完 A 框的操作，再判断条件 P 是否成立，若成立，继续执行 A 框内的操作，如此反复执行 A 框，直到 P 条件不成立，则不执行 A 框内的操作，跳出循环。

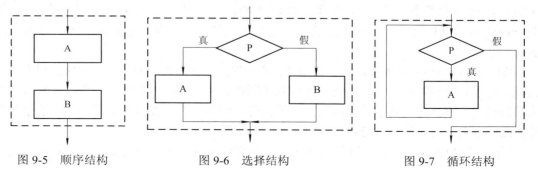

图 9-5　顺序结构　　　　　　　图 9-6　选择结构　　　　　　　图 9-7　循环结构

循环分"当型循环"和"直到型循环"两种。"当型循环"是先判断循环条件是否满足，若满足则执行循环体，执行完循环体后再对循环条件进行判断，若循环条件不满足则转到循环结构的下一语句执行。"直到型循环"是先执行一遍循环体，然后进行条件判断，决定是否执行下一次循环。

在结构化程序设计中，需要注意：

① 使用顺序结构、选择结构和循环结构表示程序的控制逻辑；

② 选用的控制结构只允许有一个入口和一个出口；

③ 复杂结构应该用嵌套的基本控制结构实现；

④ 尽量避免 GOTO 语句的使用。

2．面向对象的程序设计

1）面向对象的程序设计简介

面向对象的程序设计(Object Oriented Programming，OOP)是 20 世纪 80 年代初提出的，起源于 Smalltalk 语言。面向对象方法的本质，主张从客观世界固有的事物出发来构造系统，提倡用人类在现实生活中常用的思维方法来认识、理解和描述客观事物，强调最终建立的系统能够映射问题域，也就是说，系统中的对象以及对象之间的关系能够如实地反映问题域中固有的事物及其关系。

用面向对象的方法解决问题，不是将问题分解为过程，而是将问题分解为对象。对象是现实世界中可以独立存在、可以区分的实体，也可以是一些概念上的实体，世界是由众多对象组成的。对象有自己的数据(属性)，也有作用于数据的操作(方法)，将对象的属性和方法封装成一个整体，供程序设计者使用。对象之间的相互作用通过消息传递来实现。

面向对象的程序设计方法有以下几个主要优点：

(1) 它与人们习惯的思维方式一致，便于分析复杂而多变的问题；

(2) 可重用性好，能用继承的方式缩短程序开发所花费的时间；

(3) 易于软件的维护和软件功能的改变；

(4) 它与可视化技术相结合，改善了工作界面；

(5) 易于开发大型软件产品。

2）面向对象程序设计的基本概念

面向对象方法涵盖对象及对象的属性与方法、类、消息、继承、多态性等几个基本要素。这些概念是理解和使用面向对象方法的基础和关键。

(1) 对象(Object)。对象是面向对象方法中最基本的概念，用来表示客观世界中的任何实体，可以是任何有明确边界和意义的事物。对象由一组表示其静态特征的属性(Property)和可以执行的一组操作封装在一起构成的统一体，其中把对象的操作称为方法(Method)。

(2) 类(Class)和实例(Instance)。程序设计中，往往会涉及许多对象。根据属性和方法将相似的对象分门别类归为类，即类是具有共同属性、共同方法的对象的集合。类与对象的关系如同一个模具与用这个模具铸造出来的铸件之间的关系。类给出了属于该类的全部对象的抽象定义，而对象则是符合这种定义的一个实例。

(3) 消息(Message)。在计算机系统中，一个系统由若干个对象组成，各个对象之间相互联系、相互作用，消息就是对象之间联系的纽带，是一个实例与另一个实例之间传递的信息，它请求对象执行某一处理或回答某一要求的信息，它统一了数据流和控制流。一条消息可以发送给不同的对象，而消息的解释则完全由接受对象完成。对象之间的消息发送必须遵循一定的规则，采用一定的格式。消息的形成用消息模式来描述，一个消息模式定义了一类消息，它可以对应内容不同的消息。一个消息由接收消息的对象的名称、消息标识符(消息名)和零个或多个参数三部分组成。

(4) 继承(Inheritance)。继承是面向对象方法的一个主要特征。它是父类与子类之间共享数据和方法的机制。也就是可以从一个类生成另一个类，派生类(也称子类)，继承了父类和祖先类的数据和操作。在继承机制中，类分为父类与子类，子类除了包含父类的属性以外，也可以定义新的属性，或重新定义父类的属性。

(5) 多态性(Polymorphism)。指允许不同类的对象对同一消息作出响应，或者说是同一命名方法提供了多态性结果，当样的消息被不同的对象接受时，却导致完全不同的行为。

9.2　软件工程基础

软件工程研究和应用如何以系统性的、规范化的、可定量的过程化方法去开发和维护软件，以及如何把经过时间检验而证明正确的管理技术和当前能够得到的最好的技术方法结合起来。

9.2.1　软件工程的基本概念

1．软件的定义与分类

软件是程序、数据及相关文档的集合。其中，程序是软件开发人员根据用户需求开发的、用程序设计语言描述的、适合计算机执行的指令序列；数据是使程序能正常操纵信息的数据结构；文档是与程序开发、维护及使用密切相关的图文资料的总称。根据应用范围，软件可以被划分为系统软件和应用软件。

(1) 系统软件。系统软件为计算机的使用提供最基本的功能，负责管理计算机系统中各种独立的硬件，使得它们可以协调工作。系统软件可以让计算机使用者和其他软件将计算机作为一个整体而不需要顾及到底层每个硬件是如何工作的。系统软件的核心是操作系统。

(2) 应用软件。应用软件是为了某种特定的用途而被开发的软件。它可以是一个特定的程序，如 QQ，也可以是一组功能联系紧密，可以互相协作的程序的集合，如微软的 Office 软件，还可以是一个由众多独立程序组成的庞大的软件系统，如数据库管理系统。

2．软件工程

软件工程(Software Engineering，SE)研究如何采用工程的概念及管理方法、科学和数学的原理、计算机软件的有关技术和方法来构建和维护有效的、实用的和高质量的软件。

软件工程应用系统性的、规范化的、可定量的过程化方法去开发和维护软件，把经过时间检验而证明正确的管理技术和当前能够得到的最好的技术方法结合起来。它涉及程序设计语言、数据库、软件开发工具、系统平台、标准和设计模式等方面。软件工程借鉴传统工程的原则和方法，以提高软件质量、降低开发成本为目标，应用计算机科学、数学构建模型与算法，借鉴工程科学用于制定规范、设计范型、评估成本及确定权衡，把管理科学理念用于计划、资源、质量、成本等管理。

软件工程包含三个要素：方法(Methodologies)、工具(Tools)和过程(Procedures)。软件工程方法为软件工程项目的开发提供了"如何做"的技术手段。软件工具为软件工程方法提供了自动的或半自动的软件支撑环境，支持软件的开发、管理、文档生成。过程支持在软件开发中各个环节的控制和管理，具体地说，就是为了获得高质量的软件所需要完成的一系列任务框架，它规定了完成各项任务的工作步骤。

3. 软件生命周期

软件生命周期是指从软件定义、开发、使用、维护到报废为止的整个过程，一般包括问题定义、可行性分析、需求分析、总体设计、详细设计、编码、测试和维护。

问题定义就是确定开发任务到底要解决的问题是什么，系统分析员通过对用户的访问调查，最后得出一份双方都满意的关于问题性质、工程目标和规模的书面报告。

可行性分析就是分析上一个阶段所确定的问题到底是否可行，系统分析员对系统要进行更进一步的分析，更准确、更具体地确定工程规模与目标，论证在经济上和技术上是否可行，从而在理解工作范围和代价的基础上，做出软件计划。

需求分析就是对用户要求进行具体分析，明确目标系统要做什么，把用户对软件系统的全部要求以需求说明书的形式表达出来。

总体设计就是把软件的功能转化为所需要的体系结构，也就是决定系统的模块结构，并给出模块的相互调用关系、模块间传达的数据及每个模块的功能说明。

详细设计就是决定模块内部的算法与数据结构，明确怎样具体实现这个系统。

编码就是选取适合的程序设计语言对每个模板进行编码，并进行模块调试。

测试就是通过各种类型的测试使软件达到预定的要求。

维护就是软件交付给用户使用后，对软件不断查错、纠错和修改，使系统持久地满足用户的需求。

软件生命周期也可以分为三个大的阶段，分别是定义阶段(问题定义、可行性分析、需求分析)、开发阶段(总体设计、详细设计、编码、测试)和维护阶段。

4. 软件工程的目标与原则

软件工程的目标是：在给定成本、进度的前提下，开发出具有有效性、可靠性、可维护性、可重用性、可适应性、可移植性、可追踪性和可互操作性且满足用户需求的产品。

软件工程需要达到的基本目标可概括为：要付出较低的开发成本，达到要求的软件功能，取得较好的软件性能，开发的软件要易于移植，维护费用要较低，并能按时完成开发工作，及时交付使用。

但是，在具体的项目实际开发中，以上几个目标往往很难都达到理想的程度，而且上述目标很可能还会相互冲突。例如，若只顾降低开发成本，很可能会同时降低了软件的可靠性；另一方面，如果过于追求提高软件的性能，可能造成所开发软件对硬件有较大的依赖性，从而直接影响了软件的可移植性。为了能够达到"以较少的投资获得容易维护、可靠、高效率和易理解的软件产品"这个最终目的，各种软件工程技术应遵循以下一些基本原则。

（1）分解：将一个复杂的问题分解成若干较小的、相对独立的、较易解决的子问题，然后分别进行解决。

（2）抽象和信息隐蔽：将复杂问题逐层分解时，将"怎么做"等大量的细节隐蔽到下一层，从而使上一层突出"做什么"而得到简化，称上一层为下一层的抽象。

（3）一致性：强调软件开发过程中的标准化、统一化，包括软件文件格式的一致、工作流程的一致等。

（4）确定性：要求软件开发的过程中用确定的形式将一些比较含糊的概念表达出来。

9.2.2　结构化方法

结构化方法(Structured Methodology)是一种传统的软件开发方法，它采用系统科学的思想方法，把一个复杂问题的求解过程分阶段进行，而且这种分解是自顶向下，逐层分解，使得每个阶段处理的问题都控制在人们容易理解和处理的范围内。结构化方法由结构化分析(Structured Analysis)、结构化设计(Structured Design)和结构化程序设计(Structured Program Design)三部分组成。

结构化分析方法是以自顶向下，逐步求精为基点，以一系列经过实践检验被认为是正确的原理和技术为支撑，以数据流图、数据字典、判定表和判定树等图形表达为主要手段，强调开发方法的结构合理性和系统的结构合理性的软件分析方法。

结构化设计方法采用模块化原理进行软件结构的设计。模块化就是把一个大型软件系统按规定划分为若干个独立的子模块，每个子模块完成一个子功能，如果划分出的子模块仍然很复杂，再将其划分成若干个独立的子子模块。这些模块集成起来组成一个整体，可以完成指定的功能，实现问题的要求。

1．结构化分析常用工具

结构化分析方法利用图形工具表达需求，常用的工具有：

1）数据流图(Data Flow Diagram，DFD)

数据流图是一种用于表示逻辑系统模型的工具，它从数据传递和加工的角度，以图形方式来刻画数据流从输入到输出的移动变换过程。

数据流图的基本图形符号有 4 种，图形表示及意义如图 9-8 所示。

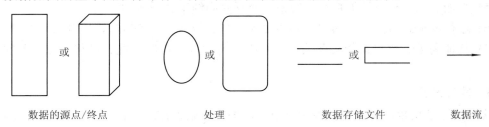

数据的源点/终点　　　　处理　　　　数据存储文件　　　数据流

图 9-8　数据流图的基本图形符号及意义

（1）数据流。数据流是一组数据，箭头的方向表示数据的流向，箭头的始点和终点分别代表数据流的源和目标。除了流向数据存储或从数据存储流出的数据不必命名外，每个数据流必须要有合适的名字，以反映数据流的含义。

(2) 数据存储文件。文件是按照某种规则组织起来的、长度不限的数据。在数据流图中，文件用两条平行直线表示，在线旁注上文件名。

(3) 处理。处理是对数据流执行的某种操作或变换，输入数据经过加工变换产生输出。在数据流图中，处理用圆圈表示，在圆圈内写上处理名。

(4) 数据的源点/终点。在数据流图中用方框表示，在方框内写上相应的名称。

2) 数据字典(Data Dictionary，DD)

数据字典是结构化分析方法的核心。数据字典对数据流图中的各个元素作完整的定义和说明，是数据流图的补充工具。数据流图与数据字典共同构成系统的逻辑模型。

3) 判定树

判定树又称决策树，使用判定树进行描述时，应先从问题定义的文字描述中分清判定的条件和判定的结论，根据描述材料中的连接词找出判定条件之间的从属关系、并列关系、选择关系，根据它们构造判定树。

4) 判定表

有些加工用逻辑用语形式不容易表达清楚，而用表的形式则一目了然。如果一个加工逻辑有多个条件、多个操作，并且在不同的条件组合下执行不同的操作，就可以使用判定表来描述。

2. 软件需求规格说明书

软件需求规格说明书(Software Requirements Specification，SRS)是需求分析阶段的最后成果，可以作为软件开发工作的基础和依据。通过使用软件需求规格说明书，便于用户和开发人员进行理解和交流，可以作为确认测试和验收的依据。软件需求规格说明书的内容有：

(1) 引言。陈述关于开发该软件的目的以及项目的背景，解释该系统是如何与其他系统协调工作的。

(2) 任务概述。陈述软件的目标、运行环境和软件的使用范围等。

(3) 数据描述。给出软件必须解决的问题的详细描述，并记录信息内容和关系，以及输入/输出数据及结构。

(4) 功能需求。给出解决问题所需的每个功能，包括每个功能的处理过程、设计约束等。

(5) 性能需求。描述性能特征和约束，包括时间约束、适应性等。

(6) 运行需求。给出交互的用户界面要求，与其他软硬件的接口，以及故障处理等。

(7) 其他需求。给出系统检测或验收标准、可用性、可维护性、可移植性以及安全保密等。

3. 软件设计

软件设计是从软件需求规格说明书出发，把一个软件需求转化为软件表示的过程。软件设计根据需求分析阶段确定的功能，设计软件系统的整体结构、划分功能模块、确定每个模块的实现算法以及编写具体的代码，形成软件的具体设计方案。

软件设计阶段通常分为两步：一是系统的总体设计或概要设计，采用结构化的设计方法来确定软件的系统结构，主要任务是把需求分析阶段得到的系统扩展用例图转换为软件结构和数据结构；二是系统的详细设计，即进行各模块内部的具体设计，它的任务是为软件结构图中的每一个模块确定实现的算法和局部数据结构，并用某种工具描述出来。

9.2.3 软件测试与程序调试

无论采用哪一种开发模型开发出来的大型软件系统，由于客观系统的复杂性，人为的错误因素不可避免，每个阶段的技术复审也不可能毫无遗漏地查出和纠正所有的设计错误，编码阶段也可能引入新的错误。因此，在软件交付使用前必须经过严格的软件测试，通过测试尽可能找出软件计划、总体设计、详细设计和软件编码中的错误，并加以纠正，才能得到高质量的软件。

软件测试可以发现程序中的错误，这时还需要进一步诊断程序错误的准确位置，研究错误产生的原因，改正错误。程序调试，是将编制的程序投入实际运行前，修正语法错误和逻辑错误的过程。这是保证计算机信息系统正确性的必不可少的步骤。

1. 软件测试

软件测试一般分为四个步骤：单元测试、集成测试、验收测试和系统测试。

(1) 单元测试。单元测试集中对软件设计的最小单位——模块进行测试，依据详细的设计说明书和源程序，尽可能发现模块内部存在的各种错误和不足。

(2) 集成测试。在单元测试完成后，要考虑将模块集成为系统的过程中可能出现的问题(如模块之间的通信和协调问题)，所以在单元测试结束后还要进行集成测试。这个步骤着重测试模块间的接口、子功能的组合是否达到了预期要求的功能、全局数据结构是否有问题等。

(3) 验收测试。集成测试通过后，应在用户的参与下进行验收测试。这个阶段需要使用实际数据进行测试，从而验证系统是否能满足用户的实际需要。

(4) 系统测试。系统测试是把通过验收测试的软件作为基于计算机系统的一个整体元素，与整个系统的其他元素结合起来，在实际运行环境下，对计算机系统进行一系列的集成测试的验收测试。

在进行软件测试的过程中，按照是否需要执行被测软件的角度，可以分为静态测试和动态测试两大类。静态测试不执行程序，主要以人工方式分析程序、发现错误。静态测试能测试程序的语法错误和结构性错误。动态测试是通过试运行程序来推断产品某个行为特性是否有错误。动态测试主要能测试出程序的功能性错误和接口错误。动态测试可以采用黑盒测试和白盒测试两种方法进行。黑盒测试完全不考虑程序内部的结构和处理过程，只根据规格说明书的功能来设计测试用例，主要用于软件确认测试。白盒测试将程序看作一个透明的盒子，测试人员根据程序的内部逻辑设计测试用例，检验程序中的每条通路是否都能按照预定的要求正确工作。

2. 程序调试

程序调试可以分为静态调试和动态调试两种。静态调试主要通过人的思维来分析源程序代码和排错，是主要的调试手段，动态调试辅助静态调试。主要的调试方法有：

(1) 强行排错法。强行排错法是目前使用较多但效率较低的一种调试方法，可以有以下几种措施：

① 在程序中插入输出语句。优点是能够显示程序的动态过程，比较容易检查源程序的有关信息。缺点是效率低，发现错误带有偶然性。

② 运行部分程序。有时为了测试某些被怀疑有错的程序段，将整个程序反复执行多次，在这种情况下，应设法使被测程序只执行需要检查的程序段，以提高效率。

③ 借助调试工具。目前大多数程序设计语言都有专门的调试工具，可以用这些工具来分析程序的动态行为。

(2) 回溯法。采用回溯法排错时，调试人员确定最先发现错误的地方，人工沿程序的控制流往回追踪源程序代码，直到找到错误或范围。回溯法是一种可以成功用在小程序中的很好的纠错方法。

(3) 原因排除法。原因排除法是通过归纳、演绎和二分法来实现的。归纳法就是从线索出发，通过分析这些线索之间的关系从而找出故障的一种系统化的思考方法。演绎法从一般原理或前提出发，经过排除和精化的过程推导出结论。二分法的基本思想是：如果已知每个变量在程序中若干个关键点的正确值，则可以使用定值语句直接赋给变量正确的值，然后运行程序，如果结果正确，则证明程序的前半部分错误。

9.3 数 据 结 构

计算机可以对各种各样的数据进行处理，包括数值数据和非数值数据。在计算机中如何组织数据，如何存储数据，从而更好地对数据进行运算，是数据结构的基本研究内容。

9.3.1 数据结构的基本概念

数据结构(Data Structure)是指数据及数据之间的关系。数据结构包括 3 个方面：数据的逻辑结构、数据的存储结构以及对数据的操作(运算)。

1. 数据与数据结构

数据是指计算机能够处理的各种信息，如数字、文字、声音等。数据有时是简单的数值数据，如：整数"0"，字符"a"等。但更多情况是由多个数据项(Item)构成的数据元素(Data Element)。例如，描述一个学生信息的数据元素可由下列 5 个数据项组成：

学号	姓名	出生日期	性别	政治面貌

结构是指被计算机加工的数据元素不是孤立无关的，它们彼此间存在着某些关系。通常将数据元素间的这种关系称为结构。数据结构是指相互之间存在一种或多种特定结构关系的相同数据元素的集合。

在许多类型的程序设计中，选择数据结构是基本的设计考虑因素。许多大型系统的构造经验表明，系统实现的困难程度和系统构造的质量都依赖于是否选择了最优的数据结构。选择了数据结构，算法也会随之确定，系统构造的关键因素是数据而不是算法。

2. 数据的逻辑结构

只抽象地反映数据元素的结构，而不管其存储方式的数据结构称为数据的逻辑结构，逻辑结构是对数据元素间逻辑关系的描述。根据数据元素间逻辑关系的不同特性，通常将数据的逻辑结构分为下列四类：

(1) 集合结构：该结构中的数据元素之间除了同属于一个集合外，别无其他关系。

(2) 线性结构：该结构中的数据元素之间存在一个对一个的关系。

(3) 树形结构：该结构中的数据元素之间存在一个对多个的关系。

(4) 图形结构(网状结构)：该结构中的数据元素之间存在多个对多个的关系。

其中树形结构和图形结构被称为非线性结构。

3．数据的存储结构

数据的逻辑结构在计算机存储空间中的存放形式称为数据的物理结构(也称为存储结构)。一般来说，一种数据的逻辑结构根据需要可以表示成多种存储结构，存储结构有两种：顺序存储结构和链式存储结构。

顺序存储结构的特点是借助元素在存储器中的相对位置来表示数据元素之间的逻辑关系；链式存储结构的特点是借助指示元素存储地址的指针表示数据元素之间的逻辑关系。

(1) 顺序存储结构。顺序存储结构是把逻辑上相邻的元素存储在物理位置相邻的存储单元中。这种存储方式主要用于线性数据结构，顺序存储结构只存储结点的值，不存储结点之间的关系，结点之间的关系由存储单元的邻接关系来体现。它常借助于程序设计语言中的数组来实现。

(2) 链式存储结构。链式存储结构对逻辑上相邻的元素不要求其物理位置相邻，元素间的逻辑关系通过附设的指针字段来表示。链式存储结构不仅存储结点的值，而且存储结点之间的关系。它利用结点附加的指针域，存储其后继结点的地址，通常借助于程序设计语言中的指针来实现。

链式存储结构中的结点由两部分组成：一部分存储结点本身的值，称为数据域；另一部分存储该结点后继结点的存储单元地址，称为指针域。

数据域	指针域

顺序存储方式有结构简单、可以随机存取等优点，但也存在缺点：插入或删除的运算效率低、存储空间不便于扩充、不便于对存储空间的动态分配等，而链式存储方式就可以克服这些缺点，灵活进行各种运算，实现存储空间的动态分配。

4．数据的运算

为处理数据需要在数据上进行各种运算，数据的运算是定义在数据的逻辑结构上的操作，但运算的具体实现要在存储结构上进行。数据的各种逻辑结构都有相应的各种运算，每种逻辑结构都有一个运算的集合。数据的运算对数据结构是非常重要的。常用的运算有：

(1) 查找：在数据结构里查找满足一定条件的结点。

(2) 插入：在数据结构里增加新的结点。

(3) 删除：把指定的结点从数据结构里去掉。

(4) 替换：改变指定结点的一个或多个域的值。

(5) 排序：保持线性结构的结点序列里的结点数不变，把结点按某种指定的顺序重新排列。

9.3.2　线性表

线性表(Linear List)是一种最简单、最常用的数据结构。

1．线性表的定义和逻辑特征

线性表是由 $n(n \geqslant 0)$ 个数据元素 a_1，a_2，…，a_n 组成的一个有限序列，表中的每一个数据元素，除了第一个元素(首元素)外，有且只有一个前趋，除了最后一个元素(尾元素)外，有且仅有一个后继。线性表或是一个空表，或可表示为：$(a_1，a_2，…，a_i，…，a_n)$ 其中 $a_i(i = 1，2，…，n)$ 是性质相同的数据元素，也称为线性表中的一个结点。

线性表的长度，即表中的元素个数 n，当 $n = 0$ 时称为空表。

非空线性表有以下结构特征：

(1) 有且仅有一个开始结点 a_1(无直接前趋)；

(2) 有且仅有一个终端结点 a_n(无直接后继)；

(3) 其余的结点 $a_i(1 < i < n)$ 都有且仅有一个直接前趋 a_{i-1} 和一个直接后继 a_{i+1}。

2．线性表的顺序存储结构

用顺序存储结构存储的线性表称为顺序表。顺序表可以用一个一维数组和一个整型变量来描述，一维数组表示线性表的存储空间(容量)，整型变量表示线性表的长度。

各种高级语言里的一维数组就是用顺序方式存储的线性表，设 a_1 的存储地址为 $Loc(a_1)$，每个数据元素占 d 个存储单元，则第 i 个数据元素的地址为

$$Loc(a_i) = Loc(a_1) + (i - 1) \times d \qquad 1 \leqslant i \leqslant n$$

只要知道顺序表的首地址和每个数据元素所占单元的个数就可以求出第 i 个数据元素的地址，这也是顺序表具有按数据元素的序号随机存取的特点。

3．线性表的基本运算

在线性表上进行的主要运算有：插入、删除、查找、排序、分解、合并、复制和逆置等。下面仅介绍线性表的插入和删除运算。

(1) 插入运算。线性表的插入是指在表的第 $i(1 \leqslant i \leqslant n)$ 个位置上插入一个值为 x 的新元素，插入后使原表长为 n 的表$(a_1，a_2，…，a_{i-1}，a_i，a_{i+1}，…，a_n)$变成表长为 $n+1$ 的表$(a_1，a_2，…，a_{i-1}，x，a_i，a_{i+1}，…，a_n)$。

完成这一运算的步骤如下：

① 将原来的第 n 个元素 a_n 至第 i 个元素 a_i 依次往后移动一个位置；

② 把要插入的元素 x 放在第 i 个位置上；

③ 线性表的长度增加 1。

在最坏的情况下，要在第一个位置插入元素，线性表中的所有元素均需要往后移动。

(2) 删除运算。线性表的删除是指将表的第 $i(1 \leqslant i \leqslant n)$ 个位置上的元素删除，删除后使原表长为 n 的表$(a_1，a_2，…，a_{i-1}，a_i，a_{i+1}，…，a_n)$变成表长为 $n-1$ 的表$(a_1，a_2，…，a_{i-1}，a_{i+1}，…，a_n)$。

完成这一运算的步骤如下：

① 把第 i 个元素 a_i 之后的 $n-i$ 个元素依次前移一个位置；

② 线性表的长度减小 1。

在最坏的情况下，要删除第一个位置的元素，线性表中除第一个元素外，所有元素均需要往前移动。

9.3.3　栈

栈(Stack)是一种特殊的线性表。

1．栈的定义

栈是限制在表的一端进行插入和删除运算的线性表，又称为后进先出的线性表(LIFO 表)。表尾称为栈顶(top)，允许插入和删除运算。表头称为栈底(bottom)，不允许插入和删除运算。表中无元素时称为空栈。

如图 9-9 所示，栈中有元素 a_1，a_2，…，a_n，a_1 称为栈底元素。新元素进栈要置于 a_n 之上，删除或出栈必须先对 a_n 进行操作。这就是"后进先出"的栈结构。

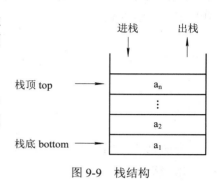

图 9-9　栈结构

栈有以下结构特征：

(1) 栈顶元素是最后被插入和最早被删除的元素；

(2) 栈底元素是最早被插入和最后被删除的元素；

(3) 栈的插入和删除运算不需要移动表中其他的数据元素。

2．栈的顺序存储结构

一般用一维数组 S[m]作为栈的存储空间，其中 m 为栈的最大容量。S(bottom)为栈底元素(在栈非空的情况下)，设置栈顶指针 top 指向下次进栈的位置。top=0 表示空栈；top=m 表示栈满。

3．栈的基本运算

栈的基本运算有进栈、出栈、置空栈、取顶元素等。下面仅介绍进栈和出栈运算。

1) 进栈运算

进栈运算是指在栈顶位置插入一个新元素 x，完成这一运算的步骤如下：

(1) 判断栈是否已满，若栈满，则进行溢出处理；若栈未满，将栈顶指针加 1(即 top 加 1)；

(2) 将新元素 x 插入到栈顶指针指向的位置。

2) 出栈运算

出栈运算是指取出栈顶元素并赋给一个指定的变量，完成这一运算的步骤如下：

(1) 判断栈是否为空，若栈空，则进行下溢处理；若栈不空，将栈顶元素赋给变量(若不需要保留栈顶元素，可不赋值)；

(2) 将栈顶指针减 1(即 top 减 1)。当栈顶指针为 0 时，说明栈空，不可能进行退栈操作，这种情况称为栈"下溢"错误；若非空，将栈顶元素赋给一个指定的变量，修改栈顶指针，将栈顶指针减 1。

9.3.4　队列

队列(Queue)是一种特殊的线性表。

1. 队列的定义

队列是指允许在一端进行插入、而在另一端进行删除的线性表，如图 9-10 所示。允许插入的一端称为队尾，通常用一个称为尾指针(rear)的指针指向队尾元素；允许删除的一端称为队头，通常用一个称为头指针(front)的指针指向队头元素的前一个位置。入队时的顺序依次为 a_1，a_2，…，a_n，出队时的顺序仍然是 a_1，a_2，…，a_n，因此，队列又称为"先进先出"(First In First Out，FIFO)或"后进后出"(Last In Last Out，LILO)的线性表，是一种运算受限制的线性表。

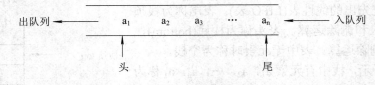

图 9-10　队列的示意图

向队列的队尾插入一个元素称为入队运算，从队列的队头删除一个元素称为出队运算。

2. 循环队列

在实际应用中，队列的顺序存储结构一般采用循环队列的形式。循环队列就是将队列存储空间的最后一个位置绕到第一个位置，形成逻辑上的环状空间。

一般用一维数组 Q[m]作为队列的存储空间，其中 m 为队列的最大容量。即把一维数组 Q[m]想象成首尾相接的循环数组，设想 Q[1]接在 Q[m]之后。

3. 循环队列的基本运算

循环队列的基本运算有入队、出队及求队列长度等。

1) 入队运算

入队运算是指在循环队列的队尾加入一个新元素 x，完成这一运算的步骤如下：

(1) 将队尾指针加 1(即 rear = rear + 1)，并当 rear = m + 1 时置 rear = 1；

(2) 将新元素 x 插入到队尾指针指向的位置。

当循环队列非空且队尾指针等于队头指针时，说明循环队列已满，不能进行入队运算，这种情况称为"上溢"。

2) 出队运算

出队运算是指在循环队列的队头位置退出一个元素并赋给指定的变量，完成这一运算的步骤如下：

(1) 将队头指针指向的元素赋给指定的变量；

(2) 将队头指针加 1(即 front = front + 1)，并当 front = m + 1 时置 front = 1。

当循环队列为空时，不能进行出队运算，这种情况称为"下溢"。

3) 求队列长度

求队列长度即求队列中元素的个数，(rear − front + m) mod m。

9.3.5　树与二叉树

树(Tree)型结构是一种简单的非线性结构。

1．树的基本概念

树是由一个或多个节点组成的有限集合，其中没有前趋的节点只有一个，称为树的根 (Root)节点，其余的节点分为 m(m≥0)个不相交的集合 T_1，T_2，……，T_m，每个集合又是一棵树，称 T_1，T_2，……，T_m 为根节点的子树。

在图 9-11 中：

(1) 根节点：无前趋的节点，一棵树只有一个根节点，节点 A 是根。

(2) 父节点：若一个节点含有子节点，则这个节点称为其子节点的父节点。节点 A、B、C、D 都是父节点。

(3) 子节点：每一个节点可以有多个后继，它们都称为该节点的子节点。如节点 E 是节点 B 的子节点。而没有后继的节点称为叶子节点。叶子节点有 E、F、G、H、I 和 J。

(4) 度：一个节点所拥有的后继个数称为该节点的度。如节点 A 的度为 3。在树中，所有节点中的最大的度称为树的度。节点 A 和 C 的度最大，均为 3，所以该树的度为 3。

(5) 深度：树的最大层次称为树的深度，也可称为树的高度。该树的深度为 3。

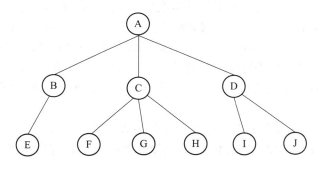

图 9-11 树的表示

2．二叉树

二叉树(Binary Tree)是一种非线性结构，是有限的节点集合，该集合为空(空二叉树)或由一个根节点及两棵互不相交的左右二叉子树组成。二叉树有以下五种基本形态，如图 9-12 所示。

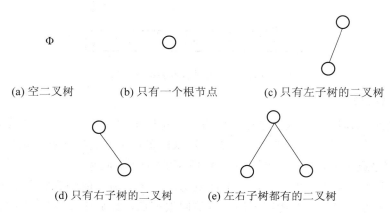

(a) 空二叉树　　(b) 只有一个根节点　　(c) 只有左子树的二叉树

(d) 只有右子树的二叉树　　(e) 左右子树都有的二叉树

图 9-12 二叉树的五种形态

1) 二叉树的特点

(1) 非空二叉树只有一个根节点;

(2) 每一个节点最多有两棵子树,称为左子树和右子树。

2) 满二叉树与完全二叉树

一棵深度为 k 且具有 2^k-1 个节点的二叉树称为满二叉树。

深度为 k,有 n 个节点的二叉树,当且仅当其每个节点都与深度为 k 的满二叉树中层次编号从 1~n 的节点一一对应时,称之为完全二叉树。

3) 二叉树的性质

性质 1:在二叉树的第 i 层上,至多有 $2^{i-1}(i>=1)$ 个节点。

性质 2:深度为 k 的二叉树中节点总数最多为 $2^k-1(k>=1)$。

性质 3:对任意的一棵二叉树,度为 0 的节点(即叶子节点)数 n_0 总比度为 2 的节点数 n_2 多 1 个,即 $n_0 = n_2 + 1$。

性质 4:具有 n 个节点的二叉树,其深度至少为[lb n] + 1。(这里的[ ]表示取整)

性质 5:具有 n 个节点的完全二叉树的深度为[lb n] + 1。(这里的[ ]表示取整)

性质 6:设完全二叉树共有 n 个节点,如果从根节点开始,按层序(每一层从左到右)用自然数 1,2,…,n 给节点进行编号,则对于编号为 k(k = 1,2,…,n)的节点有以下结论:

(1) 若 k = 1,则该节点为根节点,它没有父节点;若 k > 1,则该节点的父节点的编号为[k/2]。

(2) 若 $2k \leqslant n$,则编号为 k 的左子节点编号为 2k;否则该节点无左子节点。

(3) 若 $2k + 1 \leqslant n$,则编号为 k 的右子节点编号为 2k + 1;否则该节点无右子节点。

4) 二叉树的存储

二叉树通常采用链式存储结构。链表中每个节点由三个域组成,除了数据域外,还有两个指针域,分别用来给出该节点左子树和右子树所在的链节点的存储地址。节点的存储结构如图 9-13 所示。其中,data 域存放某节点的数据信息,lchild 与 rchild 分别存放指向左子树和右子树的指针,当左子树或右子树不存在时,相应指针域值为空(用符号∧或 NULL 表示)。

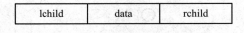

| lchild | data | rchild |

图 9-13　二叉树节点的存储结构

5) 二叉树的遍历

遍历是树形结构的一种重要运算。遍历一个树形结构就是按一定的次序访问该结构中的所有节点,使每个节点恰好被访问一次。可以按多种不同的次序遍历树形结构。二叉树的遍历包括前序遍历(DLR)、中序遍历(LDR)和后序遍历(LRD)。

(1) 前序遍历:先访问根节点,再前序遍历左子树,最后前序遍历右子树。

(2) 中序遍历:先中序遍历左子树,再访问根节点,最后中序遍历右子树。

(3) 后序遍历:先后序遍历左子树,再后序遍历右子树,最后访问根节点。

【例 9-5】　写出如图 9-14 所示的一棵二叉树对应的遍历序列。

按前序遍历序列：abdgehcf

按中序遍历序列：dgbheacf

按后序遍历序列：gdhebfca

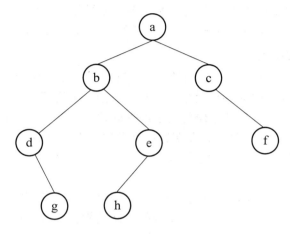

图 9-14　二叉树的结构

9.4　数据库技术基础

随着计算机技术、通信技术和网络技术的发展，人类社会已经进入了信息化时代，信息资源已成为最重要和最宝贵的资源之一。在信息化社会，如何充分有效地管理和利用各类信息资源，是进行科学研究和决策管理的前提条件。数据库技术是管理信息系统、办公自动化系统、决策支持系统等各类信息系统的核心部分，随着计算机应用的普及和深入，掌握数据库技术显得越来越重要。

9.4.1　数据库技术的发展

数据处理是计算机的一个主要应用，是指对各种数据进行的收集、存储、加工和传播等一系列活动。数据管理是数据处理的核心问题，是指对数据进行分类、组织、编码、存储、检索和维护。计算机在数据管理方面经历了由低级到高级的发展过程。随着数据量的不断增加，数据管理技术应运而生，它的演变过程随着计算机硬件、软件技术和计算机应用范围的发展而不断发展，经历了人工管理、文件系统管理和数据库系统管理三个发展阶段。

1.　人工管理阶段

20 世纪 50 年代中期以前，计算机的软硬件均不完善，计算机的应用主要是科学计算。硬件存储设备只有纸带、卡片和磁带，没有直接存取设备。软件方面没有操作系统以及管理数据的软件，都是人工管理数据。这一阶段的主要特点是：

(1) 数据与程序不具有独立性，一组数据对应一个程序，数据不能长期保存。程序运行结束后就退出计算机系统，一个程序中的数据无法被其他程序使用，因此程序与程序之间存在大量的重复数据(称之为数据冗余)。

(2) 没有专用的软件对数据进行管理。当数据的物理组织或存储设备改变时，用户就必须重新编制程序，由于数据的组织面向应用，不同的程序之间不能共享数据，一组数据对应一个程序，使得不同的应用之间存在大量的重复数据，应用程序很难维护。

(3) 只有程序概念，没有文件概念。数据的组织方式必须由程序员自行维护。

2．文件系统管理阶段

20 世纪 50 年代后期到 60 年代中后期，计算机开始广泛应用于数据处理工作，出现了磁盘、磁鼓等可以直接存取的硬件设备。在软件方面，出现了高级语言和操作系统。操作系统中的文件系统是专门管理外存储器的数据管理软件。这一阶段的主要特点是：

(1) 数据可以以"文件"形式长期保存在外存储器上，可被多次存取。

(2) 在文件系统中，程序与数据之间有了一定的独立性。程序与数据分开存储，有了程序文件和数据文件的区别。

(3) 由于数据是面向应用的，使程序和数据互相依赖，程序和数据之间的独立性较差，应用程序依赖于文件的存储结构，修改文件的存储结构就要修改程序。在文件系统中，一个文件基本上对应于一个应用程序，所以数据的冗余度大、共享性差。

3．数据库系统管理阶段

数据库技术从 20 世纪 60 年代后期产生，其发展速度之快、应用范围之广是其他技术所远不及的。这时硬件已有大容量磁盘，其价格也持续下降，而软件的价格却在上涨，使得软件开发和维护所需的成本相对增加，以文件系统进行数据管理已经不能满足应用的需求。为了解决多用户、多应用共享数据的需求，使数据为尽可能多的用户服务，数据库技术应运而生，出现了统一管理数据的专门软件系统——数据库管理系统。

数据库技术的主要目的是有效地管理和存取大量的数据资源，这一阶段的主要特点是：

(1) 数据不是只针对某一特定应用，而是面向企业或部门的，具有整体的结构性，共享性高，减少了数据的冗余度。

(2) 程序与数据间具有较高的独立性，从而减少了应用程序的开发和维护代价。

(3) 实现了对数据进行统一的管理和控制，提供了数据的安全性和完整性。

9.4.2　数据库的基本概念

数据库是按照一定的结构存储在计算机存储设备上的可共享的数据集合。数据库技术所研究的问题就是如何科学地组织和存储数据、如何高效地获取和处理数据。数据库技术涉及很多基本概念，主要包括数据库、数据库管理系统以及数据库系统等。

1．数据库系统的基本概念

1) 数据库

数据库(DataBase，DB)是长期存储在计算机内的、有组织的、可共享的数据的集合，数据库中的数据是按照一定的数据模型组织、描述和存储的，具有较小的冗余度、较高的数据独立性和易扩展性，并可为一定范围内的各种用户共享。数据库是某个企业、组织或部门所涉及的数据的综合,它不仅要反映数据本身的内容,而且要反映数据之间的联系。由于计算机不可能直接处理现实世界中的具体事物,所以人们必须事先把具体事物转换成计算机能够处理的数据。例如,某个学校的学生信息就是一个数据库。

2) 数据库管理系统

数据库管理系统(DataBase Management System,DBMS)是对数据库进行管理的软件系统,是数据库系统的核心,是一种系统软件,是科学地组织和存储数据,高效地获取和维护数据的系统软件。它是介于用户与操作系统之间的管理软件,负责数据库中的各种操作,包括数据定义、查询、更新及各种控制。数据库中的数据是海量级的数据,并且其结构复杂,因此需要提供管理工具。

3) 数据库管理员

由于数据库的共享性,一次对数据库的规划、设计、维护、监视等工作仅靠一个 DBMS 远远不够,还要有专门的人员来管理,这些人称为数据库管理员(DataBase Administrator,DBA)。数据库管理员负责管理和监控数据库管理系统,为用户解决应用系统所出现的问题。为保证数据库能高效正常的运行,大型数据库系统都需要专人管理和维护,其主要工作是:数据库设计、数据库维护、改善系统性能以及提高系统效率等。

4) 数据库系统

数据库系统(DataBase System,DBS)是指引入数据库后的计算机系统,通常由数据库(数据)、数据库管理系统(软件)、数据库管理员(人员)、系统硬件平台(硬件)和系统软件平台(软件)组成。

5) 数据库应用系统

数据库应用系统(DataBase Application System,DBAS)是以某一领域应用为目的而开发的数据库系统。它包括数据库、数据库管理系统、数据库管理员、系统硬件平台、系统软件平台、应用软件和应用界面。数据库应用系统的组成示意图如图 9-15 所示。

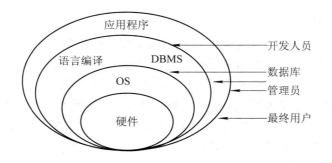

图 9-15 数据库应用系统的组成示意图

2. 数据库管理系统的基本功能

DBMS 的主要功能有以下几个:

1) 数据定义

DBMS 提供数据定义语言(Data Definition Language,DDL),用户通过它可以方便地对数据库中的数据对象进行定义。

2) 数据组织、存储与管理

对数据进行分类管理和存取，包括数据字典、用户数据、数据存取路径等。确定以何种文件结构与方式组织数据，以什么方式实现数据间的联系。

3) 数据操纵

DBMS 提供数据操纵语言(Data Manipulation Language，DML)，用户可以通过它实现数据库的查询、插入、删除和修改等功能。

4) 数据的完整性、安全性定义与检查

数据库中的数据具有内在语义上的关联性与一致性，它们构成了数据的完整性，数据的完整性是保证数据库中数据正确的必要条件，因此必须经常检查以维护数据的正确性。

数据库中的数据具有共享性，而数据共享可能会引发数据的非法使用，因此必须要对数据正确使用做出必要的规定，并在使用时作检查，这就是数据的安全性。

5) 数据库的并发控制与故障恢复

数据库是一个集成、共享的数据集合体，它能为多个应用程序服务，所以就存在着多个应用程序对数据库的并发操作。在并发操作中如果不加控制和管理，多个应用程序间就会互相干扰，从而对数据库中的数据造成破环。因此，数据库管理系统必须对多个应用程序的并发操作做必要的控制以保证数据不被破坏，这就是数据库的并发控制。

数据库中的数据一旦被破环，数据库管理系统必须有能力及时进行恢复，这就是数据库的故障恢复。

6) 数据的服务

数据库管理系统提供对数据库中数据的多种服务功能，如数据的输入、复制、转存、重组、性能监测、分析等。

9.4.3　数据模型

1. 什么是数据模型

模型(Model)是对现实世界的抽象。在数据库中用数据模型(Data Model)这个工具来抽象、表示和处理现实世界中的数据和信息。数据模型是数据特征的抽象，描述的是数据的共性，从抽象层次上描述了系统的静态特征、动态行为和约束条件。

数据模型所描述的内容包括三个部分：数据结构、数据操作和数据约束，其中：

(1) 数据结构：数据模型中的数据结构主要描述数据的类型、内容、性质以及数据间的联系等。数据结构是数据模型的基础，数据操作和约束基本都建立在数据结构上。不同的数据结构具有不同的操作和约束。

(2) 数据操作：数据模型中数据操作主要描述在相应的数据结构上的操作类型和操作方式。

(3) 数据约束：数据模型中的数据约束主要描述数据结构内数据间的语法、词义联系，它们之间的制约和依存关系，以及数据动态变化的规则，以保证数据的正确、有效和相容。

数据模型按不同的应用层次一般分为三层：概念数据模型(Conceptual Data Model)、逻辑数据模型(Logic Data Model)和物理数据模型(Physical Data Model)，其中：

(1) 概念数据模型：也称概念模型或概念层，它是抽象级别的最高层，是一种面向客观世界、面向用户的模型，其目的是按用户的观点来对世界建模。概念模型着重于对客观世界中复杂事物的结构描述以及它们之间的内在联系的刻画。概念模型是整个数据模型的基础。

　　(2) 逻辑数据模型：也称数据模型或逻辑层，它是数据抽象的中间层，是一种面向数据库系统的模型，描述数据库中数据整体的逻辑结构，该模型着重于数据库系统一级的实现。它是用户通过数据库管理系统看到的现实世界，是数据的系统表示。

　　(3) 物理数据模型：也称物理模型或物理层，它是数据抽象的最低层，是一种面向计算机物理表示的模型，给出了数据模型在计算机上物理存储结构和存储方法的表示。

2．层次模型

　　层次模型(Hierarchical Model)是数据库中最早出现的数据模型，数据被组织成一颗倒置的树。每一个实体可以有一个或多个节点，但只有一个父节点。层次的最顶端有一个实体，称为根。

3．网状模型

　　网状模型(Network Model)的出现略晚于层次模型，它使用有向图结构表示实体类型及实体间的联系。允许一个以上的节点无双亲，一个节点可以有多于一个的双亲。

4．E-R 模型

　　E-R 模型(Entity-Relationship Model)，也称实体联系模型，是被广泛使用的概念模型。它是一种用特定形式直接表示实体及实体间联系的模型，即直接从现实世界中抽象出实体类型及实体间的联系，然后用 E-R 图表示的数据模型。E-R 模型的基本概念如下：

　　(1) 实体(Entity)：客观存在并可相互区别的事物。

　　(2) 属性(Attribute)：实体所具有的某一特性。

　　(3) 实体型(Entity Type)：具有相同属性的实体必然具有共同的特征和性质。用实体名及其属性名的集合来抽象和刻画同类实体，称为实体型。

　　(4) 实体集(Entity Set)：同型实体的集合。

　　(5) 联系(Relationship)：现实世界中，事物内部以及事物之间是有联系的，这些联系在E-R 模型中反映为实体内部的联系和实体之间的联系。实体内部的联系通常是实体与隶属于它的各属性之间的联系。两个实体型之间的联系分为三类：

　　一对一(One To One)联系，简记为 1 : 1。如一个班有一个班长，一个班长只能服务于一个班。

　　一对多(One To Many)联系，简记为 1 : N。如一个班可以有多名学生，一个学生只能属于一个班。

　　多对多(Many To Many)联系，简记为 M : N。如一个学生可以借多本书，一本书可以被多个学生借。

5．关系数据模型

　　在关系模型中，描述数据的逻辑结构是一张二维表，称为关系。在关系模型中，实体以及实体之间的联系都用关系来表示。二维表中每一列的数据必须类型相同，行和列的顺

序可以是任意的，但任意两行不能完全相同，而且在一个表中不允许再有子表。如表 9-1
给出的学生信息表便是一个关系模型。

表9-1　学 生 信 息 表

学号	姓名	性别	出生日期	政治面貌
2015020501	王会	男	199803	党员
2015020502	李静	女	199710	团员
2015020503	刘平	男	199706	团员
2015020504	张帆	男	199812	党员

9.4.4　关系代数

关系代数的运算对象是关系，运算结果也是关系。关系代数用到的运算符有：并、交、
差、笛卡尔积、选择、投影和连接等。

1．并(Union)

将两张表的所有行结合在一起，但不包括重复行。该操作要求参与运算的表必须具有
相同的属性特征，且相应的属性取自同一个域。

2．交(Intersect)

用于产生同时在两个表中出现的行。该操作同样要求参与运算的表必须具有相同的属
性特征，且相应的属性取自同一个域。

3．差(Difference)

用于产生一张表中存在但另一张表中不存在的所有行，即用一张表"减去"另一张表。
该操作同样要求参与运算的表必须具有相同的属性特征，且相应的属性取自同一个域。

4．笛卡尔积(Cartesian Product)

用于产生两张表中所有行的可能元组对。例如，两个分别为 n 列和 m 列的关系 R 和 S
的笛卡尔积是一个(n + m)列的元组的集合。元组的前 n 列是关系 R 的一个元组，后 m 列是
关系 S 的一个元组。若 R 有 k1 个元组，S 有 k2 个元组，则关系 R 和关系 S 的笛卡尔积有
k1 × k2 个元组。

表 9-2 为具有 3 个属性列的关系 R，表 9-3 为具有 3 个属性列的关系 S。表 9-4 为关系
R 和关系 S 的并。表 9-5 为关系 R 和关系 S 的交。表 9-6 为关系 R 和关系 S 的差。表 9-7
为关系 R 和关系 S 的笛卡尔积。

表9-2　关系 R

A	B	C
a1	b1	c1
a2	b2	c1
a3	b2	c2

表9-3　关系 S

A	B	C
a1	b1	c2
a1	b2	c2
a2	b2	c1

表 9-4　关系 R 和关系 S 的并

A	B	C
a1	b1	c1
a2	b2	c1
a3	b2	c2
a1	b1	c2
a1	b2	c2

表 9-5　关系 R 和关系 S 的交

A	B	C
a2	b2	c1

表 9-6　关系 R 和关系 S 的差

A	B	C
a1	b1	c1
a3	b2	c2

表 9-7　关系 R 和关系 S 的笛卡尔积

R.A	R.B	R.C	S.A	S.B	S.C
a1	b1	c1	a1	b1	c2
a1	b1	c1	a1	b2	c2
a1	b1	c1	a2	b2	c1
a2	b2	c1	a1	b1	c2
a2	b2	c1	a1	b2	c2
a2	b2	c1	a2	b2	c1
a3	b2	c2	a1	b1	c2
a3	b2	c2	a1	b2	c2
a3	b2	c2	a2	b2	c1

5．选择(Select)

选择也称为限制(Restrict)。用于产生表中满足给定条件的所有行。这是从行的角度进行的运算。如在关系 R 中查询属性 B 的值为 b2 的信息，可得到表 9-8 所示的关系。

6．投影(Project)

用于选择出若干属性列组成新的关系。这是从列的角度进行的运算。如在关系 R 中查询属性 A 和属性 C 的信息，可得到表 9-9 所示的关系。

表 9-8　关系 R 的选择

A	B	C
a2	b2	c1
a3	b2	c2

表 9-9　关系 R 的投影

A	C
a1	c1
a2	c1
a3	c2

7．连接(Join)

用于对两个或更多表中的信息进行组合，可以通过共同属性将各个独立的表互相连接。

连接是从两个关系的笛卡尔积中选取属性间满足一定条件的元组。若有关系 R 和关系 S,R 和 S 的连接运算就是从 R 和 S 的笛卡尔积中选取 R 关系在 A 属性组上的值与 S 关系在 B 属性组上值满足某种比较关系的元组。连接运算中有两种最为重要也最为常用的连接,一种是等值连接(Equijoin),一种是自然连接(Natural Join)。

等值连接是从 R 和 S 的笛卡尔积中选取 A,B 属性值相等的元组。

自然连接是一种特殊的等值连接。它要求两个关系中比较的分量必须是相同的属性组,并且在结果中把重复的属性列去掉。一般的连接操作是从行的角度进行运算,但自然连接还需要取消重复列,所以是同时从行和列的角度进行运算。

表 9-10 为具有 2 个属性列的关系 T。表 9-11 为关系 R 和关系 T 等值连接的结果。表 9-12 为关系 R 和关系 S 自然连接的结果。

表 9-10　关系 T

B	D
b1	d1
b2	d2
b3	d1

表 9-12　关系 R 和关系 T 的自然连接

A	B	C	D
a1	b1	c1	d1
a2	b2	c1	d2
a3	b2	c2	d2

表 9-11　关系 R 和关系 T 的等值连接

A	R.B	C	T.B	D
a1	b1	c1	b1	d1
a2	b2	c1	b2	d2
a3	b2	c2	b2	d2

9.4.5　数据库设计

数据库设计可以从广义和狭义两方面理解。广义地讲,是数据库及其应用系统的设计,即设计整个数据库应用系统。狭义地讲,是设计数据库本身,即设计数据库的各级模式并建立数据库,这是数据库应用系统设计的一部分。本小节是讲解狭义的数据库设计。数据库设计是开发数据库及其应用系统的技术,数据库应用系统以数据库为核心和基础,所以数据库设计的好坏直接影响整个系统的效率和质量。

数据库设计是指对于一个给定的应用环境,提供一个确定最优数据模型与处理模式的逻辑设计,以及一个确定数据库存储结构与存取方法的物理设计,建立既能反映现实世界信息和信息联系,满足用户数据要求和加工要求,又能被某个数据库管理系统所接受,同时能实现系统目标,能有效存取数据的数据库。一般来说,数据库设计有以下几个阶段。

(1) 需求分析:需求分析的任务是通过详细调查现实世界中要处理的对象(企业、学校、部门等),在充分了解原系统工作情况的基础上,明确用户的各种需求,确定新系统的功能。

(2) 概念结构设计:概念结构设计是整个数据库设计的关键。它的任务是将需求分析阶段得到的用户需求抽象为信息结构即概念模型。

(3) 逻辑结构设计:逻辑结构设计就是把概念结构设计阶段设计好的概念模型(如基本的 E-R 图)转换成与数据库管理系统支持的数据模型相符的逻辑结构。概念模型可以转换为任一种逻辑数据模型。

(4) 物理结构设计：对一个给定的逻辑数据模型选取一个最适合应用环境的物理结构的过程，称为数据库的物理设计。而数据库的物理结构，主要是指在实际物理设备上的存储结构和存取方法。它是完全依赖于给定的计算机系统的。

(5) 实施：数据库实施阶段是根据物理结构设计阶段的结果，建立一个具体的数据库，将原始数据载入到数据库中，并编写应用系统程序，对数据库进行试运行操作。

(6) 使用与维护：数据库实施阶段的任务完成后，数据库应用系统将投入使用。为了保证数据库的性能良好，在实际应用中，有时还需要对数据库进行调整、修改和扩充。

数据库设计要与整个数据库应用系统的设计开发结合起来进行，只有设计出高质量的数据库，才能开发出高质量的数据库应用系统，也只有满足整个数据库应用系统的功能要求，才能设计出高质量的数据库，以满足用户的各种信息需求。

参 考 文 献

[1]　战德臣，聂兰顺. 大学计算机：计算思维导论. 北京：电子工业出版社，2013.

[2]　孙淑霞，陈立潮. 大学计算机基础. 3 版. 北京：高等教育出版社，2013.

[3]　蒋加伏，沈岳. 大学计算机. 4 版. 北京：北京邮电大学出版社，2013.

[4]　蒋加伏，沈岳. 大学计算机实践教程. 4 版. 北京：北京邮电大学出版社，2013.

[5]　刘艳，陈琳，方颂. 大学计算机应用基础(Windows 7 + Office 2010). 西安：西安电子
　　科技大学出版社，2014.

[6]　刘海燕，施教芳. PowerPoint 2010 从入门到精通.北京：中国铁道出版社，2011.

[7]　谢华，冉洪艳，等. PowerPoint 2010 标准教程.北京：清华大学出版社，2012.

[8]　孟朝霞. 大学计算机基础. 西安：西安电子科技大学出版社，2012.

[9]　杨杰，万里. 大学计算机基础. 北京：现代教育出版社，2013.

[10]　安淑芝，黄炎，杨虹.计算机网络. 4 版. 北京：中国铁道出版社，2015.

[11]　杨晶，姚铭，王利建. 计算机网络项目化教程. 1 版. 北京：北京邮电大学出版社，
　　2013.

[12]　王爱华，王轶凤，吕凤顺. HTML+CSS+JavaScript 网页制作简明教程.北京：清华大
　　学出版社，2014.

[13]　HTML CSS JavaScript 标准教程实例版. 5 版. 北京：电子工业出版社，2014.